슈뢰딩거의 고양이를 찾아서

In Search of Schrödinger's Cat

By John Gribbin

살아있으면서 죽은 고양이를 이해하기 위한 양자역학의 고전

슈뢰딩거의 고양이를 찾아서

존 그리빈 지음 · 박병철 옮김

Humanist

일러두기

- 외래어는 국립국어원 한국어 어문 규범의 '외래어 표기법'에 따라 표기하되, 일부 고유명사는 현지 발음대로 표기했습니다.
- 본문의 주석 중 숫자로 표기된 것은 원저자인 존 그리빈의 주석으로, 해당 내용은 책의 뒷부분에 미주로 수록되어 있습니다.
- 본문에서 ●로 표기한 각주 대부분은 내용의 이해를 돕고자 덧붙인 '옮긴이 주'입니다. 필요에 따라 원저자의 주도 별도의 표시와 함께 일부 포함되어 있습니다.

"나는 그런 결과를 원치 않았다.
내가 그런 일에 연루되었다는 사실이 몹시 후회스럽다."

— 에르빈 슈뢰딩거(1887~1961)

"아무것도 현실적이지 않다."

— 존 레논(1940~1980)

감사의 글

내가 양자 이론을 처음 접한 것은 20년도 전인 학창 시절이었다. 원자의 전자껍질모형(electron-shell model)을 이용하여 주기율표의 모든 원소를 설명하고, 몇 년 동안 어렵게 배워왔던 화학까지 양자 이론으로 설명되는 것을 보면서 감탄했던 기억이 난다. 그 후 도서관에 있는 양자 이론 관련 서적을 손에 잡히는 대로 읽으면서(대부분의 책에는 "학생들이 읽기에 너무 어렵다"라고 적혀있었다), 양자 이론으로 원자 스펙트럼을 설명하는 방법을 알게 되었고, 가장 훌륭한 과학은 단순하면서도 아름답다는 사실을 생전 처음으로 깨달았다. 그런데 과학 교사들은 이 중요한 사실을 무의식적으로, 또는 의도적으로 학생들에게 강조하지 않는 것 같다. 영국의 물리학자이자 소설가인 찰스 퍼시 스노우(Charles P. Snow)의 《연구(*The Search*)》(1963)에도 이와 비슷한 글이 등장한다(이 책은 내가 고등학교에 다닐 때 읽었다).

나는 두서없이 복잡한 요소들이 질서정연하게 나열되는 것을 보면서 …… 혼자 중얼거렸다. "너무도 아름답다. 하지만 이것은 사실이다."

이 글귀에 살짝 영향을 받은 나는 대학에 가서 물리학 책을 열심히 읽기로 결심했고, 결국 브라이튼에 있는 서식스대학교 물리학과에 진학했다. 그러나 막상 대학에서 강의를 듣다 보니 양자역학의 방정식을 수학적으로 푸는 데 급급하여, 그 안에 내재된 단순함과 아름다움을 느낄 겨를이 없었다. 747 제트여객기를 조종하면서 행글라이딩의 원리를 떠올릴 겨를이 어디 있겠는가? 양자 이론을 처음 접했을 때 느꼈던 경외감은 나의 여생에 결정적인 영향을 미쳤지만, 수학에 질린 나는 한동안 양자 세계를 무시하고 다른 과학 분야를 파고들었다.

그 후 내가 양자 이론에 다시 관심을 갖게 된 것은 몇 가지 요인이 복합적으로 작용한 결과였다. 1970년대 말부터 1980년대 초 사이에 양자역학의 신기한 세계를 일반 대중에게 소개하는 과학 교양서가 무슨 유행처럼 사방에서 쏟아져 나왔는데, 그중 일부는 논리의 비약이나 과장이 너무 심해서 자연의 단순함과 아름다움을 전달하기에는 적절치 않은 것 같았다. 나는 전문 작가가 아니지만, 양자 이론에 관심 있는 독자가 그토록 많다면 내가 직접 나서서 책을 쓰는 것도 나쁘지 않다고 생각했다. 거의 비슷한 시기에 양자 세계의 기이한 실체를 밝히는 다양한 실험 결과가 TV 시리즈로 방영되면서 양자 이론에 대한 나의 관심이 되살아났고, 어느 해 크리스마스에 BBC의 라디오 프로그램에 출연하여 양자 이론을 주제로 토론을 벌인 것도 중요한 계기로 작용했다. 나의 토론 상대는 영국의 저명한 저널리스트이자 수필

가인 말콤 머거리지(Malcolm Muggeridge)였는데, 당시 가톨릭 신자가 된 지 얼마 지나지 않았던 그는 기독교의 신비함을 열심히 강조한 후 나를 향해 포문을 열었다. "신의 뜻은 정말 오묘하고 신비합니다. 그런데 이 자리에는 모든 답을 알고 있는…… 아니, 안다고 주장하는 분이 와 계시는군요." 할 말은 많았지만 내게 주어진 발언 시간이 한정되어 있었기 때문에, 나는 가능한 한 굵고 짧게 대답했다. "과학은 모든 답을 안다고 주장하지 않습니다. 진리를 알 수 있다고 하늘같이 믿는 쪽은 과학이 아니라 종교지요. 저는 아무것도 믿지 않습니다." 프로그램이 끝나갈 즈음 과학과 종교의 논쟁은 최고조에 이르렀다. 크리스마스 연휴 무렵 사석에서 만난 친구와 지인 들이 내가 방송에서 했던 말을 문제 삼을 때마다 나는 "절대적인 믿음이 없어도 논리적인 가설을 세우고 그 결과를 따르면 정상적인 생활을 누리는 데 아무런 문제가 없다"고 열변을 토했다. 오늘 밤사이에 태양이 사라질 수도 있지만, "내일은 내일의 태양이 뜬다"고 폼 나게 외쳤다가 낭패를 본 사람은 아직 단 한 명도 없지 않은가.

토론 덕분에 나는 과학의 목적과 양자 세계의 실체에 관한 생각을 정리할 수 있었고, 이 정도면 과학 교양서를 써도 되겠다고 생각했다. 지금 여러분이 읽고 있는 책은 이런 과정을 거쳐 탄생한 것이다. 이 책을 준비하는 동안 토미 밴스(Tommy Vance)가 진행하는 영국군인방송국(British Forces Broadcasting Service, BFB)의 과학 프로그램에도 몇 번 출연한 적이 있는데, 그 자리에서 토미가 던졌던 날카로운 질문들은 내가 쓴 글의 오류를 수정하고 개념을 체계화하는 데 커다란 도움이 되었다.

이 책의 참고 문헌 중 대부분은 서식스대학교 도서관에서 찾은 것이다. 이곳은 양자 이론에 관한 한 가장 풍부한 자료를 갖춘 도서관으로 정평이 나 있다. 그 외에 도서관에 없는 문헌은《뉴 사이언티스트(*New Scientist*)》의 맨디 캐플린(Mandy Caplin)이 제공해주었고, 크리스틴 서턴(Christine Sutton)은 입자물리학과 장이론 분야에서 잘못된 부분을 지적해주었으며, 나의 아내는 관련 문헌 수집과 자료 정리를 도우면서 내가 거칠게 풀어낸 문장을 매끄럽게 다듬어주었다. 또한 '상자 속의 시계(Clock in the Box)'와 'EPR 역설 실험'과 관련된 내용을 아주 친절하게 설명해준 루돌프 파이얼스(Rudolf Peierls) 교수에게도 깊이 감사드린다.

그러므로 누군가가 이 책을 칭찬한다면, 그 칭찬은 아래 목록에 헌정되어야 마땅하다.

- 내가 16세 때 켄트 카운티(Kent County) 도서관에서 발견했던 화학 교과서(너무 오래돼서 제목이 생각나지 않음)
- 양자 이론을 잘못된 방향으로 대중화한 여러 작가와 출판사—그들 덕분에 내가 더 잘할 수 있다는 용기를 갖게 되었다.
- 말콤 머거리지와 BBC방송국
- 서식스대학교 도서관
- 토미 밴스와 영국군인방송국(BFB)
- 맨디 캐플린과 크리스틴 서턴
- 나의 아내

이 책에 아직도 오류가 남아있다면, 그 책임은 전적으로 나에게 있음을 밝혀두는 바이다.

1983년 7월

존 그리빈

| 차례 |

들어가는 글

지금까지 상대성이론을 주제로 출간된 과학 교양서를 층층이 쌓는다면 달까지 도달하고도 남을 것이다. 알베르트 아인슈타인(Albert Einstein)의 상대성이론이 20세기 과학의 위대한 업적이라는 사실은 누구나 알고 있지만, 정작 그 내용을 제대로 이해하는 사람은 별로 없다. 반면에 양자 이론을 주제로 지금까지 출간된 과학 교양서는 층층이 쌓아봐야 내 책상 높이를 넘지 못한다. 그렇다고 해서 양자 이론이 일반 대중에게 인기가 없다는 뜻은 전혀 아니다. 요즘 양자역학은 특정 영역에서 초유의 관심사로 떠오르고 있다. 항간에는 텔레파시(telepathy, 정신감응)나 숟가락 구부리기와 같은 초자연적 현상을 양자역학으로 설명하려는 사람도 있고, 양자역학의 새로운 아이디어를 빌려와서 크게 성공한 SF(Science Fiction) 작가도 많다.• 내가 보기에 양자역학은 일반 대중 사이에서 ESP(extrasensory perception, 초능력)나 초자연적 과학처럼 이해하는 사람도 없고 딱히 유용한 구석도 없는 분야를 설명하는 신비의 이론으로 통용되는 듯하다.

나는 사람들이 가장 기본적인 과학(양자역학)에 대하여 잘못된 선입견을 갖고 있다고 느끼고 있었는데, 1982년 여름에 몇 가지 사건이 연이어 일어나면서 이 책을 쓰기로 결심했다. 첫째, 그 무렵에 나는 상대성이론을 주제로 한 《공간왜곡(*spacewarps*)》의 집필을 끝냈는데, 20세기 물리학을 떠받치는 두 개의 기둥은 상대성이론과 양자역학이므로 양자역학에 대해서도 이와 비슷한 과학 교양서가 필요하다고 생각했다. 둘째, 과학자가 아닌 사람들 사이에서 양자역학이 엉뚱한 의미로 왜곡되는 현실을 더는 두고 볼 수 없었다. 프리초프 카프라(Fritjof Capra)의 《현대 물리학과 동양사상(*The Tao of Physics*)》은 양자역학의 의미를 일반 대중에게 소개하는 훌륭한 책이었는데, 물리학도 모르고 도(道, Tao)가 뭔지도 모르는 사람들이 카프라에게서 시작된 유행을 타고 서양의 과학과 동양철학을 억지로 연결하는 궤변을 늘어놓으며 재산을 축적하는 모습을 물리학자의 한 사람으로서 더는 방관할 수 없었다. 마지막으로, 1982년 8월에 프랑스의 파리에서 한 연구 팀이 일련의 실험을 통해 양자적 세계관의 타당성을 입증했다는 뉴스가 날아들면서 양자역학의 입지가 더욱 확고해졌다.••

• 저자는 '양자 이론(quantum theory)'과 '양자역학(quantum mechanics)'을 별 의미 없이 섞어서 쓰고 있다. 일부 까다로운 사람들은 두 용어가 다른 뜻이라며 구별해야 한다고 주장하지만, 옮긴이는 굳이 구별할 필요가 없다고 생각한다. 그러나 혼동을 피하기 위해, 이론을 강조할 필요가 있는 경우에만 '양자 이론'으로 표기하고, 나머지는 '양자역학'으로 통일하기로 한다.

•• 이 실험을 수행한 사람은 알랭 아스페이다. 자세한 내용은 10장에서 다룰 예정이다.

동양의 신비주의나 숟가락 구부리기, 초능력 같은 것은 이 책에 나오지 않는다. 나는 '진짜배기 양자역학'을 소개하기 위해 이 책을 썼다. 양자 세계에 숨은 진실은 이 세상 어떤 소설보다 황당하고 신기하다. 과학이란 원래 그런 것이다. 과학은 미스터리와 놀라움 그리고 즐거움으로 가득하기 때문에 굳이 다른 철학을 수용할 필요가 없다. 독자들은 양자역학이 제시한 답을 접하고 소스라치게 놀라거나 아예 믿지 않을 수도 있지만, 이 책을 다 읽고 나면 현대 과학이 이 세상을 바라보는 방식만은 확실하게 알 수 있을 것이다.

프롤로그: 아무것도 현실적이지 않다

이 책의 제목에 등장하는 고양이는 미시 세계의 기이한 특성을 설명하기 위해서 동원된 상상의 동물이지만, 사고실험(思考實驗, thought experiment, 현실적으로 실행이 불가능하여 가상의 실험장치로 상상 속에서 진행하는 실험)에서 고양이를 상자 속에 넣었던 에르빈 슈뢰딩거(Erwin Schrödinger)는 실존 인물이다. 그는 오스트리아 출신의 물리학자로, 1920년대 중반에 과학의 한 분야인 양자역학을 연구하던 중 이론의 '엔진'에 해당하는 파동방정식(wave equation)을 유도하여 일약 물리학계의 스타로 떠올랐다. 사실 '과학의 한 분야'라는 말은 적절한 표현이 아니다. 양자역학은 현대 과학의 모든 분야를 떠받치는 기초학문이기 때문이다. 슈뢰딩거가 유도한 방정식은 아주 작은 물체(원자 규모 이하의 물체)의 거동을 서술하는 방정식으로, 미시 세계를 이해하는 유일한 방법으로 알려져 있다. 물리학자들은 이 방정식 덕분에 핵발전소(또는 핵무기)와 레이저를 만들 수 있었고, 태양이 뜨거운 이유도 알아낼 수 있었다. 양자역학이 없었다면 화학은 지금도 여전히 암흑기를 벗어나지 못했을 것이며, 분자생물학(DNA, 유전공학 등)과 같은 과학 분야는 아예 존재하지도 않았을 것이다.

양자역학은 과학이 이루어낸 가장 위대한 업적이다. 아인슈타인의 상대성이론도 위대하지만, 중요성과 응용성에서는 양자역학의 상대가 되지 못한다. 그런데도 양자역학이 낯설게 느껴지는 이유는 이론으로 예측한 결과가 기존의 상식에서 크게 벗어나기 때문이다. 양자 세계는 정말로 희한하다. 당대 최고의 물리학자였던 아인슈타인조차도 이 희한한 세상에 적응하지 못하여 끝까지 양자역학을 거부하다가 생을 마감했다. 아인슈타인을 비롯한 일부 과학자는 "양자역학의 방정식을 풀면 원자와 아원자입자•의 거동방식을 어떻게든 알 수 있다. 그러나 이것은 수학적 트릭일 뿐이며, 우리가 경험하는 진실은 방정식보다 더 깊은 곳에 숨어있다"고 굳게 믿었다. 양자역학에 의하면 사물의 진정한 상태(진실)는 우리가 그것을 관측했을 때 비로소 드러난다. 다시 말해서, 관측하기 전에는 진실이라는 것이 아예 존재하지 않는다는 뜻이다. 이토록 희한한 양자 세계와 일상적 세계의 차이를 강조하기 위해 도입된 것이 바로 '슈뢰딩거의 고양이'였다.

양자역학의 세계에서는 우리에게 친숙한 일상적 물리법칙이 더는 적용되지 않으며, 모든 사건은 확률에 따라 결정된다. 예를 들어 방사성원소는 특정 시간에 전자를 방출하면서 붕괴될 수도 있고, 이전과 같은 상태로 유지될 수도 있다. 방정식으로는 그 시간에 원소가 붕괴될 확률만 알 수 있을 뿐, 그것이 정말로 붕괴될 것인지, 또는 그대로

• subatomic particles, 원자보다 작은 입자.

유지될 것인지는 알 길이 없다. 이제 한 가지 재미있는 실험을 상상해 보자. 여기 방사성물질 한 덩어리가 있다. 특정 시간이 지난 후 덩어리에 속한 원자 하나가 붕괴될 확률은 정확하게 50%이다. 만일 원자가 붕괴되면 이 과정에서 방출된 입자가 감지기에 도달하여 붕괴 여부를 알려줄 것이다. 슈뢰딩거는 파동방정식을 유도한 장본인이었지만, 아인슈타인과 마찬가지로 양자역학의 기이한 특성을 몹시 불편하게 생각했기 때문에 이론 자체의 모순을 강조하기 위해 다음과 같은 실험을 고안했다. 방금 언급한 방사성물질을 상자 안에 넣고, 독가스가 들어있는 조그만 병과 살아있는 고양이를 함께 넣은 후 상자의 뚜껑을 닫는다. 방사성물질이 (50%의 확률로) 붕괴되면 이때 방출된 입자가 감지기에 도달하고, 일련의 역학적 과정을 거쳐 독가스가 든 병이 파손되도록 설계되어 있다. 간단히 말해서 방사성물질이 붕괴되면 고양이는 죽고, 붕괴되지 않으면 산다. 우리의 일상적인 경험에 의하면 특정 시간이 흘렀을 때 굳이 뚜껑을 열어보지 않아도 상자 안에 갇힌 고양이가 살 확률은 50%이고, 죽을 확률도 50%이다. 즉, 상자 안의 고양이는 살아있거나 죽었거나 둘 중 하나의 상태여야 한다. 그러나 양자역학에 의하면, 뚜껑을 열어보지 않는 한 (즉, 관측하지 않는 한) 방사성물질은 둘 중 하나의 상태로 결정되지 않으며, 고양이의 생사 여부도 마찬가지다. 뚜껑을 열고 상자 안을 들여다보기 전에는 방사능 붕괴는 일어나지 않았고, 안 일어나지도 않았기 때문에 고양이는 살지도, 죽지도 않았다는 것이다. 양자역학을 지지하는 이론물리학자들은 "관측자가 상자의 내부를 들여다보지 않는 한 고양이는 살지도, 죽지도 않은 중간 상태에 존재한다"고 주장한다. 다시 말해서 '진실'이라는 것은 관측이 실행된 후에야 비로소 존재한다는 뜻이다.

아인슈타인은 이런 식의 논리를 끔찍하게 싫어했다. 양자 규모에서 무작위로 선택된 확률적 결과에 따라 세상만사가 결정된다니, 전통적 인과율•에 익숙한 그에게는 재앙이나 마찬가지였을 것이다. 오죽하면 "신은 주사위 놀음을 하지 않는다(God does not play dice)"고까지 했을까. 그는 슈뢰딩거의 고양이에서 초래된 역설도 수용하지 않았다. "어떤 경우에도 물리적 진실은 반드시 존재하며, 그 진실은 가장 기본적인 단계에서 정교한 법칙을 통해 결정된다"는 것이 그의 확고한 믿음이었다. 그 후로 아인슈타인은 양자역학의 저변에 숨어있는 진실을 드러내기 위해 다양한 실험을 구상했지만, 결국 실험실에서 구현하지 못한 채 세상을 떠났다. 돌이켜보면 그가 결론을 내리지 못하고 세상을 떠난 것이 오히려 다행이었다. 조금 더 오래 살아서 최종 결론을 확인했다면, 학자로서의 자존심에 치명상을 입었을 것이다.

1982년 여름, 프랑스 파리-쉬드대학교의 알랭 아스페(Alain Aspect)가 이끌던 연구 팀은 일련의 실험을 통해 양자역학의 비현실적 세계에 가려진 진실을 찾아내는 데 성공했다. 당시 물리학자들은 아인슈타인이 생각했던 가장 기본적인 법칙을 '숨은 변수(hidden variable)'라 불렀는데, 아스페가 하나의 광원에서 서로 반대 방향으로 방출된 광자 2개의 거동을 분석하여 숨은 변수의 존재 여부를 확인한 것이다. 자세한 내용은 10장에서 다루기로 하고, 여기서는 실험의 간단한 개요만 짚고 넘어가자. 동일한 광원에서 방출된 한 쌍의 광자는 편광(偏光,

• 因果律 causality, 모든 사건은 앞서 일어난 사건의 결과라는 법칙.

polarization)이라는 물리적 특성을 갖고 있는데, 구체적인 값은 감지기를 통해 확인할 수 있다. 그런데 양자 이론에 의하면 관측이 행해지기 전에는 편광이 하나의 값으로 존재하지 않는다. 즉, 우리가 알고 있는 편광은 상자 속의 고양이처럼 몇 가지 가능성이 중첩된 상태로 존재하다가, 관측이 행해진 후에야 비로소 하나의 명확한 값으로 결정된다는 것이다. 반면에 '숨은 변수 가설'에 의하면 개개의 광자는 처음 생성될 때부터 명확한 편광을 갖고 있다. 2개의 광자는 동일한 광원에서 동시에 방출되었기 때문에, 이들의 편광은 어떤 식으로든 관련되어 있을 것이다. 이 상호관계는 양자 이론을 택하느냐, 아니면 숨은 변수 가설을 택하느냐에 따라 다르게 나타난다. 그러므로 두 광자의 편광을 관측하면 어느 쪽이 옳은지 판정할 수 있다.

아스페는 일련의 실험을 통해 숨은 변수 가설에서 예견된 편광의 상호관계는 존재하지 않으며, 그 반대로 양자역학에서 예견된 상호관계가 명백하게 존재한다는 결론에 도달했다. 더욱 놀라운 것은 하나의 광자를 관측하여 얻은 결과가 다른 광자의 물리적 상태(지금의 경우는 편광)에 '즉각적으로' 영향을 미친다는 점이었다. 아인슈타인의 특수상대성이론에 의하면 이 세상 어떤 물체나 신호도 빛보다 빠르게 이동할 수 없다. 따라서 서로 빛의 속도로 멀어져가는 2개의 광자는 어떤 신호도 교환할 수 없다. 그런데 이들 사이에 모종의 신호가 즉각적으로 교환되어 물리적 상태가 변한 것이다. 아스페의 실험은 양자역학보다 더 깊은 곳에 '진정한 현실(진실)'이 존재한다는 숨은 변수 가설을 한 방에 날려버렸다. 우주를 구성하는 기본입자의 거동을 서술할 때 일상적으로 경험하는 '물리적 현실'에 집착하는 것은 적절한 접근법이 아니었던 것이다. 신기하게도 이 입자들은 절대로 분리될 수 없는 하나의 몸체처럼 거동하면서, 다른 입자에 어떤 일이 일어나는지 완벽하게 알고 있는 것 같았다.

슈뢰딩거의 고양이는 양자적 실체를 상징한다. 독자들은 이 프롤로그를 읽으면서 "우리가 상식적으로 생각해왔던 실체(reality)는 존재하지 않으므로, 슈뢰딩거의 고양이 역설을 더 파고들어 봐야 얻을 것이 별로 없다"고 생각할지도 모르겠다. 그러나 진짜 이야기는 지금부터가 시작이다. 슈뢰딩거의 고양이를 추적하다 보면 양자역학의 전통적 해석을 포용하면서 그것을 한 단계 뛰어넘는 새로운 해석에 도달할 수도 있다. 사실 이 추적은 지금으로부터 무려 300여 년 전에, 아인슈타인보다 훨씬 고전적인 세계관을 갖고 있었던 한 물리학자에 의해 시작되었다. 빛의 특성을 깊이 파고들었던 그는 자신이 훗날 슈뢰딩거의 고양이로 연결되는 기나긴 여정의 첫발을 내디뎠다는 사실을 꿈에도 생각하지 못했을 것이다. 고전역학과 고전광학을 구축한 물리학의 대부이자 철학의 영역에 머물러있던 자연과학을 수학적 언어로 완벽하게 서술했던 천재 중의 천재, 그의 이름은 바로 아이작 뉴턴(Isaac Newton)이었다.

1부

양자

양자 이론을 접하고도 충격을 받지 않는다면,
그는 내용을 제대로 이해하지 못한 것이다.

— 닐스 보어(1885～1962)

1장 빛

물리학을 발명품에 비유한다면, 발명가는 단연 아이작 뉴턴이다. 그 외에 물리학에 기반을 둔 모든 과학도 그의 발명품이라 할 수 있다. 물론 뉴턴도 갈릴레오를 비롯한 선배 물리학자의 덕을 보긴 했지만, 그가 300여 년 전에 발견한 세 가지 운동법칙(관성의 법칙, 가속도의 법칙, 작용-반작용 법칙)과 중력이론은 우주비행과 레이저, 원자력에너지, 유전공학, 화학 등 거의 모든 과학의 토대가 되었다. 그 후로 뉴턴의 물리학, 즉 고전물리학(classical physics)은 거의 200년 동안 과학의 왕좌를 굳건하게 지키면서 현대 과학의 발전을 이끌어왔다. 20세기 들어 고전물리학을 뛰어넘는 혁명적 변화•가 일어나긴 했지만, 뉴턴이 없었다면 새로운 물리학도 탄생하지 못했을 것이다. 이 책은 과학의 발달사를 조명하는 역사책이 아니므로 고전물리학이 아닌 새로운 물리학(양자물리학)에 초점을 맞춰 이야기를 풀어나갈 예정이다. 그러

• 상대성이론과 양자역학.

나 300여 년 전에 뉴턴이 이룩한 업적은 20세기에 나타날 혁명적 변화를 이미 예견하고 있었다. 그 업적이란 중력이론이나 세 가지 운동법칙이 아니라, 빛의 특성을 서술하는 고색창연한 이론이었다.

빛에 관한 뉴턴의 이론은 단단한 물체(고체)와 행성의 궤도를 서술하는 운동법칙에서 탄생했다고 해도 과언이 아니다. 뉴턴은 일상적인 물체의 운동에 대한 기존의 상식이 지구라는 특별한 환경에 국한되어 있음을 간파한 최초의 인간이었다. 지표면에서 움직이는 물체는 얼마 가지 못하고 멈추지만, 마찰력이나 저항력 등 외력•이 작용하지 않는 곳에서는 운동의 패턴이 완전히 달라진다. 우리의 일상적인 경험에 의하면 모든 물체는 누군가가(또는 무언가가) 힘을 주어 밀지 않는 한 정지 상태를 유지하고, 움직이는 물체에 반대쪽으로 힘을 가하면 속도가 서서히 줄어들다가 결국 정지 상태에 도달한다. 그런데 달이나 행성 같은 천체들은 왜 운동을 멈추지 않는 것일까? 무언가가 그들을 계속 밀어주고 있을까? 그럴 리가 없다. 지표면에서 움직이는 물체는 마찰이라는 외력의 영향을 받아 운동 상태가 변하지만, 텅 빈 우주공간을 가로지르는 행성의 경우에는 운동을 방해하는 요인이 전혀 없기 때문에 계속 움직일 수 있는 것이다. 책상의 왼쪽 끝에 놓여있는 펜을 (손으로 집어 들지 않고) 오른쪽 끝으로 옮기려면 손으로 펜을 밀어야 한다. 그런데 펜이 이동하는 동안 펜과 책상 면 사이의 마찰력이 이동을 방해하기 때문에, 펜에서 손을 떼면 펜은 더 움직이지 않는다. 만일 마찰력이 작용하지 않는다면 펜에서 손을 떼도 펜은 장애물을 만날

• 外力, external force, 물체 스스로 발휘하는 힘이 아니라, 외부에서 물체에 가해지는 힘.

때까지 계속 이동할 것이다. 이것이 바로 뉴턴이 발견한 첫 번째 운동 법칙이다. "외력이 작용하지 않는 한, 모든 물체는 정지 상태나 등속 운동 상태를 유지한다."• 두 번째 법칙은 외력이 물체에 주는 영향을 수학적으로 계량한 '가속도의 법칙'이다. 물체에 외력이 작용하면 물체의 속도가 변하는데, 속도가 변하는 정도를 가늠하는 양을 가속도(acceleration)라 한다. 이 법칙에 의하면 물체의 가속도(a)는 물체에 작용한 힘(외력, F)을 물체의 질량(m)으로 나눈 값과 같다($a = F/m$). 그러나 대다수의 교과서에는 약간의 이항 과정을 거쳐서 $F = ma$라는 형태로 표기되어 있다. 뉴턴의 세 번째 법칙은 외력이 가해진 물체의 반응과 관련된 법칙으로, "모든 작용(action)은 크기가 같고 방향이 반대인 반작용(reaction)을 수반한다"는 말로 요약된다. 테니스 라켓으로 공을 치면 라켓이 공에 힘을 가하는데, 이때 공은 일방적으로 당하는 것이 아니라 똑같은 힘을 라켓에 되돌려준다. 즉, 라켓이 공에 가한 힘은 '작용'이고, 공이 라켓에 가한 힘은 '반작용'••에 해당한다. 로켓이 위로 날아가는 것도 작용-반작용 법칙의 결과이다. 로켓의 후미에서 매우 빠른 속도로 가스가 분사되면(이 힘은 주로 화학반응에 의해 생성된다), 이에 대한 반작용으로 로켓이 위로 떠오르는 것이다.

뉴턴이 발견한 세 가지 운동법칙과 중력이론을 적용하면 태양 주변을 공전하는 행성과 지구를 공전하는 달의 거동을 거의 완벽하게

• 여기서 '정지 상태'라는 말은 생략해도 상관없다. 등속운동이란 '속도가 변하지 않는 운동'을 의미하는데, 정지 상태는 '속도가 0으로 고정된 상태'이므로 등속운동의 범주에 포함되기 때문이다.

•• 작용과 반작용은 서로 바꿔서 불러도 상관없다.

설명할 수 있다. 여기에 마찰력을 고려하면 지표면에서 움직이는 물체의 거동방식도 완벽하게 설명된다. 이것이 바로 뉴턴이 구축했던 고전역학의 핵심이다. 그러나 고전역학은 당대의 과학자들에게 선뜻 받아들이기 어려운 철학적 화두(話頭)를 던져주었다. 뉴턴의 법칙에 의하면 한 입자의 거동은 다른 입자와 주고받는 상호작용과 힘을 분석함으로써 정확하게 예견할 수 있다. 우주에 존재하는 모든 입자의 위치와 속도를 알고 있으면 그들의 미래는 운동법칙을 통해 완벽하게 결정된다. 이는 곧 우주의 미래가 이미 결정되어 있다는 뜻이기도 하다. 그렇다면 우주는 작동 방식이 이미 결정된 거대한 시계에 불과하다. 조물주가 우주라는 거대한 시계를 창조한 후 태엽을 끝까지 감아놓았고, 우리는 그저 태엽이 풀리는 대로 예측 가능한 길을 따라가고 있다. 과연 그럴까? 조물주는 예측할 수 있는 우주를 창조한 후 어디론가 가버렸고, 우리는 이미 결정된 삶을 수동적으로 누릴 수밖에 없다는 말인가? 적어도 이론적으로는 그렇다. 뉴턴의 고전역학이 낳은 '결정론적 우주관(deterministic view of the universe)'에는 인간의 자유의지나 우연이 끼어들 여지가 전혀 없다. 그렇다면 우리는 아무런 선택권도 없이 이미 결정된 길을 따라가는 꼭두각시일 뿐이다. 별로 달갑지 않은 결과에 봉착한 과학자들은 그 이상의 난상 토론을 철학자에게 떠넘기고, 조물주의 뜻에 의해 이미 결정되었지만 인간들은 아직 모르는 사실을 운동방정식으로 알아내는 본연의 임무에 충실했다. 그러나 20세기에 새로운 물리학이 등장하면서, 과학자들은 결정론적 우주관과 관련된 문제를 더는 철학적 화두로만 치부할 수 없게 되었다.

파동인가, 입자인가?

뉴턴은 움직이는 물체를 점입자(point particle)로 간주하여 큰 성공을 거두었다. 그러므로 그가 광학(光學, optics)의 체계를 세울 때 빛을 입자로 간주한 것은 그리 놀라운 일이 아니다. 빛은 대부분의 경우 직선을 따라 이동하며, 도중에 거울을 만나서 반사되는 것도 공중으로 던져진 공이 단단한 벽에 부딪혔을 때 나타나는 현상과 매우 비슷하다. 뉴턴은 반사망원경을 손수 제작했고, 백색광이 무지개색 단색광의 혼합이라는 사실을 알아냈으며, 이를 근거로 광학의 기초를 세웠다. 그리고 이 모든 이론에는 빛이 미립자(corpuscles)로 이루어져 있다는 가정이 깔려있었다. 허공을 가로지르는 빛이 물이나 유리 속으로 진입하면 경로가 구부러진다. 즉, 매질의 밀도가 달라지면 빛의 경로가 굴절된다(음료수 잔에 꽂힌 빨대가 꺾어진 것처럼 보이는 것도 굴절 때문이다). 뉴턴은 미립자(빛을 구성하는 입자)는 '광학적으로 밀(密, dense)한' 매질에서 더 빠르게 움직인다는 가정하에 빛의 굴절을 그럴듯하게 설명할 수 있었다. 그러나 뉴턴의 시대에 굴절 현상을 설명하는 이론은 이것뿐만이 아니었다.

뉴턴보다 13년 앞서 1629년에 태어난 네덜란드의 물리학자 크리스티안 하위헌스(Christiaan Huygens)는 빛이 입자의 흐름이 아니라 바다나 호수를 가로지르는 파동에 가깝다고 생각했다. 물론 모든 파동은 매질(medium)을 통해 전달되므로, 빛이 파동이라면 빛을 매개하는 매질이 존재해야 한다. 그러나 마땅한 후보를 찾지 못한 하위헌스는 '발광성 에테르(luminiferous ether)'라는 가상의 매질을 상정하고 파동설을

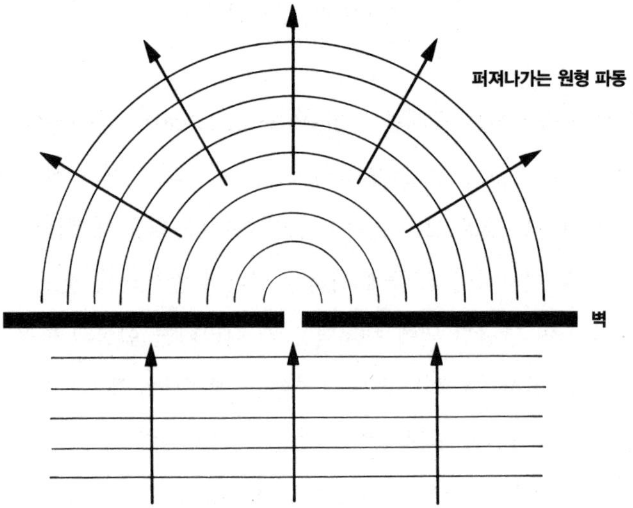

그림 1–1 평행하게 진행하던 수면파(평면파)가 벽에 나 있는 작은 구멍(슬릿)•을 통과하면 그 지점부터 그림자를 만들지 않고 원형파로 변하여 퍼져나간다.

계속 밀고 나갔다. 이 이론에 의하면 연못에 조약돌을 던졌을 때 동심원을 그리며 퍼져나가는 물결처럼, 광원에서 방출된 광파(光波, 빛의 파동)는 에테르 속에서 모든 방향으로 퍼져나간다. 하위헌스는 파동설에 기초하여 빛의 반사와 굴절을 자신만의 논리로 설명했는데, 입자설과 가장 큰 차이는 빛의 속도가 광학적으로 밀한 매질 속에서 더 느려진다는 것이었다(앞서 말했듯이 입자설에 의하면 더 빨라져야 한다). 17세기에는 빛의 속도를 측정할 만한 도구가 없었기에 매질 속에

• slit, 가늘고 긴 구멍. 폭이 넓은 구멍이 아니라 폭은 좁고 세로로 긴 구멍이다.

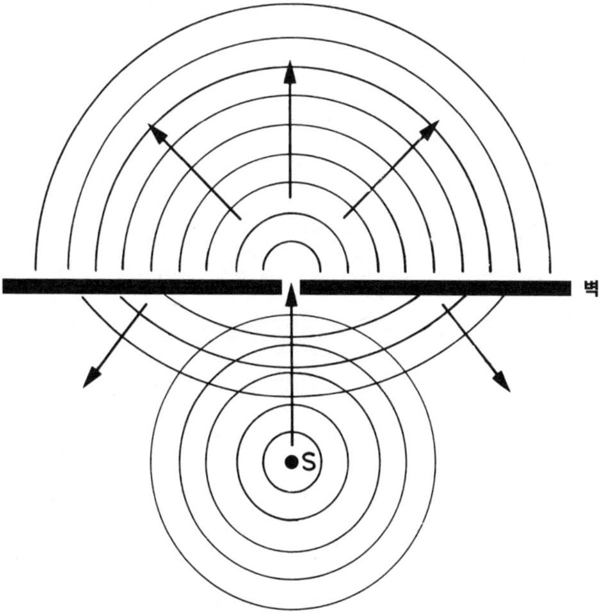

그림 1-2 연못의 S지점에서 발생한 원형 파동은 벽에 있는 작은 슬릿을 통과한 후에도 여전히 원형 파동을 유지한다(물론 벽에 부딪힌 파동은 뒤로 반사된다).

서 속도가 달라지는 정도를 확인할 길이 없었으나, 입자설과 파동설의 예측 결과가 확연하게 다른 현상이 하나 있었다. 다들 알다시피 빛이 날카로운 모서리를 통과하면 주변에 날카로운 그림자가 형성되는데, 이것은 입자로 이루어진 빛이 직선운동을 할 때 나타나는 현상이다(파동이 날카로운 모서리를 통과하면 경로가 휘어지거나 회절된다. 이것은 연못의 잔물결이 바위 주변을 지날 때 쉽게 확인할 수 있다). 300년 전의 과학자들은 이 논리에 기초하여 빛의 입자설을 정설로 받아들였다. 그러나 19세기 초에 몇 가지 사실이 새롭게 발견되면서 입자설과 파동설은 새로운 국면을 맞이하게 된다.

18세기에는 빛의 파동설을 진지하게 받아들이는 과학자가 극히 일부에 불과했다. 그중 한 사람이 스위스의 레온하르트 오일러(Leonhard Euler)였는데, 그는 기하학과 미적분학 그리고 삼각법•에 위대한 업적을 남긴 당대 최고의 수학자였다. 현대 수학과 물리학은 주로 방정식으로 서술되는데, 산술방정식의 체계적 해법은 대부분 오일러에 의해 개발되었으며 이 과정에서 그가 창안한 몇 가지 기호는 지금까지 사용되고 있다. 원의 둘레와 지름의 길이 비율을 나타내는 원주율 파이(pi, π)와 -1의 제곱근을 뜻하는 허수단위 i(π와 i는 나중에 다시 언급될 것이다), 그리고 미적분학에 등장하는 적분기호 $\int$가 그 대표적 사례이다. 그런데 이상하게도 그 무렵에 출간된 브리태니커 백과사전(Encyclopaedia Britannica, 대영 백과사전)에서 오일러를 찾아보면 빛의 파동설과 관련된 내용이 빠져있다. 아마도 이것은 사전 편찬위원들이 "저명한 과학자들 중에는 파동설에 관심을 두는 사람이 단 한 명도 없다"는 당대의 주장을 고려했기 때문일 것이다.[1] 오일러 외에 빛의 파동설을 진지하게 받아들인 과학자 중에는 몰아치는 뇌우 속에서 연을 날렸던 벤저민 프랭클린(Benjamin Franklin)도 있었다. 그러나 빛의 파동설을 실험으로 명백하게 입증한 사람은 영국의 물리학자 토머스 영(Thomas Young)과 프랑스의 물리학자 오귀스탱 프레넬(Augustin Fresnel)이었다.

• trigonometry, 삼각형의 기하학적 특성과 삼각함수를 이용하여 도형을 연구하는 수학의 한 분야.

파동설의 완벽한 승리

토머스 영은 수면파(물결파)의 특성을 십분 활용하여 빛의 전달 방식을 확인하는 실험장치를 고안했다. 수면파의 특성은 이미 잘 알려져 있지만, 빛과 물결의 유사성을 확인하려면 커다란 파도보다 작은 물결에 집중해야 한다. 모든 파동은 진행하는 동안 최고점(마루)에 도달했다가 최저점(골)으로 떨어지기를 반복하는 특성이 있다. 이때 평균수면에서 최고점까지의 높이를 진폭(振幅, amplitude)이라 하며, 완벽한 파동의 경우 이 진폭은 평균수면에서 최저점까지의 깊이와 동일하다. 연못에 조약돌을 던졌을 때 나타나는 일련의 잔물결처럼 파동의 마루는 일정한 간격을 두고 생성되며, 하나의 마루와 그다음 마루 사이의 간격을 파장(波長, wavelength)이라 한다. 파동은 조약돌이 떨어진 지점을 중심으로 동심원을 그리며 퍼져나가지만, 바닷물의 파도나 바람이 일으킨 호수의 잔물결은 평행선을 그리며 퍼져나간다. 어쨌거나 두 경우 모두 1초 동안 특정 지점을 통과하는 마루의 수를 진동수(frequency)라 한다. 걸어가는 사람에 비유하면 진동수는 '1초 동안 내딛는 발걸음의 수'이고, 파장은 '보폭'인 셈이다. 그러므로 파장에 진동수를 곱하면 파동이 진행하는 속도가 얻어진다.

우리의 실험은 해변을 향해 질주하는 파도처럼 평행하게 진행하는 파동에서 시작된다. 누군가가 망망대해에서 엄청나게 큰 물체를 떨어뜨렸다면, 해변에서 이런 파도를 보게 될 것이다. 파동의 진원지에서는 파동이 동심원을 그리며 퍼져나가지만, 한참 진행한 후에는 동심원이 아닌 평행선처럼 보인다. 원의 지름이 충분히 크면 원호가 직선에 가까워지기 때문이다. 이제 장애물(벽)이 설치된 수조 안에서 이런 평면파를 발생시켰다고 가정해보자(그림 1-3 참조). 벽의 폭이 좁으면 그 주변의 파동이 휘어지면서 빈 곳을 메우기 위해 물이 벽 뒤쪽으로 모여드는데,• 이때 형성되는 물결의 형태는 벽의 '그림자'를 연상케 한다. 그러나 벽의 폭이 평면파의 파장보다 훨씬 넓으면 파동은 벽의 그림자 뒤에서 조금만 휘어지고, 벽으로 가려진 영역에는 물결이 거의 일어나지 않는다. 물 대신 빛을 사용하여 같은 실험을 하면 벽의 뒤쪽에 그림자가 생길 것이다. 단, 그림자의 경계선이 또렷하려면 벽(또는 그림자의 원인이 된 물체)의 크기가 빛의 파장보다 훨씬 커야 한다.

이제 실험장치를 조금 바꿔서 평면파가 지나가는 길목에 기다란 벽을 설치해보자. 벽의 중앙부에는 조그만 구멍(슬릿)이 뚫려있다. 슬릿의 폭이 파장보다 훨씬 넓으면 슬릿을 통과한 평면파는 원래의 모양을 거의 유지한 채 앞으로 나아가고, 벽 뒤쪽의 나머지 부분은 잔잔한 채로 남는다. 방파제에서 항구로 들어가는 입구를 주의 깊게 관찰하면 이와 같은 파동 패턴을 확인할 수 있다. 그러나 슬릿의 폭이 아주 좁으면 슬릿 자체가 새로운 파원(波源)인 것처럼 그곳을 중심으로 원형 파동이 생성된다. 결과만 놓고 보면 마치 슬릿이 있는 곳에 조약돌을 새로 떨어뜨린 것 같다. 여기서 시간이 충분히 흐르면 원형 파동(정확하게는 반원형 파동)이 수면 전체를 뒤덮게 된다.

여기까지는 별문제가 없다. 이제 마지막으로 토머스 영의 실험을 복원해보자. 수조에서 발생한 평면파가 벽을 향해 진행한다는 설정

• 편의상 파원에 가까운 쪽을 '앞'으로, 먼 쪽을 '뒤'로 부르기로 하자.

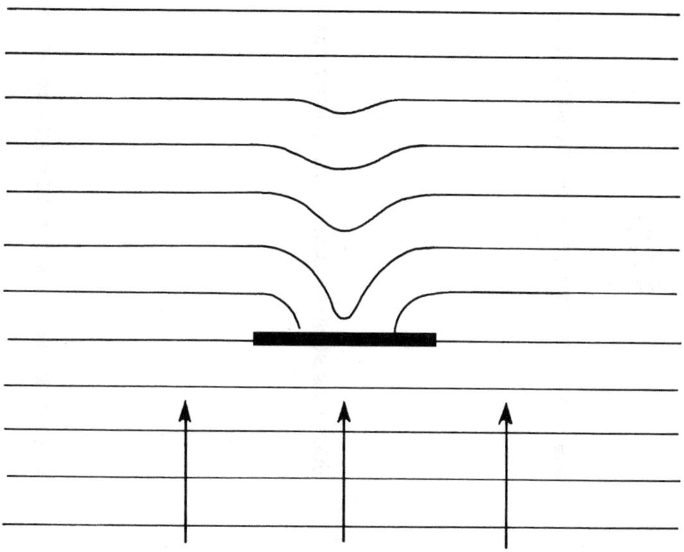

그림 1-3 파동이 모서리를 만났을 때 휘어지는 것은 물이 벽 뒤의 빈 공간을 빠르게 채우려 하기 때문에 나타나는 현상이다. 단, 이런 현상이 나타나려면 방해물(벽)의 크기가 파장과 비슷해야 한다.

은 이전과 똑같고, 벽에 슬릿이 1개가 아니라 2개라는 점만 다르다. 그렇다면 개개의 슬릿이 새로운 파원 역할을 하여 2개의 반원형 파동이 생성되고, 이들은 동일한 평면파에서 생성되었으므로 파장이 같다. 즉, 2개의 반원형 파동은 동일한 위상(位相, phase)을 유지한다. 이제 2개의 파동이 스크린을 향해 나아가고 있으므로 수조에는 꽤나 복잡한 파형이 형성될 것이다. 파동의 마루와 마루가 만나는 지점에서는 파고가 더 높아지고(즉, 진폭이 커지고), 마루와 골이 만나는 지점에서는 상쇄효과가 나타나 평균수위로 신성된다. 이 효과를 각각 보강간섭(constructive interference), 소멸간섭(destructive interference)이라 하는

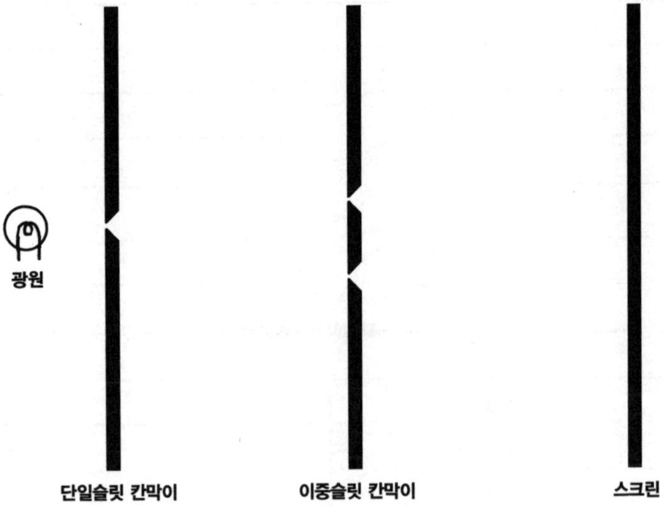

그림 1-4 빛이 모서리나 슬릿을 만났을 때 회절되는 현상은 단일슬릿으로 원형 파동을 생성한 후 이중슬릿으로 간섭을 일으킴으로써 확인할 수 있다.

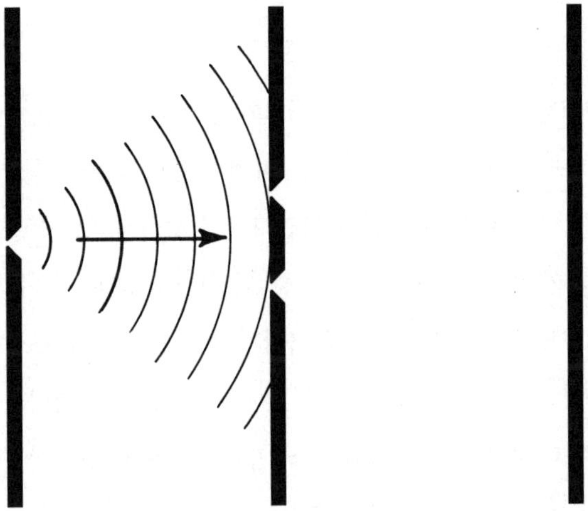

그림 1-5 물결파와 마찬가지로, 빛도 좁은 슬릿을 통과하면 그 슬릿을 중심으로 동심구(同心球)를 그리며 단계적으로 퍼져나간다.

데, 연못에 조약돌 2개를 동시에 떨어뜨리면 대략적인 형태를 확인할 수 있다. 여기서 물을 빛으로 바꾼 것이 바로 토머스 영의 실험이다. 빛이 파동이라면 2개의 슬릿을 통과한 후 수면파와 동일한 간섭효과가 나타날 것이다. 실험 결과는 이 절의 제목처럼 "파동설의 완벽한 승리"였다.

영은 2개의 좁은 슬릿이 뚫려있는 벽을 향해 빛을 발사했고, 슬릿을 통과한 빛은 서로 간섭을 일으켰다. 빛이 파동이라면 수면파의 경우처럼 특정 위치에서 보강간섭이나 소멸간섭을 일으킬 것이고, 그 결과 스크린에는 어둡고 밝은 줄무늬가 번갈아 나타나야 한다.• 영은 자신이 설치한 백색 스크린에서 바로 이런 줄무늬를 발견하고 빛이 파동임을 확신하게 되었다.

그러나 영의 실험은 영국에서 학계의 이목을 끌지 못했다. 당시 영국의 과학계는 뉴턴을 신처럼 떠받드는 분위기였기에, 뉴턴의 이론에 반기를 드는 사람은 이단자나 매국노로 찍히기 십상이었다. 뉴턴은 1705년에 기사 작위를 받았고(영국 왕실에서 과학 분야의 업적을 인정하여 작위를 수여한 것은 이때가 처음이었다) 1727년에 세상을 떠났는데 토머스 영의 실험 결과는 1801년에 발표되었으니, 영웅을 권좌에서 끌어내리기에는 시기상조였을 것이다. 게다가 당시는 나폴레옹전쟁••이 한창 진행되던 시기였으므로, 영과 비슷한 실험 결과를 얻은 프랑스

• 보강간섭이 일어난 곳은 빛의 진폭이 커져서 밝아지고, 소멸간섭이 일어난 곳은 어두워진다. 또한 슬릿은 폭이 매우 좁지만 세로 길이가 길기 때문에 스크린에는 줄무늬로 나타난다.

•• 나폴레옹의 지휘하에 1797~1815년에 걸쳐 유럽의 여러 국가와 치른 전쟁의 총칭.

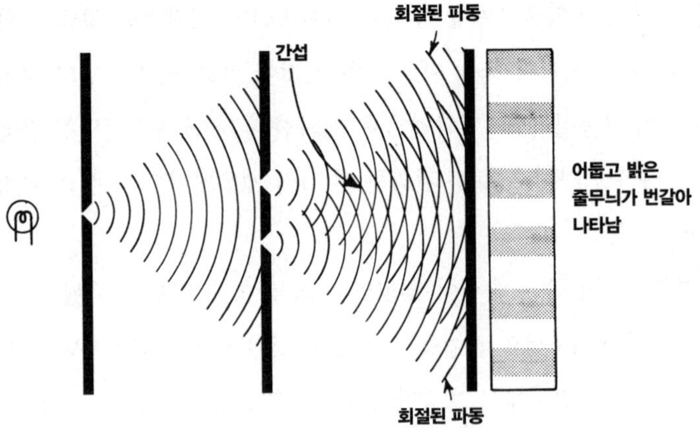

그림 1-6 2개의 슬릿에서 생성된 원형 파동은 서로 간섭을 일으켜 스크린에 밝고 어두운 줄무늬를 만든다. 그러므로 빛은 파동임이 분명하다

의 물리학자 오귀스탱 프레넬이 훨씬 유리한 위치에 있었다. 프레넬은 영보다 몇 년 늦게 실험에 착수했지만, 빛의 파동성뿐만 아니라 단색광과 이중반사 등 빛과 관련된 다양한 현상을 설명하여 단숨에 프랑스의 영웅으로 떠올랐다. 그중에서도 가장 눈에 띄는 것은 얇은 기름막에 빛을 쪼였을 때 무지개색이 나타나는 현상이다. 독자들도 비 오는 날 자동차가 도로에 흘린 기름에서 무지개색을 본 적이 있을 텐데, 이것은 기름막에 입사된 빛의 일부가 막의 윗면에서 반사되고 일부는 윗면을 투과한 후 아랫면에서 반사되어 서로 간섭을 일으킨 결과이다. 다들 알다시피 빛(단색광)은 파장에 따라 색상이 다르고 백색광은 모든 단색광이 혼합된 빛이므로, 백색광이 기름막에서 반사되면 단색광들이 보강간섭이나 소멸간섭을 일으켜 특정 색상의 단색광만 눈에 들어오는 것이다. 물론 관측자의 위치가 바뀌면 기름막의 색도

달라진다.●

그 후 19세기 중반에 레옹 푸코(Léon Foucault, '푸코 진자'로 유명한 프랑스의 물리학자)가 물속에서 빛의 속도는 공기 중의 속도보다 느리다는 사실을 확인함으로써 프레넬의 빛 이론은 반박의 여지가 없는 정설로 굳어졌다. 빛은 뉴턴의 주장과 달리 에테르라는 매개체를 통해 전달되는 파동이었던 것이다. 그러나 여기에도 의문은 여전히 남아있다. 물결이나 끈이 진동할 때에는 진동의 실체가 눈에 보이기 때문에 파동임을 직관적으로 알 수 있지만, '진동하는 빛'은 아무도 본 적이 없다. 빛이 파동이라면, 진동의 실체는 무엇인가? 대체 무엇이 진동한다는 말인가? 1860~1870년대에 스코틀랜드의 위대한 물리학자 제임스 맥스웰(James Maxwell)이 빛이란 전기장과 자기장이 변하면서(진동하면서) 생성된 결과물이라는 전자기이론을 확립한 후로 빛과 관련된 해묵은 논쟁은 마무리된 것처럼 보였다. 마루와 골이 번갈아 나타나면서 파도가 앞으로 나아가듯이, 맥스웰이 예견한 전자기파(electromagnetic wave)는 전기장과 자기장의 강도가 변하면서 앞으로 나아가는 파동이었다. 그 후 1887년에 독일의 물리학자 하인리히 헤르츠(Heinrich Hertz)는 라디오파(radio wave, 빛과 비슷하지만 파장이 훨씬 긴 전자기파. 전파라고도 함)를 송수신하는 데 성공함으로써 빛의 파동설에 최후의 승리를 안겨주었으며, 당대의 과학자들은 헤르츠의 업적을 "뉴턴과 갈릴레오 이후 과학이 거둔 가장 위대한 승리"로 평가했

● 바라보는 각도를 바꾸면 기름막의 윗면과 아랫면에서 반사된 단색광의 경로차가 달라져서 이전과 다른 단색광이 보강간섭을 일으키기 때문이다.

다. 그런데 19세기 말에도 빛이 입자라고 주장하는 사람이 있었으니, 그가 바로 현대 과학의 아이콘인 아인슈타인이었다. 수많은 증거가 있는데도 그는 왜 빛의 입자설을 고집했던 것일까? 그 이유를 이해하려면 19세기 물리학의 기본 개념을 좀 더 자세히 알 필요가 있다.

2장 원자

대부분의 과학역사가는 과학이 처음 태동했던 고대 그리스 시대에 이미 원자설이 존재했다면서 만물의 기본단위를 떠올렸던 고대 철학자들에게 최고의 찬사를 보내고 있지만, 여기에는 다소 과장된 측면이 있다. 기원전 370년경에 아브데라의 데모크리토스(Democritus of Abdera)가 복잡다단한 자연을 설명하기 위해 원자(atom)의 개념을 떠올린 것은 사실이다. 그는 자신의 저서에 "모든 물질이 더 작게 분할되지 않으면서 고유의 형태와 크기를 가진 몇 종류의 기본단위로 이루어져 있다면 세상이 지금처럼 다양한 이유를 설명할 수 있다. 이 세상에 존재하는 것은 몇 종류의 원자와 텅 빈 공간(진공)뿐이고, 다른 것은 그저 의견에 불과하다"고 적어놓았으며,[1] 그의 철학은 사모스의 에피쿠로스(Epicurius of Samos)와 고대 로마의 루크레티우스(Roman Lucretius Carus)에게 전승되었다. 그러나 당시에는 원자론보다 만물이 불, 흙, 공기 그리고 물로 이루어져 있다는 아리스토텔레스(Aristotle)의 4원소론이 대세였고, 예수가 태어나던 무렵에 원자론은 사람들의 뇌리에서 거의 잊혔다. 그러므로 현대의 원자론이 등장할 때까지 거의 2,000년 동안 과학계를 지배해온 것은 원자론이 아니라 아리스토텔레스의 4원소론이었다.

17세기 아일랜드의 화학자 로버트 보일(Robert Boyle)은 물질의 반응을 설명하기 위해 원자의 개념을 도입했고, 비슷한 시기에 뉴턴은 빛이 입자로 이루어져 있다고 생각했지만, 원자론이 과학의 무대에 정식으로 데뷔한 것은 프랑스의 화학자 앙투안 라부아지에(Antoine Lavoisier)가 물질의 연소(燃燒, burning) 과정을 최초로 설명했던 18세기 후반의 일이었다. 라부아지에는 그 이상 다른 물질로 분해되지 않는 순수한 화학물질을 여러 개 발견했으며, 물질이 타는 이유는 그 속에 들어있는 화학 성분이 공기 중의 산소와 반응하기 때문이라는 사실도 알아냈다. 그 후 19세기 초에 영국의 물리학자 존 돌턴(John Dalton)은 모든 물질이 '더 이상 쪼개지지 않는 원자'로 이루어져 있다고 주장함으로써 원자론에 기초한 화학의 틀을 완성했다. 그의 이론에 의하면 단일 원소의 원자는 모두 동일하지만 종류가 다른 원소는 다른 원자로 이루어져 있고(크기와 모양이 다르다), 원자는 새로 생성되지도 소멸하지도 않으면서 화학반응에 의해 재배열되며, 두 종류 이상의 원소를 섞어서 만든 화합물은 원자의 결합체인 분자(molecule)로 이루어져 있다. 그러므로 진정한 의미의 원자론은 고대 그리스 시대가 아니라 겨우 200년 전에 탄생한 셈이다.

19세기의 원자론

19세기의 원자론이 학계에 수용될 때까지는 꽤 오랜 시간이 걸렸다. 프랑스의 화학자 조제프 게이뤼삭(Joseph Gay-Lussac)은 두 종류의 기체(A, B)를 특정한 비율로 섞어야 남김없이 반응하여 새로운 화합물(C)이 생성된다는 사실을 알아냈다. 특히 C가 기체라면 C의 부피는 A와 B의 부피에 비례한다. 이로써 A와 B를 구성하는 원자들이 결합하여 C의 분자를 이룬다는 보일의 가설은 사실로 확인되었다. 그 후 1811년에 이탈리아의 물리학자 아마데오 아보가드로(Amadeo Avogadro)는 이 사실에 기초하여 온도와 압력이 같을 때, 동일한 부피의 기체 속에는 (기체의 종류와 상관없이) 동일한 개수의 분자가 들어있다는 가설을 발표했다. 예를 들어 0℃ 1기압에서 임의의 기체 1리터(1,000cm^3)에는 약 270억×1조 개(2.7×10^{22}개)의 분자가 들어있다(이 값을 아보가드로의 수라 한다). 아보가드로의 가설은 1850년대에 이탈리아의 화학자 스타니슬라오 칸니차로(Stanislao Cannizzaro)가 실험을 통해 확인한 후로 조금씩 알려지기 시작했으나, 대부분의 화학자는 1890년대 말까지 원자론을 수용하지 않았다. 19세기 후반에는 돌턴이나 아보가드로의 화학 이론보다 물리학의 약진이 두드러졌는데, 특히 스코틀랜드의 제임스 맥스웰과 오스트리아의 루트비히 볼츠만(Ludwig Boltzman)은 원자의 개념에 기초하여 기체의 거동을 성공적으로 서술함으로써 원자론에 새로운 생명을 불어넣었다.

이들은 1860~1870년대에 기체가 여러 개의 원자나 분자로 이루어져 있다는 아이디어를 제안했다(여기에 아보가드로의 수를 도입하면 입자의 개수를 알 수 있다). 다시 말해서 기체란 작은 구(球, sphere)의 집합이며, 이들이 서로 충돌하거나 용기의 내벽과 부딪히면서 다양한 물리적 특성을 발현한다는 것이다. 그렇다면 '열(熱, heat)'이라는 개념도 기체분자의 운동으로 설명할 수 있지 않을까? 그렇다. 기체에 열을 가하면 기체분자의 속도가 빨라지고, 이들이 용기의 내벽에 더욱 세게 충돌하면서 압력이 높아진다. 그리고 기체를 담은 용기에 탄성이 있다면 기체의 부피는 이전보다 커진다. 즉, 온도가 높아지면 기체는 팽창한다. 이 새로운 아이디어의 핵심은 통계를 이용하여 기체의 거동을 기존의 역학법칙(뉴턴의 법칙)으로 설명할 수 있다는 것이었다. 하나의 분자는 임의의 시간에 임의의 방향으로 움직일 수 있지만 수많은 분자가 용기의 내벽에 무작위로 충돌하다 보면 일정한 값의 압력이 생성된다. 이렇게 기체의 거동을 수학적으로 서술하기 위해 개발된 것이 바로 통계역학(statistical mechanics)이다. 그러나 정교하지 못한 19세기의 실험장비로는 원자가 존재한다는 직접적인 증거를 발견할 수 없었다. 당시 최고의 물리학자들은 원자론을 강하게 반박했고, 1890년대에 볼츠만은 스스로를 과학계의 편견에 맞서 싸우는 고독한 학자라고 생각했다(약간의 피해의식도 작용했을 것이다). 1898년에 그는 "훗날 기체 이론이 부활해도 이 논문만 있으면 새로 발견할 내용은 별로 없을 것"이라는 기대를 안고 자세한 계산 결과를 발표했으나[2] 원자론을 병적으로 싫어했던 당대의 저명한 학자들은 그의 기체 이론에 맹렬한 비난을 퍼부었다. 천재적인 두뇌와 탁월한 통찰력을 지녔지만 시대를 잘못 타고 태어나 한 번도 인정을 받지 못했던 그는 끊임없는 병치레와 우울증에 시달리다가, 몇 달 전에 아인슈타인이 원자론을 입증하는 논문을 발표했다는 사실을 까맣게 모른 채 1906년 9월에 스스로 목숨을 끊고 말았다.

아인슈타인의 원자

원자론에 관한 아인슈타인의 논문은 1905년에 그가 독일의 학술지《물리학 연감(*Annalen der Physik*)》을 통해 발표한 3편의 논문 중 하나이다. 그는 박사학위를 받은 후 마땅한 직장을 얻지 못해 전전긍긍하다가 스위스 특허청의 말단 직원으로 근무하던 중 이 3편의 논문을 한꺼번에 발표하여 일약 물리학계의 스타로 떠올랐다. 첫 번째는 특수상대성이론에 관한 논문인데 이 책의 주제인 양자역학과 동떨어진 내용이므로 자세한 설명은 생략한다. 두 번째 논문은 광자와 전자의 상호작용에 관한 내용으로, 양자역학의 기초를 다진 최초의 논문이자 1921년에 아인슈타인에게 노벨상을 안겨준 논문이기도 하다.• 세 번째 논문은 1827년부터 과학자들을 무던히도 괴롭혀왔던 '브라운운동(Brownian motion)'에 관한 논문으로, 원자의 실체를 입증하는 데 결정적인 역할을 했다.

훗날 아인슈타인은 세 번째 논문을 회고하면서 "당시 나는 유한한 크기의 원자가 존재한다는 증거를 가능한 한 명확하게 제시하고 싶었다"고 했다.[3] 본인은 실감하지 못했겠지만, 사실 이것은 원자론뿐만

• 논문의 주제는 광전효과(photoelectric effect)였다.

아니라 20세기 물리학의 앞날을 결정하는 획기적 논문이었다. 이 논문이 출판되던 무렵에 아인슈타인은 스위스의 베른에 있는 특허청의 특허 심사관이었는데, 박사과정을 마쳤으면서도 학자로서의 경력을 쌓지 않고 옆길로 샌 것은 물리학을 바라보는 관점이 워낙 독특했기 때문이다.• 그는 논리적 사고로 너저분한 잡동사니 속에서 보석을 골라내는 능력이 탁월했고, 특허청의 업무가 별로 많지 않아서 틈틈이 물리학을 연구할 수 있었던 것도 유리하게 작용했다(업무 능력도 탁월했으리라 짐작된다). 브라운운동에 관한 그의 연구는 80년 전 영국의 식물학자 토머스 브라운(Thomas Brown)이 제기한 문제에서 시작된다. 브라운은 수면 위에 떠 있는 꽃가루를 현미경으로 관찰하다가 불규칙한 운동을 발견하고 깜짝 놀랐다. 생명체도 아닌 꽃가루가 어떻게 톡톡 튀듯이 움직이는 것일까? 수많은 과학자를 놀라게 했던 이 현상은 훗날 '브라운운동'이라는 이름으로 불리게 된다. 아인슈타인은 무작위로 일어나는 듯한 이 운동이 사실은 통계 법칙을 엄격하게 따르고 있으며, 물 위에서 꽃가루가 이동하는 이유는 눈에 보이지 않는 초미세 입자들이 맥스웰과 볼츠만의 통계역학 법칙에 따라 움직이면서 꽃가루를 끊임없이 때리고 있기 때문이라고 결론지었다. 원자론에 친숙한 우리들은 이 논문이 과학계에 얼마나 큰 영향을 미쳤는지 상상하기가 쉽지 않다. 꽃가루가 미세입자의 융단폭격을 당하여 움직이는 것이라면, 그 미세입자는 당연히 물 분자일 것이다. 당시 세계적으로 저명한 과학자들은 별의별 논리를 동원해가며 원자론을 끝까지 부정했지만,

• 지도교수와의 불화와 소극적인 성격도 단단히 한몫했다.

아인슈타인의 논문이 발표된 후로는 더 이상 버틸 수 없게 되었다. 사실 브라운운동은 뉴턴의 '떨어지는 사과'와 비슷하여, 한 번 수용하기만 하면 주변 문제들도 일사천리로 해결된다. 이렇게 자명한 사실이 왜 80년 동안 묻혀있었을까?

이 논문이 독일 학술지를 통해 발표되었다는 것은 아이러니가 아닐 수 없다. 볼츠만을 광야에서 홀로 외치는 외로운 물리학자로 만들었던 장본인은 에른스트 마흐(Ernst Mach)와 빌헬름 오스트발트(Wilhelm Ostwald)였는데, 이들은 독일어를 구사하는 독일계 학자였기 때문이다. 20세기가 시작되던 무렵에는 원자의 존재를 입증하는 증거가 사방에 널려있었으나, 당시 물리학계를 이끌었던 독일의 물리학자들은 모든 것이 정황증거일 뿐이라며 별다른 관심을 보이지 않았다. 반면에 영국과 프랑스의 과학자들은 비교적 열린 마음으로 원자론을 연구했다. 그리하여 '전자(electron, 원자를 구성하는 입자 중 하나)의 최초 발견자'라는 영예는 영국의 물리학자 조지프 존 톰슨(Joseph J. Thomson)에게 돌아가게 된다.

전자

19세기 말에 과학자들은 진공관 속의 전선 주변에서 발생하는 방사선을 놓고 열띤 논쟁을 벌이고 있었다. 일부 학자는 음극선(cathode rays)으로 알려진 이 현상이 진동하는 에테르에서 발생했지만 빛이나 라디오파와는 특성이 매우 다른 방사선이라고 생각했고, 미세한 입자의 흐름으로 보는 학자도 있었다. 당시 유럽의 물리학계는 음극선이 에테르파라고 주장하는 독일계 학자들과 입자라고 주장하는 영국-프랑스계 학자들로 나누어져 있었다. 독일의 물리학자 빌헬름 뢴트겐(Wilhelm Röntgen)이 1895년에 우연히 X-선(X-ray)을 발견하면서 한때 극심한 혼란이 일어났다가 결국 음극선과 무관한 현상으로 밝혀졌다(뢴트겐은 이 공로를 인정받아 1901년에 최초의 노벨 물리학상 수상자가 되었다). 물론 X-선을 발견한 것은 중요한 사건이었지만, 원자물리학을 기반으로 삼아 X-선의 출처를 설명하는 이론은 이미 개발된 상태였다. 원자물리학의 개발사는 나중에 자세히 다룰 예정이다.

톰슨은 맥스웰이 설립한 케임브리지 캐번디시연구소(Cavendish Laboratory)에 근무하다가 1870년대에 첫 번째 캐번디시 석좌교수가 되었다. 그는 움직이는 하전입자(전하를 띤 입자)의 전기 및 자기적 특성을 관측하는 정교한 실험장치를 여러 개 고안했는데, 그가 직접 손을 대지만 않으면 완벽한 성능을 발휘했다고 한다.• 움직이는 하전입자에 전기장이나 자기장을 걸어주면 경로가 휘어진다. 톰슨은 전기적 영향과 자기적 영향을 정확하게 상쇄시켜서 음으로 대전된 금속판(음극)에서 방출된 음극선빔이 감지기를 향해 직선으로 나아가도록 만들었는데, 이것은 하전입자에만 적용되는 원리이다. 그래서 톰슨은 음극

• 톰슨은 실험장치를 '고안'만 했을 뿐, 직접 다루지는 않았다. 손재주가 서툴기로 유명했던 그는 정교한 실험장치를 만든 후 다른 사람들에게 실험을 시키곤 했다. 그의 아들 조지(George)는 이런 말을 한 적이 있다. "아버지는 실험기구가 오작동할 때마다 곧바로 정확한 이유를 밝혀냈지만, 자신이 기구를 직접 다룬 적은 없었다. 그분이 기구를 만졌다면 실험은 엉망이 되었을 것이다."(Barbara Lovett Cline, *The Questioners*, p. 13)—원저자 주

선이 음으로 대전된 입자의 흐름이라고 결론짓고(이 입자가 바로 전자이다)[4] 전기력과 자기력을 이용하여 입자의 전하를 질량으로 나눈 값, 즉 비전하(比電荷, e/m)를 계산했다. 여기서 중요한 것은 음극을 어떤 금속으로 만들건 상관없이 항상 같은 결과가 얻어졌다는 점이다. 톰슨은 다양한 재질로 음극선 실험을 여러 번 반복한 끝에 전자는 원자를 구성하는 입자 중 하나이며, 원자의 종류가 달라도 그 안에 들어있는 전자는 물리적으로 완전히 동일하다는 결론에 도달했다.

전자는 뢴트겐의 X-선과 달리 '우연한 발견의 산물'이 아니었다. 톰슨의 논리적이고 정교한 실험장치와 뚜렷한 목적의식이 없었다면 전자는 발견되지 않았을 것이다. 캐번디시연구소의 설립자는 맥스웰이었지만, 이 연구소를 세계적인 물리학 실험 센터로 키운 주인공은 단연 톰슨이었다. 그는 전자를 발견한 공로를 인정받아 1906년에 노벨 물리학상을 받았고, 그 후로 캐번디시연구소는 1914년까지 무려 7명의 노벨상 수상자를 배출하면서 20세기 물리학을 이끄는 최고의 연구소로 자리 잡게 된다.

이온

진공관 내부의 음극(음으로 대전된 금속판)에서 생성된 음극선의 정체는 음전하를 띤 입자, 즉 '전자'로 밝혀졌다. 그러나 원자는 전기적으로 중성이기 때문에, 원자 내부의 어딘가에는 양전하가 존재해야 한다. 독일 뷔르츠부르크대학교의 물리학자 빌헬름 빈(Wilhelm Wien)

은 1898년부터 양극선(positive rays)을 집중적으로 연구한 끝에 전자보다 훨씬 무거우면서 양전하를 띤 입자의 흐름이라는 결론에 도달했다. 원자에서 전자를 제외한 나머지가 양전하일 테니, 당연히 전자보다 무거울 것이다. 빈의 연구 결과에 흥미를 느낀 톰슨은 양극선을 관측하는 다양한 장치를 고안하여 1920년대까지 실험에 몰두했으나, 전자와 달리 정체를 규명하기가 매우 어려웠다. 양극선의 구성입자는 오늘날 '이온(ion)'으로 알려져 있지만, 20세기 초에는 '커낼선(canal rays)'이라는 이름으로 불렸다. 톰슨은 살짝 개조된 음극선관에 소량의 기체를 주입한 후 전류를 흘려서 양극선을 관측했는데, 음극에서 생성된 전자가 기체 속을 이동하다가 기체 원자와 충돌하면 새로운 전자가 방출되고, 전자를 잃은 원자는 양이온(양전하를 띤 이온)이 되어 감지기에 도달하는 식이다. 양이온의 경로는 전자의 경우와 마찬가지로 전기장과 자기장을 이용하여 조절할 수 있다. 톰슨의 연구 팀은 1913년에 수소와 산소를 비롯한 몇 종류의 기체에서 양이온을 관측하는 데 성공했다. 그중 하나인 네온(neon, Ne)은 전류가 흐를 때 밝은 빛을 발하여 훗날 도시의 밤을 점령하게 된다. 그렇다. 네온사인의 원조 발명자는 톰슨이었다. 그러나 이 무렵에 톰슨은 네온사인과 비교가 안 될 정도로 중요한 사실을 발견했다.

전자는 출처에 상관없이 비전하가 모두 같지만, 전자와 전하량이 같으면서 부호만 다른 네온의 이온(전자의 전하를 $-e$라 했을 때, 이온의 전하는 $+e$이다)은 질량이 세 종류나 된다. 이것은 화학적 성질이 완전히 같으면서 질량(원자량)만 다른 동위원소(isotope)가 여러 개 존재한다는 최초의 증거였으나, 이들의 화학적 성질이 규명될 때까지는 꽤 오랜 시간이 걸렸다. 이 세상 누구보다 원자에 가까이 접근한 톰슨은 원자의 내부 구조를 규명하기 위해 과감한 첫발을 내디뎠다. 물론 그만큼 많은 정보를 갖고 있었다는 뜻이기도 하다. 알고 보니 원자는 고대 그리스의 철학자들이 상상했던 것처럼 더는 쪼갤 수 없는 궁극의 입자가 아니라, 양전하와 음전하가 섞여 있는 복합체였다.

톰슨은 원자가 수박과 비슷하다고 생각했다. 수박의 커다란 몸통 속에 씨앗이 듬성듬성 박혀있는 것처럼, 양전하를 띤 구형 물체 속에 음전하를 띤 조그만 전자가 곳곳에 박혀있다고 생각한 것이다. 물론 이 모형은 틀린 것으로 판명되었지만 톰슨은 당대의 과학자들에게 흥미로운 표적을 던져주었고, 몇 명의 물리학자를 거치면서 원자모형은 드디어 지금과 비슷한 형태를 띠게 되었다. 이 과정을 조명하려면 지금 논하고 있는 20세기 초에서 한 걸음 뒤로 물러났다가 두 걸음 앞으로 나아가야 한다.

X-선

원자구조의 비밀을 밝힌 일등공신은 1896년에 발견된 방사능(radioactivity)이었다. 이보다 몇 달 앞서 발견된 X-선처럼 방사능도 우연한 기회에 발견되었지만, 지금 돌이켜보면 19세기 말의 물리학계는 '운 좋은 사건'이 일어날 수밖에 없는 상황이었다. 1890년대에 빌헬름 뢴트겐은 다른 물리학자들과 마찬가지로 음극선을 연구하던 중 특정 물체에 음극선(전자)을 쏘면 2차 방사선이 생성된다는 사실을 깨달았다. 이 방사선은 눈에 보이지 않지만, 사진 건판이나 필름, 또는 형광판에 남긴 자국을 통해 그 존재를 확인할 수 있다(방사선이 형광판에 도달하면 불꽃반응이 일어나면서 또렷한 흔적을 남긴다). 뢴트겐은 음극선 실험장치 근처에 있는 테이블에 다른 목적으로 쓰던 형광판을 별생각 없이 올려놓았다가, 음극선 실험에서 방전관(discharge tube)이 작동할 때마다 형광판에 흔적이 남는다는 사실을 알게 되었다. 운 좋게 2차 방사선을 눈으로 확인했지만 정체를 알 수 없었던 그는 수학에서 미지수를 나타내는 문자 x를 빌려와 'X-선'이라는 이름을 부여했다. 그리고 얼마 후 X-선은 입자가 아닌 파동으로 확인되었으며(X-선은 전자기파의 일종으로, 파장이 가시광선보다 훨씬 짧아서 눈에 보이지 않는다), 이 소식을 접한 대부분의 독일 과학자는 음극선도 파동이라고 생각했다.

1895년, X-선의 존재가 세상에 알려지자 전 세계 과학계가 술렁거리기 시작했다. 다른 과학자들은 뢴트겐과 다른 방법으로 X-선(또는 그와 유사한 방사선)을 재현하기 위해 다양한 실험을 수행했는데, 제일 먼저 성공한 사람은 프랑스의 물리학자 앙리 베크렐(Henri Becquerel)이었다. X-선의 가장 흥미로운 특성은 검은 종이처럼 불투명한 물체를 아무런 방해 없이 통과하면서 빛에 노출되지 않은 사진 건판에 흔적을 남긴다는 점이다. 베크렐은 일정 시간 동안 빛에 노출시켰다가 광원을 제거해도 한동안 스스로 빛을 발하는 물체, 즉 인광(燐光, phosphorescence)현상에 관심이 많았다. X-선 발견에 결정적 역할을 했던 형광판은 복사에 노출되어 '들뜬상태(excited)'가 되었을 때만 빛을 방출하고, 인광성 물질은 입사된 복사를 저장했다가 나중에 빛의 형태로 방출하는 능력이 있다(인광성 물질에 한동안 빛을 쪼인 후 어두운 암실에 갖다 놓으면 몇 시간 동안 스스로 빛을 발한다). 이런 이유로 19세기 말의 과학자들은 인광현상과 X-선 사이에 모종의 관계가 있다고 생각했으나, 베크렐은 이들의 기대와 달리 의외의 사실을 발견하게 된다.

방사능

1896년 2월의 어느 날, 베크렐은 두 장의 검은 종이 사이에 사진 건판을 끼워 넣고 우라늄(uranium, U)과 칼륨(Kalium, K)의 황산염으로 종이를 코팅한 후 몇 시간 동안 햇빛에 노출시켰다. 그 후 사진을 현상해보니 코팅제가 칠해진 테두리를 따라 선명한 선이 나타났고, 베크렐은 인광 물체처럼 코팅제(우라늄-염)가 햇빛을 받으면서 X-선이 생성되었다고 생각했다. 이틀 후에 베크렐은 똑같은 사진 건판으로 동일한 실험을 할 예정이었으나 때마침 비가 오는 바람에 준비해둔 건판을 캐비닛에 넣어두었다. 그러고는 3월 1일에 사진 건판을 꺼내 현상해보니 햇빛에 노출된 적이 없는데도 우라늄-염이 칠해진 경계선에 똑같은 선이 나타났다. 햇빛에 노출시켰던 건판과 캐비닛에 넣어둔 건판은 햇빛이나 인광과 무관하게 스스로 정체불명의 복사를 방출했던 것이다. 이 복사현상은 훗날 방사능으로 불리게 된다.

베크렐의 우연한 발견이 알려진 후 수많은 과학자들이 방사능을 연구하기 시작했고, 그중에서 가장 큰 업적을 남긴 사람은 소르본대학교의 마리 퀴리(Marie Curie)와 피에르 퀴리(Pierre Curie)였다. 이들 부부는 방사능의 원리를 밝히고 새로운 방사성물질을 여러 개 발견한 업적으로 1903년에 노벨 물리학상을 공동으로 받았으며, 마리 퀴리는 방사성물질을 계속 연구하여 1911년에 단독으로 노벨 화학상을 받았다(퀴리의 장녀 이렌 퀴리Irene Curie 역시 방사능을 연구하여 1935년에 노벨 화학상을 받았다).• 1900년대 초반에는 방사선 자체가 세간의 이목을 끄는 신기한 현상이었기 때문에 실험이 이론보다 한참 앞서갔다. 새로 발견된 방사성물질의 물리적 구조는 이론이 정립된 후에야 비로소 밝혀졌는데, 이 과정에서 가장 큰 두각을 나타낸 사람은 영국의 물리학자 어니스트 러더퍼드(Ernest Rutherford)였다.

뉴질랜드 출신의 러더퍼드는 1890년대에 캐번디시연구소에서 톰슨과 함께 연구를 진행하다가 1898년에 몬트리올에 있는 맥길대학교의 교수로 부임했다. 이 대학의 물리학과 교수인 프레더릭 소디(Frederick Soddy)는 1902년에 방사능원소가 방사선을 방출하면 다른 원소로 변환된다는 사실을 알아냈다. 즉, 방사선을 방출하면 원자의 내부 구조가 붕괴되어 가벼운 원소로 변한다는 것이다. 러더퍼드는 이 '방사능붕괴' 과정에서 방출되는 두 종류의 복사를 발견하고 각각 '알파(alpha)'와 '베타(beta)'로 명명했다. 훗날 발견된 세 번째 방사선을 '감마(gamma)'라고 부르게 된 것은 이런 전례 때문이다. 그 외에 어떤 이

• 피에르 퀴리는 1906년에 마차 사고로 세상을 떠났다. 장녀 이렌 퀴리의 노벨 화학상은 남편 프레데리크 졸리오(Frédéric Joliot)와 함께 받은 것이다. 차녀 에브 퀴리(Ève Curie)의 남편 헨리 라부이스(Henry LaBouisse)는 유니세프를 대표하여 1965년에 노벨 평화상을 받았다. 한 집안에서 노벨상을 6개나 받은 것은 전무후무한 기록이다.

름을 생각할 수 있겠는가? 그 후 정밀한 실험을 거친 결과 베타선은 전자(電子)로, 감마선은 X-선처럼 파장이 짧은 전자기파로 판명되었다. 알파선은 베타선처럼 입자로 밝혀졌으나, 질량이 수소 원자보다 4배나 크고 전자의 2배에 해당하는 양전하(+2e)를 띠고 있었다.

원자의 내부

알파입자의 정체와 정확한 방출 원리가 알려지기 전부터 러더퍼드를 비롯한 일부 과학자는 실험실에서 알파입자를 사용해왔다. 원자반응의 부산물인 이 고에너지 입자는 원자의 내부 구조를 들여다보는 탐사 입자로 사용되었으며, 이 과정에서 알파입자의 출처가 밝혀질 가능성도 있었다. 러더퍼드는 1907년에 몬트리올을 떠나 영국 맨체스터대학교의 물리학과 교수가 되었고 그다음 해에 방사능에 관한 연구로 노벨 화학상을 받았지만, 정작 본인은 기쁜 내색이 거의 없었다. 방사능을 연구하는 과학자라면 당연히 노벨 물리학상을 받아야 한다고 생각했기 때문이다. 당시 노벨위원회는 방사능을 화학의 한 분야로 간주했으나, 자신이 물리학자라는 사실에 강한 자부심을 가지고 있었던 러더퍼드는 화학을 '하급과학'으로 취급하면서 별다른 관심을 보이지 않았다(훗날 양자역학에 의해 원자와 분자의 구조가 낱낱이 밝혀지자 "화학은 물리학의 한 지류에 불과하다"는 물리학자들의 오래된 농담이 거의 현실로 다가왔다). 1909년, 러더퍼드는 한스 가이거(Hans Geiger)와 어니스트 마스덴(Ernest Marsden)의 도움을 받아 금속 박막을 향해 알파입자를 발사하는 그 유명한 '산란실험(scattering experiment)'을 실행했다. 요즘 같으면 당연히 입자가속기를 사용했겠지만 당시에는 그런 장치가 없었기 때문에 방사능원소에서 자연적으로 방출되는 알파입자를 탐사 입자로 사용한 것이다. 알파입자가 금속 박막과 충돌한 후 사방으로 산란되면 주변에 설치해둔 신틸레이션계수관(scintillation counter, 알파입자가 도달하면 불꽃반응을 일으켜 흔적을 기록하는 형광 스크린)을 통해 충돌 후 경로가 얼마나 달라졌는지 확인할 수 있다. 실험 결과, 일부 입자는 금속 박막을 똑바로 통과하여 바로 뒤에서 검출되었고 일부는 입사 경로와 비스듬한 각도를 이루며 휘어졌다. 여기까지는 예상했던 대로다. 그런데 놀랍게도 알파입자의 일부는 정확하게 입사된 길을 따라 뒤로 튕겨 나왔다. 어떻게 이런 일이 눈앞에서 벌어질 수 있단 말인가?•

러더퍼드는 모든 가능성을 일일이 추적하다가 마침내 놀라운 결론에 도달했다. 알파입자는 질량이 전자보다 7,000배쯤 크고(사실 알파입자는 전자 2개를 모두 제거한 헬륨 원자와 같다), 이동속도는 거의 광속에 가깝다. 이런 무지막지한 입자가 원자 내부의 전자와 충돌하면 경로에 거의 영향을 받지 않은 채 똑바로 나아갈 것이다. 물론 금속 박막 속의 양전하와 거리가 가까워지면 경로가 휘어지겠지만(자석의 같은 극이 서로를 밀어내는 것처럼, 부호가 같은 전하들 사이에는 척력이 작용한다), 톰슨의 '수박 모형'이 맞는다면 알파입자가 뒤로 되튀는 사

• 훗날 러더퍼드는 이 실험을 회상하면서 "허공에 휴지 조각을 매달아 놓고 대포를 발사했는데, 대포알이 휴지에 충돌한 후 뒤로 튕겨 나온 것과 같았다"고 했다.

건은 일어날 수 없다. 양전하를 띤 구체가 원자를 가득 메우고 있다면 알파입자는 원자를 그대로 관통해야 한다. 실험에 의하면 대부분의 알파입자가 금속 박막의 바로 뒤에 설치해둔 감지기에 도달했기 때문이다. 하나의 입자가 수박을 통과했다면, 다른 모든 입자도 통과할 수 있어야 한다. 그러나 모든 양전하가 원자 내부의 아주 작은 영역에 집중되어 있다면, 일부 운 좋은(또는 운 없는) 알파입자가 이 부분과 정면으로 충돌하여 뒤로 되튈 수도 있다. 물론 대부분의 알파입자는 금속 박막의 양전하들 사이(원자와 원자 사이의 텅 빈 공간)를 가로지르며 똑바로 나아갈 것이다. 입사된 알파입자의 일부가 뒤로 되튀는 것은 실험을 통해 확인된 사실이므로, 이 결과를 설명하려면 톰슨의 원자모형을 포기하는 수밖에 없다. 즉, 원자의 양전하는 원자 전체에 골고루 퍼져있지 않고 중심부의 아주 작은 영역에 밀집되어서, 여기에 정면충돌한 알파입자는 뒤로 튕겨 나가고, 가까이 스쳐 지나간 입자는 경로가 휘어지며, 그 외의 입자들은 경로에 영향을 받지 않은 채 똑바로 나아간다(즉, 금속 박막을 관통한다).

러더퍼드는 이 모든 결과를 종합하여 1911년에 새로운 원자모형을 발표했다. 바야흐로 새로운 원자물리학의 시대가 도래한 것이다. 그는 원자의 중심부에 똘똘 뭉쳐있는 양전하를 '핵(nucleus)'이라고 불렀다. 핵이 보유한 양전하는 핵 주변을 돌고 있는 전자의 음전하를 모두 더한 값과 정확하게 같다. 따라서 모든 원자는 전기적으로 중성이며, 전자를 잃으면 양이온이 되고, 전자를 얻으면 음이온이 된다. 그 후 더욱 정교한 실험을 통해 원자의 크기가 밝혀졌는데, 핵을 에워싸고 있는 전자구름의 지름은 약 10^{-8}cm(1억 분의 1cm)이고, 그 중심에 자리

잡은 핵의 지름은 약 10^{-13}cm(10조 분의 1cm, 전자구름의 10만 분의 1)이다. 바티칸에 있는 성 베드로 성당의 광장 한복판에 바늘로 구멍을 냈다고 상상해보라. 구멍의 지름은 기껏해야 1mm를 넘지 않는다. 이 구멍을 원자핵이라 하면 전자구름의 크기는 성당 전체의 크기(지름=약 100m)와 비슷하다. 다시 말해서, 원자의 내부는 대부분이 텅텅 비어 있다는 뜻이다. 다이아몬드처럼 단단한 물체도 이렇게 텅 빈 원자들로 이루어져 있다. 이들이 전기력으로 결합하여 지금과 같은 강도를 유지하는 것이다. 러더퍼드는 이미 노벨상을 받은 후에 새로운 원자 모형을 제안했고, 1919년에 인공적으로 원소를 변화시키는 데 최초로 성공했으며, 바로 그해 톰슨의 뒤를 이어 캐번디시연구소의 소장으로 부임했다. 또한 그는 1914년에 영국 왕실로부터 기사 작위를 받았고, 1931년에는 남작이 되어 'Baron Rutherford of Nelson'이라는 칭호를 받았다. 그러나 뭐니 뭐니 해도 그가 남긴 가장 위대한 업적은 현대식 원자모형을 제안한 것이다. 러더퍼드의 원자모형은 현대 물리학의 판도를 바꾸면서 또 하나의 중요한 의문을 낳았다. 부호가 같은 전하들은 서로 밀어내고, 부호가 다른 전하들은 서로 잡아당긴다. 그런데 음전하를 띤 전자는 왜 양전하를 띤 원자핵으로 빨려 들어가지 않는가? 물리학자들은 그 해답을 원자와 빛이 주고받는 상호작용에서 찾아냈고, 바로 이 과정에서 첫 번째 버전의 양자역학이 탄생하게 된다.

3장 빛과 원자

러더퍼드의 원자모형에서 제기된 수수께끼는 하전입자가 가속운동을 하면 가시광선이나 라디오파, 또는 이와 유사한 전자기파를 방출한다는 맥스웰의 고전 전자기이론과 관련되어 있다. 태양 주변을 공전하는 행성처럼 전자가 원자핵 주변을 공전하고 순식간에 에너지를 잃으면서 원자핵으로 빨려 들어가야 한다.• 즉, 이 우주에는 안정한 원자가 존재할 수 없다. 게다가 원자가 이런 식으로 붕괴되면 엄청난 양의 에너지가 방출되면서 우주 전체가 혼돈에 휩싸일 것이다. 그러나 현실 세계의 원자는 붕괴되지 않으며,•• 우주는 예나 지금이나 한결같은 모습을 유지하고 있다. 어떻게 그럴 수 있을까? 처음에 물리학자들은 러더퍼드의 원자모형을 태양계에 비유하곤 했다. 행성들

• 원운동은 가속운동이기 때문에 전자는 전자기파를 방출하면서 에너지를 잃는다.

•• 붕괴되는 원자도 있지만, 전자기력에 의한 효과가 아니기 때문에 붕괴 속도가 매우 느리다.

이 안정적으로 태양 주변을 공전하듯이, 전자도 안정한 궤도에서 원자핵 주변을 공전한다는 것이다. 그러나 원운동은 등속운동이 아닌 가속운동이다. 원주를 따라가는 선속도가 일정하다 해도 매 순간마다 방향이 변하기 때문이다. 속도(velocity)는 속력(speed, 빠르기)과 방향(direction)이라는 두 가지 속성이 있으며, 둘 중 하나라도 변하면 가속운동의 범주에 속한다. 바로 이것이 문제이다. 원자핵 주변을 공전하는 전자는 속도가 변할 수밖에 없으므로 고전 전자기이론에 의해 에너지를 방출하고, 에너지를 잃은 전자는 나선을 그리며 원자핵으로 빨려 들어가야 한다. 그러므로 태양계를 닮은 모형으로는 원자가 붕괴되지 않는 이유를 설명할 수 없다.

러더퍼드의 원자모형이 발표된 후, 이론가들은 원자핵 주변을 공전하는 전자를 머릿속에 그리며 에너지를 잃지 않으면서 안정한 궤도운동을 하는 비결을 찾기 위해 혼신의 노력을 기울였다. 극과 극은 서로 통한다고 했으니 가장 작은 원자의 내부 구조가 거대한 태양계와 비슷하다는 것은 꽤 그럴듯한 발상처럼 보였으나, 현실은 그리 녹록지 않았다. 앞으로 알게 되겠지만, 전자가 행성처럼 원자핵 주변을 공전하는 것보다 원자핵과 적당한 거리를 두고 한 자리에 고정되어 있다고 생각하는 것이 훨씬 그럴듯하다. 물론 이 경우에도 전자가 원자핵으로 끌려가지 않는 이유를 설명해야 하지만, 전체적인 그림은 태양계 모형과 완전히 다르다. 전자가 원자핵으로 끌려가지 않는 이유를 설명하기 위해 이론가들이 동원한 논리는 전자의 공전 여부와 상관없이 적용할 수 있다. 사실 원자를 태양계에 비유하는 것은 오해의 소지가 다분하다. 요즘도 많은 사람이 원자를 상상할 때 학창 시절에 배웠던 단편적 지식을 바탕으로 태양계를 떠올리곤 한다. 독자들도 원자의 중심에 원자핵이 있고, 전자가 그 주변을 행성처럼 공전하는 그림에 익숙할 것이다. 만일 그렇다면 이 기회에 그런 생각을 완전히 떨쳐버리기 바란다. 이상하고 괴상하고 희한하기 그지없는 원자의 세계, 즉 양자역학의 세계로 들어가려면 기존의 상식을 모두 잊어버리고 무엇이든 받아들이겠다는 마음의 준비를 해야 한다. 일단은 원자핵과 전자가 공간의 특정 위치에 고정되어 있다고 가정하자. 그러면 둘 사이의 전기력에 의해 전자는 전자기파를 방출하면서 원자핵으로 끌려가야 하는데, 전자는 멀쩡하게 자신의 위치를 고수하고 있다. 어떻게 그럴 수 있을까?

1920년대 이론물리학자들이 이 문제와 씨름을 벌이던 중, 물질(원자)과 복사(빛)의 상호작용과 관련된 중요한 사실이 발견되면서 러더퍼드의 원자모형에 약간의 수정이 가해졌다.

20세기가 시작되던 무렵, 과학계에서는 이원론에 기초한 자연철학이 주류를 이루고 있었다. 물질은 입자(또는 원자)로 서술되고, 빛을 포함한 전자기복사(electromagnetic radiation)는 파동으로 서술된다. 그래서 1900년경에 대다수의 물리학자는 빛과 물질의 상호작용을 연구하면 물리학의 모든 현상을 통합할 수 있다고 믿었다. 그러나 고전물리학의 상호작용 이론으로는 실험에서 얻은 데이터를 재현할 수 없었다.

물질과 복사의 상호작용을 눈으로 확인하는 가장 좋은 방법은 물체를 불에 달구는 것이다. 뜨거운 물체는 전자기복사(에너지)를 방출하고, 더 뜨거워지면 방출되는 에너지의 양이 많아지면서 복사의 파장이 짧은 쪽으로 이동한다(즉, 진동수가 커진다). 그러므로 붉게 달궈진 부지깽이는 하얗게 달궈진 부지깽이보다 온도가 낮다. 그리고 차갑게 식은 부지깽이도 여전히 전자기복사를 방출하고 있다. 다만 복사파의 파장이 길어서 적외선 영역에 속하기 때문에 눈에 보이지 않는 것뿐이다. 19세기 말의 과학자들도 전자기복사가 미세한 전하의 이동과 관련되었다는 사실을 잘 알고 있었다. 당시는 전자가 발견된 지 얼마 지나지 않은 시점이었지만, 원자에서 전하를 띤 부분(전자)이 앞뒤로 진동하면서 전자기파를 생성한다는 데에는 의심의 여지가 없었다. 이 현상은 손가락을 물에 담그고 앞뒤로 흔들었을 때 물결이 생성되는 것과 비슷하다. 문제는 고전이론(통계역학과 전자기학)으로 예측된 복사의 형태가 뜨거운 물체를 관측하여 얻은 실제 데이터와 크게 다르다는 점이었다.

흑체에서 실마리를 찾다

이론물리학자들은 뜨거운 물체에서 방출되는 복사의 형태를 계산할 때 '복사를 완벽하게 흡수하거나 완벽하게 방출하는' 이상적인 물체를 가정했다. 이런 물체는 자신에게 쏟아지는 복사를 모두 흡수한다고 하여 '흑체(黑體, blackbody)'라 불리는데, 사실 적절한 이름은 아니다. 흑체는 복사에너지를 흡수하는 능력뿐만 아니라 열에너지를 전자기복사로 바꾸는 능력도 가장 뛰어나기 때문에, 경우에 따라 적색이나 백색을 띨 수도 있다. 태양은 검은색이 아닌데도 복사에너지의 분포는 흑체와 거의 비슷하다. 이론물리학자들이 가장 이상적인 흡수체로 가정한 흑체는 실험실에서 의외로 쉽게 만들 수 있다. 복사를 투과시키지 않는 재질로 속이 빈 구(球)나 양쪽 끝이 막힌 튜브(실린더형 물체)를 만들어서 옆구리에 작은 구멍을 뚫으면 된다. 이 구멍으로 진입한 빛(복사)은 내벽에서 이리저리 반사되다가 결국은 흡수될 것이다. 구체나 튜브의 내벽은 원형으로 휘어져 있기 때문에, 구멍으로 진입한 빛이 그 구멍으로 다시 나올 확률은 거의 0에 가깝다. 그러므로 이런 물체는 흑체로 간주해도 무방하다. 독일의 물리학자들은 이런 식으로 유도된 복사를 '공동복사(空洞輻射, cavity radiation)'라 불렀다.

우리의 관심은 흑체 자체가 아니라, 흑체를 가열했을 때 나타나는 현상이다(이것을 흑체복사라 한다). 흑체에 열을 가하면 부지깽이처럼 처음에는 뚜렷한 색 변화 없이 따뜻해지다가 조금 지나면 붉은빛(red-hot)을 띠고, 열을 더 가하면 백열 상태(white-hot, 백색광을 방출하는 상태)가 된다. 이때 방출된 복사의 스펙트럼(파장에 따른 복사의 분포)을 분석해보면, 각 파장에 해당하는 복사에너지의 강도가 온도에 따라 달라진다는 것을 알 수 있다. 일정 온도에서는 파장이 매우 짧거나 매우 긴(진동수가 매우 크거나 매우 작은) 복사가 거의 방출되지 않고 대부분의 복사는 중간 진동수 대역에서 집중적으로 방출된다. 흑체의 온도가 높을수록 스펙트럼의 피크•가 짧은 파장 쪽으로 이동하는데(적외선→적색→청색→자외선), 온도가 아무리 높아도 초단파장 복사

• 파장(또는 진동수)에 따른 복사에너지의 강도를 그래프로 그렸을 때 최고점에 해당하는 부분.

는 방출되지 않는다. 즉, 그래프상에서 짧은 파장 쪽으로 가면 복사에너지가 0으로 떨어지는 한계점이 반드시 존재한다. 그러나 19세기의 복사이론으로는 이 그래프를 재현할 수 없었다.

이상하게 들리겠지만, 고전이론에 의하면 복사에너지로 가득 찬 공동•은 가장 짧은 파장대에서 무한대의 에너지를 방출한다. 흑체복사 에너지가 특정 파장에서 최고치에 도달한 후 짧은 파장대로 갈수록 감소하다가 파장이 0일 때 0으로 떨어지지 않고, 파장이 짧을수록 마냥 증가한다는 것이다. 복사를 파동으로 간주한 고전이론에서는 파장이 아무리 짧아도(또는 진동수가 아무리 커도) 그에 해당하는 파동이 존재할 수 있다. 흑체복사에 통계역학 법칙을 적용하면 고려해야 할 파장(또는 진동모드)이 엄청나게 많고, 흑체의 상태를 예측하려면 입자와 파동을 동시에 다뤄야 한다. 여기에 약간의 수학적 과정을 거치면 임의의 진동수에 해당하는 복사에너지의 강도가 진동수에 비례한다는 결론에 도달하게 된다. 그런데 진동수는 파장에 반비례하므로 초단파장은 초고진동수에 해당하고, 따라서 달구어진 흑체는 자외선을 넘어 단파장 영역으로 갈수록 더욱 강한 에너지를 방출한다. 이것이 바로 19세기 말에 물리학자들을 무던히도 괴롭혔던 '자외선파탄(ultraviolet catastrophe)'이다. 현실 세계에서는 이런 현상이 절대로 일어나지 않는데 이론은 자외선파탄을 예견하고 있으니, 무언가 잘못되어도 크게 잘못되었음이 분명했다.

사실 고전이론이 완전히 틀린 것은 아니었다. 파장이 긴 영역(진동

• 空洞, 속이 빈 물체. 실험실에서 만든 흑체를 뜻한다.

수가 작은 영역)에서 계산된 값은 실험으로 얻은 흑체복사의 에너지분포곡선과 매우 정확하게 일치했다(이것을 레일리-진스 법칙이라 한다). 그러므로 고전이론은 '절반쯤' 옳았던 셈이다. 문제는 진동수가 큰 영역에서 복사에너지가 거의 0으로 떨어져야 하는데, 이론으로 계산된 값은 진동수에 비례하여 무한대로 커진다는 점이었다.

자외선파탄은 19세기의 마지막 10년 동안 물리학자들 사이에서 초유의 관심사로 떠올랐다. 그중 한 사람인 막스 플랑크(Max Planck)는 독일의 구식 학교에서 전통적 교육을 받은 사람으로, 근면하고 성실했지만 혁명과는 거리가 먼 보수적 과학자였다. 주전공이 열역학(thermodynamics)이었던 플랑크는 열역학법칙을 이용하여 자외선파탄을 해결하기로 마음먹었다. 1890년대 말에는 흑체복사 스펙트럼을 설명하는 두 종류의 방정식이 알려져 있었는데, 레일리-진스 법칙은 파장이 긴 영역에서 실험값을 거의 정확하게 재현했고, 빌헬름 빈이 개발한 복사공식은 짧은 파장에서 잘 일치했을 뿐만 아니라, 임의의 온도에서 복사그래프가 최고점에 도달하는 파장을 예측할 수 있었다. 파동 이론에서 출발했던 레일리-진스와 달리, 플랑크의 목적은 전하를 띤 미세진동자의 크기와 이로부터 발생하는 전자기파의 상호관계에서 출발하여 자외선파탄을 일으키지 않는 복사그래프를 얻어내는 것이었다. 그는 1895~1900년 동안 열역학과 전자기학을 연결하는 몇 편의 논문을 발표했으나, 흑체복사 스펙트럼의 수수께끼는 여전히 미지로 남아있었다. 그러던 중 1900년 말 플랑크는 과학사에 길이 남을 혁신적인 아이디어를 떠올리게 된다. 재미있는 것은 이 아이디어가 논리적·과학적 통찰이 아닌 약간의 오해와 행운이 가미된 수학적 몸

부림에서 탄생했다는 점이다.

플랑크는 대체 무슨 생각으로 양자혁명의 도화선에 불을 댕긴 것일까? 지금으로선 알 길이 없다. 양자 이론 태동기의 물리학사에 대해서는 예일대학교의 역사학자 마틴 클라인(Martin Klein)이 최고 전문가인데, 그의 분석에 의하면 양자 이론의 탄생에 가장 큰 공을 세운 사람은 플랑크와 아인슈타인이었다. 클라인은 양자 이론을 탄생시킨 최초의 사건으로 1900년 늦여름에 플랑크가 떠올렸던 수학적 아이디어를 꼽았다. 당시 플랑크는 2개의 불완전한 흑체복사공식(레일리-진스의 공식과 빈의 공식)에 약간의 수학적 트릭을 가하면 매끄럽게 연결된다는 사실을 간파했고, 막상 계산을 해보니 실험값과 거의 정확하게 맞아 떨어졌다. 이것이 바로 그 유명한 '플랑크의 흑체복사공식'이다. 그러나 레일리-진스와 빈의 공식과 달리, 플랑크의 공식에는 물리적 근거가 전혀 없었다. 레일리 경(Sir John William Strutt Rayleigh)과 빈은 물리적으로 타당한 가정에서 출발하여 흑체복사공식을 유도했지만 플랑크는 두 공식을 수학적으로 연결했을 뿐, 그것이 실험 결과와 일치하는 이유는 알 길이 없었다. 대체 플랑크의 복사공식에는 어떤 물리적 가정이 숨어있는 것일까? 그토록 중요한 핵심을 아무도 눈치채지 못한 데에는 그럴만한 이유가 있었다. 거기에는 이 세상 그 누구도 선뜻 받아들일 수 없을 만큼 황당한 가정이 내포되어 있었기 때문이다.

달갑지 않은 혁명

플랑크는 1900년 10월에 개최된 베를린 물리학회에 참석하여 자신이 유도한 흑체복사공식을 발표한 후, 복사공식에 물리적 근거를 부여하기 위해 거의 두 달 동안 사투를 벌였다. 물론 그렇다고 뾰족한 방법은 없었다. 그저 다양한 가정을 세우고, 이들 중 자신의 방정식과 일치하는 가정을 찾는 식이었다. 훗날 그는 당시의 일을 회상하며 "내 일생을 통틀어 연구에 가장 몰입했던 시기"라고 했다. 그러나 모든 시도는 실패로 돌아갔고, 마지막 하나 남은 가정은 너무도 황당무계하여 본인조차 받아들이기 어려웠다.

앞서 말한 대로 플랑크는 구식 교육을 받은 보수적 과학자였다. 그는 젊은 시절에 분자 가설을 받아들이지 않았으며, 볼츠만이 통계역학에 도입한 엔트로피(entropy)의 개념도 몹시 싫어했다. 엔트로피는 시간의 흐름과 밀접하게 관련되어 있는 물리학의 핵심 개념이다. 뉴턴의 운동방정식은 시간이 거꾸로 흘러도 여전히 성립하지만, 현실 세계에서 시간은 절대 거꾸로 흐르지 않는다. 높은 곳에서 바닥으로 추락하는 돌멩이를 예로 들어보자. 돌멩이가 바닥과 충돌하면 운동에너지가 열에너지로 변환되지만, 바닥에 안착한 돌멩이에 똑같은 양의 열에너지를 주입했다고 해서 갑자기 허공으로 솟구치지는 않는다. 왜 그럴까? 떨어지는 돌멩이의 경우에는 질서정연했던 운동(돌멩이를 구성하는 모든 원자와 분자가 일제히 같은 방향으로 움직이고 있음)이 충돌과 함께 무질서한 운동(모든 원자와 분자가 서로 충돌하면서 무작위로 움직이고 있음)으로 변하는데, 이것은 물리계의 무질서도는 항상 증가한다는 자연의 법칙에 잘 들어맞는다. 바로 이 '무질서도'를 숫자로 나타낸 것이 엔트로피이다. 열역학 제2법칙에 의하면 자연적으로 일어나는 모든 사건은 무질서도가 커지는 쪽, 즉 엔트로피가 증가하는 쪽으로 진행된다. 그러므로 무질서한 열에너지를 돌멩이에 주입해도, 돌멩이는 질서정연한 운동(모든 원자와 분자가 일제히 위로 솟아오르는 운동)을 할 수 없다.

아니, 혹시 할 수 있지 않을까? 볼츠만은 위의 내용을 조금 바꿔서 다음과 같이 주장했다. "돌멩이는 갑자기 위로 솟아오를 수 있다. 다만 그런 일이 발생할 확률이 지극히 낮은 것뿐이다." 아무리 기적 같은 사건도 물리법칙에 위배되지 않는 한, 발생 확률은 0이 아니라는 이야기다. 예를 들어 방안에서 무작위로 움직이는 공기분자들은 아무런 이유 없이 갑자기 한쪽 구석으로 모여들 수도 있다.• 물론 이런 사건은 일어날 확률이 너무 작기 때문에 실질적으로는 완전히 무시해도 상관없다. 그러나 플랑크는 열역학 제2법칙에 관한 볼츠만의 새로운 해석을 받아들이지 않았고, 이 문제를 놓고 볼츠만과 편지까지 주고받으면서 열띤 논쟁을 벌였다. 플랑크에게 열역학 제2법칙은 어떤 경우에도 위배될 수 없는 절대적 법칙이었으며, 엔트로피는 확률을 초월하여 항상 증가해야만 했다. 이런 배경을 고려하면 1900년 말 플랑크가 복사공식을 유도했을 때 어떤 심정이었을지 어느 정도 이해가 된다. 자신이 세웠던 모든 가설은 실패로 돌아가고, 마지못해 볼츠만의 통계 법칙을 흑체복사에 적용했는데 거의 완벽한 결과가 얻어졌으

• 이 확률은 방안에서 책을 읽던 당신이 갑자기 공기 부족으로 질식사할 확률과 같다.

니, 마음 한구석이 몹시 씁쓸했을 것이다. 게다가 평소 볼츠만식 논리에 익숙하지 않았던 플랑크는 흑체복사공식에 볼츠만 방정식을 적용하면서 약간의 실수를 저질렀다. 결국 그는 틀린 논리로 올바른 답을 얻은 셈이다. 당대의 물리학자들은 플랑크의 복사공식에 별다른 관심을 보이지 않았지만, 몇 년 후 아인슈타인이 그의 가설을 수용하면서 진정한 의미가 밝혀지게 된다.

엔트로피가 증가하는 현상을 통계적 관점에서 재해석한 볼츠만의 통계역학은 19세기 물리학을 한 단계 높여준 위대한 업적이었으며, 플랑크도 그 수혜자 중 한 사람이었다. 플랑크가 얻은 결과에 의하면 엔트로피가 증가한다는 데에는 의심의 여지가 없지만, 절대적인 진리는 아니다. 이것은 방대한 우주를 연구하는 우주론학자들에게 흥미로운 가능성을 제시하고 있다. 고려 대상인 우주의 규모가 클수록, 그 안에서 희한한 사건이 일어날 확률은 높아진다. 공간의 규모가 작아도 충분히 긴 시간을 고려하면 제아무리 희한한 사건도 언젠가는 일어난다. 또한 우리는 우주가 대체로 질서정연하다고 믿고 있지만, 큰 규모에서 통계역학적 요동이 일어나 특정 지역의 엔트로피가 감소할 수도 있다. 확률은 매우 작지만, 지금 우주 어디선가 엔트로피가 한창 감소하는 영역이 존재할지도 모른다. 그러나 플랑크의 '실수'는 더욱 근본적인 우주의 특성을 우리에게 보여주었다.

볼츠만은 에너지를 작은 덩어리로 나누고, 이 덩어리를 실제 존재하는 양으로 간주하여 확률방정식을 적용하는 등 통계적 관점에서 열역학을 다루었다. 첫 단계에서 작게 분할된 에너지 덩어리는 통계적 계산을 거친 후 다시 더해지고('적분'한다는 뜻이다), 그 결과는 계의 총에너지에 해당한다(지금의 경우는 흑체에서 방출된 복사에너지가 된다). 그러나 플랑크는 계산이 중간쯤 진행되었을 때 자신이 원하던 수학 공식이 이미 유도되었음을 깨달았다. 에너지 덩어리를 적분하여 연속적인 값으로 만들기 전에 흑체복사공식이 모습을 드러냈고, 목적을 이룬 플랑크는 최종 적분을 하지 않은 채 연구 노트를 덮어버렸다. 이것은 매우 극적인 진전이었으나, 고전물리학의 관점에서 볼 때 당위성이 전혀 없는 희한한 공식이었다.

고전물리학에 익숙한 학자가 볼츠만 방정식에서 시작하여 흑체복사 방정식을 유도한다면, 거의 대부분은 적분을 끝까지 수행할 것이다. 훗날 아인슈타인이 지적한 대로, 분할된 에너지 덩어리를 모두 더하면 자외선파탄이 발생한다. 아인슈타인은 고전역학에 따라 이 문제를 풀어가다 보면 자외선파탄을 피할 길이 없다고 했다. 다행히도 플랑크는 자신이 어떤 결과를 원하는지 이미 알고 있었기에 방정식의 완전한 해를 구해놓고 절망에 빠지기 직전에 계산을 멈추었으나, 이 결과로 사람들을 설득하려면 '작은 에너지 덩어리'에 어떻게든 물리적 의미를 부여해야 했다. 그는 몇 가지 가능성을 고려한 끝에 잘게 분할된 에너지 덩어리는 원자 내부에 있는 작은 전하가 진동하면서 방출하거나 흡수하는 에너지 단위에 해당한다고 해석했고, 바로 이 에너지 단위에 '양자'• 라는 이름을 부여했다. 플랑크의 해석에 의하면 복사에너지에는 더 이상 분할될 수 없는 최소 단위가 존재하며, 원자 내부의 전하가 진동하면서 방출한 에너지(E)는 진동수(그리스 문자 'ν'

• quanta, quantum의 복수.

로 표기함)에 비례한다. 둘 사이의 관계를 수식으로 쓰면 다음과 같다.

$$E = h\nu$$

여기서 h는 에너지원의 종류와 상관없이 항상 일정한 상수로서, 오늘날 '플랑크상수(Planck's constant)'로 불리고 있다.

h의 정체는 무엇인가?

플랑크의 흑체복사공식은 자외선파탄을 어떻게 해결했을까? 그 비결은 $E=h\nu$에서 찾을 수 있다. 진동수가 크면 진동자(진동하는 전하)가 양자(단위 에너지)를 방출하는 데 많은 에너지가 필요하다. 그런데 통계적으로 볼 때 이 정도로 큰 에너지를 보유한 진동자는 많지 않을 것이므로, 진동수가 큰 양자는 거의 방출되지 않는다. 반면에 진동수가 작은(파장이 긴) 에너지양자는 대부분의 진동자가 방출할 수 있지만, 양자 하나의 에너지가 워낙 작아서 이들을 모두 더한 총량은 얼마 되지 않는다. 그러나 중간 진동수 영역에서는 양자의 에너지가 적절한 크기여서 꽤 많은 진동자가 양자를 방출할 수 있고, 이들을 모두 더한 값이 흑체복사 그래프에서 최고점을 찍는 것이다.

플랑크는 1900년 12월에 최종 결과를 발표했다. 그러나 그의 복사공식은 수많은 의문을 일으켰고, 제안자인 플랑크조차 시원한 답을 내놓지 못하여 그저 그런 논문으로 묻혀버렸다. 게다가 양자가설에 관한 플랑크의 이전 논문들도 내용이 분명하지 않았기 때문에(아마도 열역학에 자신의 아이디어를 도입하는 과정이 지나치게 난해했기 때문일 것이다), 대부분의 물리학자는 자외선파탄을 피하기 위한 수학적 트릭일 뿐, 물리적 의미는 거의 없다며 관심을 갖지 않았다. 사실 플랑크도 자신의 논문을 완전히 이해하지 못한 상태였다. 그는 1931년에 윌리엄 우드(William Wood)에게 보낸 편지에 다음과 같이 적어놓았다. "1900년에는 그야말로 모든 것이 절망적이었다. …… 어떤 대가를 치르더라도 이론적 해석을 내려야 했는데, 머릿속에서는 아무것도 떠오르지 않았다."[1] 그러나 플랑크는 자신이 무언가 매우 중요한 개념에 도달했음을 직감적으로 알고 있었다. 훗날 그의 아들은 베르너 하이젠베르크(Werner Heisenberg)를 만난 자리에서 이렇게 말했다고 한다. "아버님은 베를린 외곽에 있는 그루네발트(Grunewald) 일대를 오랫동안 거닐다가 같이 있던 저에게 말씀하셨습니다. 자신이 제안한 양자의 개념이 뉴턴에 버금가는 업적이라고 말이죠."[2]

1900년대 초 물리학자들은 원자복사를 비롯한 새로운 발견을 따라가느라 여념이 없었기에, 흑체복사 그래프를 설명하는 플랑크의 '수학적 트릭'에 관심을 가질 겨를이 없었다. 플랑크는 1918년에 노벨 물리학상을 받았는데, 논문 출판 후 노벨상을 받을 때까지 걸린 시간은 퀴리나 러더퍼드보다 훨씬 길다(일반적으로 혁신적 이론이 학계에서 인정받을 때까지는 꽤 오랜 시간이 걸린다. 새로운 입자나 X-선이 발견되면 금방 눈에 뜨이지만, 새로운 이론은 실험으로 입증될 때까지 기다려야 하기 때문이다). 플랑크의 흑체복사이론도 난해했지만, 그가 도입한 상수 h는 한술 더 뜨는 것 같았다. h의 값은 6.6×10^{-34} 줄·초(joule·sec)로서, 값이 작다는 것 자체는 별문제가 되지 않는다. 플랑크상수가 이보다 훨씬 컸다면, 물리학자들이 흑체복사를 놓고 고민하기 한참 전에 어떤 식으로든 자신의 존재를 드러냈을 것이다. *h*가 낯설게 느껴지는 이유는 값 때문이 아니라 에너지(joule)에 시간(second)을 곱한 단위 때문이다. 물리학에서는 이런 단위를 가진 물리량을 '작용(action)'이라 부르는데, 에너지나 질량만큼 자주 등장하는 양은 아니다. 고전물리학에 에너지보존법칙이나 질량보존법칙은 있어도 '작용보존법칙' 같은 것은 없다. 그러나 작용은 엔트로피와 매우 비슷한 특성이 있다. 하나의 값으로 고정된 작용은 시간이 아무리 흘러도 변하지 않으며, 4차원 시공간에서 모든 관측자에게 동일한 값으로 나타난다. 그래서 플랑크상수는 아인슈타인의 특수상대성이론이 발표된 후부터 학계의 관심을 끌기 시작했다.

아인슈타인은 플랑크에 이어 양자역학의 무대에 등장한 '제2의 원조'이므로, 그의 이론을 잠시 짚고 넘어가는 것도 의미가 있을 것 같다. 특수상대성이론은 3차원의 공간과 1차원의 시간을 하나로 묶어서 4차원의 '시공간 연속체(space-time continuum)'로 통일했다. 각기 다른 속도로 공간을 이동 중인 관측자들은 눈앞에 펼쳐지는 물리적 사건을 각기 다른 관점에서 바라본다. 예를 들어 속도가 다른 두 사람의 관측자 A, B가 공간의 한 지점에 놓인 막대를 스쳐 지나가면서 길이를 측정했다면, A와 B는 각기 다른 결과를 얻게 된다. 그러나 특수상대성이론에 의하면 막대가 놓인 곳은 3차원 공간이 아닌 4차원 시공간이며, 한 지점에 고정되었다 해도 4차원 시공간에서는 시간축을 따라 '이동'하고 있다. 이런 경우에 우리는 4차원 시공간에서 막대의 길이가 세로에 해당하고 경과한 시간이 가로에 해당하는 초-사각형(hyper-rectangle)을 상상할 수 있다. 이 사각형의 면적은 (길이)×(시간)의 단위로 표현되며, 그 값은 모든 관측자에게 동일하다. 즉, A가 관측한 가로는 B가 관측한 가로와 다르고, A가 관측한 세로는 B가 관측한 세로와 다르지만, A와 B가 계산한 사각형의 면적(가로×세로)은 두 사람의 속도에 상관없이 항상 똑같다는 뜻이다. 이와 비슷하게 작용(에너지×시간)도 에너지의 4차원 버전으로 생각할 수 있다. 즉, A가 관측한 에너지는 B가 관측한 에너지와 다르고, A가 관측한 시간이 B가 관측한 시간과 다르다 해도, 두 사람이 관측한 작용은 똑같다. 실제로 특수상대성이론에는 작용보존법칙이 존재하며, 다른 보존법칙 못지않게 중요한 역할을 하고 있다. 플랑크상수가 당대의 물리학자들에게 낯설게 느껴진 또 하나의 이유는 특수상대성이론보다 먼저 발견되었기 때문이다.

이로부터 우리는 물리학의 전체론적 특성을 엿볼 수 있다.• 아인슈타인이 1905년에 발표한 세 편의 논문 중 특수상대성이론은 다른 두 편의 논문(브라운운동, 광전효과)과 확연하게 다르다. 그러나 이들은 모두 이론물리학의 범주에 속하며, 가장 위대한 논문은 상대성이론이 아니라 양자 이론의 포문을 열었던 광전효과(photoelectric effect)였다.

과학자들이 플랑크의 1900년 논문을 '혁명'으로 평가하는 이유는 고전물리학의 한계를 드러냈기 때문이다. 그 한계가 무엇인지는 중요

• 전체론(holism)이란 "단순히 부분을 모아놓았다고 해서 전체가 되지 않으며, 전체는 부분의 합을 초월한 그 이상의 존재"임을 주장하는 철학 사조이다.

하지 않다. 뉴턴의 고전물리학으로 설명할 수 없는 현상을 발견했다는 것만으로도 플랑크는 물리학의 새 시대를 연 주인공으로 대접을 받을만하다. 그의 논문에는 한 시대의 종말을 예고하는 극적인 주장이 펼쳐졌을 것 같지만, 정작 논문을 찾아서 읽어보면 별로 그렇지 않다. 영화나 소설에서 주인공은 깎아지른 절벽에 매달려 절체절명의 위기에 처했다가 막판에 극적으로 탈출하곤 한다. 구체적인 사연이야 어찌 되었건, 이런 이야기는 "단 한 방에 잭은 자유로워졌다(with one bound, jack was free)"로 요약할 수 있다. 그런데 양자역학의 탄생을 다룬 대부분의 과학서적도 이와 비슷한 형식으로 이야기를 풀어나간다. "승승장구하던 고전물리학이 19세기 말에 뜻밖의 장벽에 부딪혔다. 그러나 막스 플랑크가 양자를 발견했고, 그 한 방으로 물리학은 다시 자유로워졌다"는 식이다. 과연 그랬을까? 턱도 없는 소리다. 플랑크가 원자 내부의 전하를 띤 진동자들이 양자화(quantized)되어 있다고 제안한 이유는 진동자가 기본 양자 단위를 벗어난 에너지•를 흡수하거나 방출하지 못하도록 무언가가 방해하고 있다고 생각했기 때문이다.

런던은행에 설치된 현금자동인출기도 이와 비슷한 방식으로 작동한다. 기계에 카드를 넣으면 내가 원하는 만큼 현금이 나오는데, 인출액수는 5파운드 단위로 한정되어 있다. 즉, 이 기계로는 5파운드의 정수배가 아닌 금액을 찾을 수 없다(5파운드 이하도 안 된다). 그렇다고 해서 영국경제에 '8.47파운드'라는 액수가 존재하지 않는다는 뜻은 아니다. 플랑크는 복사에너지 자체가 양자화되어 있다고 주장하지 않았

• 즉, $E = h\nu$의 정수배가 아닌 에너지.

으며, 본인조차 정확한 의미를 몰랐기 때문에 양자 이론을 소개할 때마다 매우 신중한 자세를 취했다. 몇 년 후 양자 이론이 한창 개발될 때 플랑크는 자신이 창안한 개념을 재정립하는 데 약간의 기여를 했지만, 고전물리학과 양자의 매끄러운 결합을 추구하며 여생의 대부분을 보냈다. 자신이 발견한 흑체복사공식이 고전물리학의 범주 안에서 유도될 수 있다고 굳게 믿었던 것이다(복사공식을 유도할 때 사용한 열역학과 전자기학의 방정식도 모두 고전역학이었다). 플랑크가 양자 개념과 고전물리학이 평화롭게 만나는 중간 지점을 찾다가 결국 고전역학에서 다소 멀어진 것은 사실이지만, 고전역학에 대한 그의 신뢰는 죽는 날까지 변하지 않았다. 그래서 양자 이론을 발전시킨 주역은 주로 1910~1920년대에 물리학계에 진출한 젊은 물리학자들이었다. 원자복사와 상대성이론 등 첨단 이론에 한껏 고무된 그들은 낡은 개념에 연연하지 않고 모든 질문에 새로운 답을 찾아내면서 20세기 초 양자시대의 주역으로 떠오르게 된다.

아인슈타인, 빛과 양자

플랑크가 흑체복사공식을 한창 연구하던 1900년 3월에 아인슈타인은 만 21세였다. 그는 취리히대학교 물리학과 박사과정에 재학하면서 아내와 갓 태어난 딸을 부양하기 위해 1902년 여름에 스위스 특허청의 말단심사관으로 취직했다. 그 무렵 물리학계의 가장 큰 관심사는 열역학과 통계역학이었다. 아인슈타인이 1904년에 발표한 첫 논문은 플랑크를 비롯한 이전 세대 물리학자들이 다뤘던 문제를 고전적 논리로 재조명하는 전통적인 논문이었다. 그러나 이 논문에서 그는 흑체복사 스펙트럼에 관한 플랑크의 아이디어를 간단하게 언급한 후 자신만의 방법으로 해결책을 제시했다. 과학역사학자 마틴 클라인은 아인슈타인을 가리켜 "플랑크의 가설을 최초로 수용하고 수학적 트릭 이상의 의미를 부여한 첫 번째 과학자"라고 했다.• 그 후 아인슈타인은 1년이 채 지나기 전에 $E=h\nu$에 기초하여 빛의 입자설을 부활시키는 극적인 논문을 발표하게 된다.

그 무렵 헝가리 태생의 독일 물리학자 필리프 레나르트(Phillip Lenard)는 단색광을 이용하여 빛의 특성을 연구하고 있었다(단색광은 진동수가 균일한 빛이다). 그의 목적은 금속판에 빛을 쪼였을 때 전자가 튀어나오는 현상, 즉 광전효과를 관찰하는 것이었는데, 실험 도중에 빛의 광도를 바꿨다가 전혀 예기치 않았던 사실을 발견했다. 일반적으로 광원의 광도를 높이면 표적의 단위면적에 더 많은 에너지가 도달한다(광도를 바꾸는 대신 광원과 금속판 사이의 거리를 좁혀도 동일한 효과를 볼 수 있다. 실제로 레나르트는 두 번째 방법을 사용했다). 상식적으로 생각할 때, 금속 표면에 도달한 빛에너지가 클수록 전자는 더욱

• 해리 울프 편저, *Some Strangeness in the Proportion* 중 마틴 클라인의 글 참조. 이 책에 글을 실은 또 한 사람의 저자 토머스 쿤은 한 걸음 더 나아가 "플랑크는 흑체복사이론을 처음 공개 석상에서 발표할 때 불연속 스펙트럼의 의미를 자신도 이해하지 못하고 있었으며, 양자화된 흑체이론의 진정한 의미를 최초로 간파한 사람은 아인슈타인이었다"고 지적한 후, "플랑크의 진동자를 최초로 양자화한 사람은 플랑크가 아니라 아인슈타인이었다"고 주장했다. 그 진위를 밝히는 것은 학자들의 몫이지만, 아인슈타인이 양자 이론에 결정적으로 기여한 것만은 분명한 사실이다.—원저자 주

빠른 속도로 표면을 이탈할 것 같다. 그러나 막상 실험을 해보니, 단색광의 파장을 바꾸지 않는 한 빛의 강도를 아무리 높여도 튀어나오는 전자의 속도는 빨라지지 않았다. 광원과 금속판 사이의 거리를 좁히면 튀어나오는 전자의 개수만 많아질 뿐, 전자의 속도는 이전과 그대로였다. 그런데 광원을 진동수가 큰 단색광으로 바꿨더니 튀어나오는 전자의 속도가 비로소 빨라지는 것이 아닌가! 더욱 놀라운 것은 진동수가 큰 단색광의 광도를 아무리 낮춰도 전자의 속도는 여전히 빨랐다는 점이다(물론 금속 표면을 이탈하는 전자의 개수는 줄어든다).

이 현상을 설명하려면 고전물리학의 전통적 개념을 포기하고 플랑크가 제안했던 양자가설을 받아들여야 한다. 그런데 레나르트의 광전효과와 플랑크의 양자가설이 알려지고 무려 5년이 지나도록 그런 시도를 해본 사람이 단 한 명도 없었기에, 특허청에 눌러앉은 아인슈타인에게 기회가 돌아간 것이다. 레나르트의 실험을 전해 들은 아인슈타인은 $E=h\nu$를 원자 내부의 진동자가 아닌 전자기복사에 적용하여 광전효과의 원리를 완벽하게 설명한 후, 빛은 연속적인 파동이 아니라 '양자'라는 덩어리로 이루어져 있다고 선언했다.• 진동수가 ν인 빛(단색광)은 에너지가 $h\nu$인 광자로 이루어져 있으며, 금속 표면의 전자는 이런 광자에 얻어맞을 때마다 동일한 에너지를 획득하여 동일한 속도로 튀어나왔던 것이다. 여기서 광도를 높이면 단위시간 당 금속 표면에 도달하는 광자의 개수만 많아질 뿐, 진동수가 달라지지 않았

• 처음에는 이것을 광양자(light quanta)로 부르다가 얼마 후 광자(photon)라는 용어로 통일되었다.

기 때문에 전자의 속도는 빨라지지 않는다. 그러나 광원의 진동수를 높이면 광자 하나가 실어 나르는 에너지가 커져서 전자가 더 빠른 속도로 튀어나오게 된다.

아인슈타인은 광전효과의 원리를 1905년에 발표했으나, 무려 16년이 지난 1921년에야 비로소 공로를 인정받아 노벨 물리학상을 받았다. 새로운 이론이 학계에 수용될 때까지는 시간이 오래 걸린다는 속설이 다시 한번 입증된 셈이다. 아인슈타인의 광전효과이론은 레나르트의 실험과 정확하게 일치했지만, 자세한 내막이 확인될 때까지는 10년 이상을 기다려야 했다. 전자의 속도와 빛의 파장 사이의 관계를 최초로 규명한 사람은 미국의 물리학자 로버트 밀리컨(Robert Millikan)이다. 또한 그는 실험 과정에서 플랑크상수 h의 정확한 값을 측정하는 데 성공했고, 그 유명한 기름방울실험(oil-drop experiment)을 통해 전자의 전하를 알아내기도 했다. 밀리컨은 이 공로를 인정받아 1923년에 노벨 물리학상을 받았다.

1905년은 아인슈타인에게 문자 그대로 다사다난한 해였다. 훗날 그에게 노벨상을 안겨준 광전효과와 원자의 존재를 입증한 브라운운동, 그리고 가장 유명한 특수상대성이론이 바로 이 해에 발표되었으며, 비슷한 시기에 분자의 크기에 관한 '그저 그런 논문'과 사투를 벌이다가 마감일 직전에 간신히 학위논문으로 제출하여 1906년 1월에 공식적으로 박사학위를 받았다. 당시는 학위가 있다고 해서 곧바로 연구인생이 시작되는 시절이 아니었지만, 문서의 서명란에 "아인슈타인 박사(Dr. Einstein)"가 아닌 "미스터 아인슈타인(Mr. Einstein)"이라고 썼던 청년이 한 해에 그토록 위대한 논문을 무려 세 편이나 썼다는 사실이 그저 경이롭기만 하다.

그 후 몇 년 동안 아인슈타인은 플랑크의 양자를 물리학의 다른 분야에 적용하는 방법을 연구하던 중, 비열(比熱, specific heat)과 관련된 해묵은 수수께끼가 양자가설로 해결될 수 있음을 깨달았다(비열이란 물질 1g의 온도를 1℃ 올리는 데 필요한 열량으로, 원자의 진동방식에 따라 달라진다. 훗날 원자의 진동 역시 양자화되어 있는 것으로 알려졌다). 이것은 그다지 흥미로운 분야가 아니어서 아인슈타인의 업적을 논할 때 종종 누락되곤 한다. 그러나 물질의 양자 이론은 아인슈타인의 복사 양자 이론보다 학계에 빠르게 수용되었으며, 아인슈타인은 1911년까지 자신의 양자 이론을 더욱 발전시켜서 광자의 개념이 플랑크 방정식의 필연적 결과임을 증명했다. 또한 그는 새로운 이론을 배척하는 보수적 학자들에게 빛의 특성을 이해하려면 17세기부터 양립해온 입자설과 파동설을 하나로 융합해야 한다고 주장했다. 양자가 실존하는 물리량이라고 굳게 믿으면서 다른 사람의 의견에 무관심했던 아인슈타인은 1911년부터 중력으로 관심을 돌려 1916년에 일반상대성이론(general relativity)을 완성하게 된다.

빛의 양자설은 1923년에 와서야 확고한 정설로 자리 잡았으며, 파동-입자 이중성(wave-particle duality)에 관한 논쟁이 뜨거워지면서 양자 이론에 기초한 역학, 즉 양자역학이 뉴턴역학을 제치고 새로운 물리학으로 떠올랐다. 아인슈타인이 양자를 떠나 다른 주제에 몰입했던 10년 동안 양자역학은 첫 번째 개화기를 맞이했는데, 이 시기에 가장 큰 업적을 남긴 사람은 맨체스터에서 러더퍼드와 함께 일했던 덴마크의 물리학자 닐스 보어(Niels Bohr)였다. 그는 아인슈타인의 광양자설

(광자설)과 러더퍼드의 원자모형을 결합하여 새로운 원자모형을 제시했고, 그 후로 양자역학은 미시 세계를 서술하는 물리학으로 확고한 입지를 굳혔다.

4장 보어의 원자

1912년, 원자의 퍼즐 조각을 열심히 수집해오던 물리학자들이 드디어 본격적인 조립에 착수했다. 그 전에 아인슈타인은 양자의 개념을 정당화하고 빛의 양자인 광자를 도입했으나, 당시 물리학계를 지배하던 보수적 학자들은 그의 주장을 받아들이지 않았다. 광자설의 핵심은 에너지가 현금인출기처럼 특정한 크기의 덩어리로 존재한다는 것이다. 현금인출기가 돈을 5파운드 단위로만 내주는 것은 기계를 만든 프로그래머의 의도가 아니라, 기계 안에 들어있는 현금의 최소 단위가 5파운드이기 때문이다. 러더퍼드는 작은 핵이 원자 중심에 똘똘 뭉쳐있고 전자구름이 그 주변을 에워싸고 있다는 원자모형을 제안했으나 전자기복사라는 장애물을 극복하지 못했다. 앞서 말했듯이 고전 전자기학 법칙에 의하면 가속운동을 하는 전자는 전자기파를 방출하고, 에너지를 잃은 전자는 나선 궤도를 그리며 원자핵으로 빨려 들어가야 한다. 그런데 원자 대부분은 안정된 상태를 유지하고 있으니, 러더퍼드의 원자모형은 수정이 불가피했다. 이 문제를 해결한 주인공이 바로 '양자 규칙(quantum rules)'이다. 전자의 거동에 양자적 제한조건을 부과하면 러더퍼드 모형의 문제를 해결할 수 있다. 그리고 해결사를 자처하고 나선 사람들은 대부분이 젊은 물리학자였다. 한마디로 물리학의 세대교체가 이루어진 것이다. 양자역학의 개발사를 돌아볼 때, 새로운 아이디어를 제안하여 문제를 해결한 주인공은 거의 예외 없이 신세대 물리학자였다.

닐스 보어는 1911년 여름에 코펜하겐에서 박사과정을 마치고 9월에 케임브리지로 이주하여 캐번디시연구소에서 J. J. 톰슨•과 함께 연구 생활을 시작했다. 이제 갓 26세가 된 그는 수줍음이 많고 영어도 익숙하지 않아서 정착하는 데 어려움을 겪다가 맨체스터를 방문했을 때 러더퍼드에게 매우 강한 인상을 남겼다. 그리하여 보어는 1912년에 맨체스터로 자리를 옮겨 러더퍼드의 연구 팀에 합류했고, 그곳에서 원자의 구조를 본격적으로 파고들기 시작했다.•• 그로부터 6개월 후에 보어는 잠시 코펜하겐으로 돌아왔지만, 얼마 후 다시 맨체스터 연구 팀에 합류하여 1916년까지 연구를 계속했다.

• 1937년에 노벨상을 받은 그의 아들 조지 톰슨과 구별하기 위해 이름 앞에 항상 J. J.를 붙인다.

•• 한 속설에 의하면 보어가 캐번디시연구소를 떠난 이유는 그가 J. J. 톰슨의 원자모형을 받아들이지 않았기 때문이라고 한다. 톰슨은 보어에게 "러더퍼드라면 자네의 주장을 수용할 수 있을 것"이라며 러더퍼드에게 갈 것을 조용히 권유했다. Max Jammer, *The Conceptual Development of Quantum Mechanics*, McGraw-Hill, New York, 1966, p. 69.—원저자 주

점프하는 전자

보어는 빼어난 천재였다. 그리고 1910~1920년대의 원자물리학계에는 바로 이런 천재가 절실하게 필요했다. 그는 세세한 사항들을 모두 설명하는 완벽한 이론 대신 사방에 흩어져있는 아이디어를 모아서 실험 결과와 대략 일치하는 가상의 '원자모형'을 만드는 데 주력했다. 상황이 어떻게 돌아가는지 대충 파악하고 난 후, 수집된 정보를 조합하여 기존의 모형을 더욱 사실에 가까운 버전으로 업그레이드하는 식이다. 보어는 고전역학과 전자기학 법칙에 따라 전자가 궤도를 도는 태양계 원자모형을 일단 수용한 후, "전자는 특정 단위의 에너지만 방출할 수 있기 때문에, 에너지를 잃고 핵으로 빨려 들어가는 사건은 일어나지 않는다"고 선언했다. 고전이론에 의하면 복사에너지는 연속적인 값을 갖고 있지만(즉, 주어진 범위 안에서 어떤 값도 가질 수 있지만), 보어의 원자모형에서는 에너지가 '유한한 최소 단위'를 갖고 있기 때문에 금지된 에너지가 존재하고, 그 덕분에 전자의 궤도가 유지된다는 것이다. 전자는 특정한 에너지를 가진 경우에 한하여 '안정된' 궤도를 돌 수 있으며, 그 값은 기본양자의 정수배로 표현된다. 또한 궤도와 궤도 사이는 기본양자의 정수배가 아니기 때문에 전자의 진입이 금지되어 있다. 이 모형을 실제 태양계에 적용하면 다음과 같다. "지구와 화성의 궤도는 안정적이지만, 그 사이에는 안정적인 궤도가 존재하지 않기 때문에 어떤 행성도 끼어들 수 없다."

사실 보어의 원자모형은 맞는다는 보장이 없었다. 전체적인 그림은 고전물리학에서 따왔고, 전자가 특정 에너지(나중에 '에너지준위'로 불리게 된다)만 가질 수 있다는 것은 양자 이론의 결과였으니 처음부터 어울리지 않는 조합이었다. 그러나 보어는 이렇게 불완전한 모형으로도 앞으로 나아갈 수 있을 정도로 뛰어난 통찰력의 소유자였다. 결국 그의 원자모형은 거의 모든 면에서 틀린 것으로 판명되었지만, 원자의 진정한 양자 이론을 구축하는 주춧돌 역할을 했다. 한 가지 안타까운 것은 고전역학(태양계)과 양자 이론을 결합한 보어의 원자모형이 제법 그럴듯하여, 지금까지도 대중 과학서와 교과서에 마치 올바른 원자모형인 양 소개되고 있다는 점이다.• 짐작건대, 독자들도 학창시절에 보어의 원자모형을 배우면서 옳은 이론이라고 생각했을 것이다. 그 내용을 깡그리 잊으라고 강요할 생각은 없지만, 진실에 도달하려면 한참 멀었다는 점을 강조하고 싶다. 원자의 내부는 보어의 모형보다 훨씬 복잡하고 정교하면서 난해하기 그지없다. 아무튼 핵 주변을 배회하는 전자는 행성과 근본적으로 다르다는 점을 꼭 기억하기 바란다. 보어는 그렇게 생각했지만 사실이 아니다. 전자는 원자핵 바깥에 자리 잡고 있는 '그 무엇'이며, 특정한 에너지와 스핀(spin, 전자의 회전과 관련된 양) 등 다양한 특성을 갖고 있다. 앞으로 보게 되겠지만, 전자의 거동방식도 희한하기 그지없다.

1913년, 보어는 자신의 원자모형에 기초하여 가장 단순한 수소 원자에서 방출되는 빛 스펙트럼을 거의 완벽하게 설명했다. 분광학••

• 심지어 대학교재에도 보어의 원자모형을 소개하면서 '틀렸다'는 지적을 하지 않은 경우가 태반이다.

•• spectroscopy, 물질에 흡수되거나 방출되는 빛을 스펙트럼으로 분리하여 분석하는 분야.

의 역사는 영국의 과학자이자 신학자였던 윌리엄 울러스턴(William Wollaston)이 태양 스펙트럼에서 검은 선을 발견했던 19세기 초까지 거슬러 올라간다. 그러나 원자의 구조를 규명하기 위해 분광학을 사용한 사례는 보어가 처음이었다. 보어가 앞으로 나아가기 위해 고전 물리학과 최신 양자 이론을 섞은 것처럼, 분광학의 원리를 이해하려면 아인슈타인의 광양자를 잠시 잊고 과거로 돌아갈 필요가 있다. 그리고 분광학으로 빛을 연구할 때에는 '빛=전자기파'라는 등식에 전념해야 한다.•

17세기에 뉴턴은 백색광이 여러 종류의 단색광, 즉 스펙트럼으로 이루어져 있다는 사실을 알아냈다. 개개의 단색광은 파장이 모두 다르고, 파장이 다르면 굴절률도 다르다. 따라서 프리즘에 백색광을 통과시키면 여러 개의 단색광이 넓게 퍼지면서 스크린이나 사진 건판에 띠 모양의 색동 무늬를 만드는데, 이것을 스펙트럼이라 한다. 광학 스펙트럼의 한쪽 끝은 파장이 짧은 푸른색과 보라색이고, 반대쪽 끝은 파장이 긴 붉은색이다. 그러나 이 범위를 넘은 영역에도 눈에 보이지 않는 스펙트럼이 길게 나열되어 있다. 태양 빛을 스펙트럼으로 펼치면 특정한 파장(또는 진동수)에서 검은 줄이 또렷하게 나타난다. 19세기에 요제프 프라운호퍼(Joseph Fraunhofer)와 로베르트 분젠(Robert Bunsen, 그가 만든 분젠버너 덕분에 지금까지 이름이 알려져 있다), 그리고 구스타프 키르히호프(Gustav Kirchhoff)는 검은 줄이 나타나는 이유를 모르

• 양자역학에 의하면 빛은 파동성과 입자성을 모두 갖고 있다. 그러나 아직은 거기까지 진도가 나가지 않았으므로 걱정할 필요 없다.—원저자 주

는 채로 오직 실험을 통해 각 원소가 고유의 스펙트럼선(spectral lines)을 생성한다는 사실을 알아냈다. 분젠버너로 나트륨(natrium, Na)을 가열하면 노란색 빛을 내면서 타오르는데, 이 빛을 받아서 스펙트럼으로 펼치면 특정 위치에서 밝은 방출선이 또렷하게 나타난다. 그리고 한 종류의 원소, 또는 혼합물로 이루어진 액체나 기체에 백색광을 통과시킨 후 분광기를 거쳐 스펙트럼으로 펼치면 태양 빛 스펙트럼처럼 특정 위치에서 어두운 흡수선이 생기는 것을 확인할 수 있다(흡수선의 위치는 원소의 종류에 따라 다르다).

이로부터 태양 스펙트럼에 검은 선이 생기는 이유를 알 수 있다. 태양의 표면에서 방출된 백색광에는 원래 누락된 단색광이 없었으나, 상대적으로 차가운 태양 대기층을 통과하면서 특정 진동수의 복사가 흡수되어 그 부분만 지구에 도달하지 않기 때문이다. 화학자들은 화합물의 구성 성분을 확인할 때 분광스펙트럼을 이용한다. 예를 들어 불에 소금을 뿌렸을 때 타오르는 노란색 불꽃은 도로변에서 밤길을 밝히는 나트륨등의 원리이다. 실험실에서는 흡수력이 강한 실의 한쪽 끝을 대상 물질(액체)에 담그고 분젠버너로 실의 중간을 태울 때 방출되는 빛을 분광기로 받아서 스펙트럼을 확인한다. 모든 원소는 자신만의 독특한 스펙트럼을 갖고 있으며, 불꽃의 온도를 높이면 스펙트럼이 진해질 뿐, 전체적인 패턴은 변하지 않는다. 스펙트럼의 선이 선명한 것은 모든 원자가 항상 동일한 진동수의 빛을 흡수하거나 방출한다는 증거이다. 분광학자들은 이런 실험을 통해 태양 빛의 스펙트럼선을 설명했고, 별의 구성 성분이 지구에 존재하는 원소와 동일하다는 것을 확인할 수 있었다. 영국의 천문학자 노먼 로키어(Norman

Lockyer, 과학저널《네이처》의 설립자)는 태양 빛의 방출스펙트럼을 분석하다가 미지의 원소를 발견하고 태양신 헬리오스(Helios)의 이름을 따서 헬륨(helium, He)으로 명명했다. 얼마 후 지구에서 발견된 기체의 스펙트럼이 헬륨과 정확하게 일치한다는 사실이 밝혀졌지만, 굳이 이름을 바꿀 필요가 없었기에 헬륨은 지금까지 헬륨으로 남아있다.

천문학자들은 분광학 덕분에 멀리 있는 별과 은하의 구성 성분을 알아냈고, 원자물리학자들은 지금도 분광학으로 원자의 내부를 탐색하고 있다.

스펙트럼이 가장 단순한 원자는 수소이다. 다들 알다시피 수소 원자는 내부 구조라고 해봐야 양전하를 띤 양성자(proton) 1개와 음전하를 띤 전자 1개가 전부이기 때문에 복잡할 것이 별로 없다. 수소 원자 고유의 스펙트럼선을 '발머선(Balmer line)'이라고 하는데, 그 이유는 1885년에 스위스의 고등학교 교사 요한 발머(Johann Balmer)가 수소 원자 스펙트럼선의 위치를 수학적으로 표현하는 데 성공했기 때문이다(우연히도 바로 그해에 보어가 태어났다). 발머의 공식은 수소 원자 스펙트럼에서 선이 나타나는 곳의 진동수(또는 파장)를 계산하는 공식으로, 첫 번째 선(붉은색)의 진동수에서 계산을 시작하면 다음 선(초록색)의 진동수를 알 수 있고, 두 번째 선에서 시작하면 세 번째 선(보라색)의 진동수를 알 수 있고…… 같은 방식으로 다음 선의 진동수를 알 수 있다.[1] 발머는 이 공식을 유도할 때 수소 원자 스펙트럼선이 총 4개라고 생각했지만 다른 선들도 이미 발견된 상태였고, 이들 역시 공식에 잘 들어맞았다. 심지어 자외선과 적외선 영역에서 나중에 발견된 수소 원자 스펙트럼선의 파장도 발머의 간단한 공식과 거의 정확하게 일치했다. 이 정도면 발머의 공식에는 수소 원자의 구조에 관한 무언가 중요한 정보가 담겨있음이 분명하다. 대체 무슨 정보일까?

보어가 물리학자로 학계에 데뷔할 무렵, 발머의 공식은 물리학자들 사이에서 상식으로 통하고 있었다. 그러나 그것은 사방에 넘쳐나는 스펙트럼 데이터 중 하나일 뿐이었고, 보어는 분광학자가 아니었다. 그는 수소 원자에 관한 연구를 시작했을 때 발머의 공식으로 계산된 스펙트럼선들(이것을 발머계열이라 한다)을 별로 중요하게 생각하지 않았으나, 분광학 전문가인 동료로부터 발머공식의 단순 명료함을 전해 듣고는 곧바로 그 가치를 깨달았다(수소 이외의 다른 원자에 대한 발머공식은 꽤나 복잡하다). 그 무렵(1913년 초)에 보어는 원자의 상태를 서술하는 방정식에 플랑크상수 h를 도입하는 것이 문제 해결의 열쇠임을 알고 있었다. 러더퍼드의 원자 이론에 등장하는 기본상수는 전자의 전하 e와 입자의 질량 m뿐인데, 이 두 값을 아무리 뒤섞어도 길이 단위를 갖는 물리량을 얻을 수 없다. 결국 러더퍼드의 모형은 '자연스러운' 크기 단위가 아니었던 것이다. 그러나 여기에 작용 단위를 갖는 플랑크상수 h를 추가하여 이리저리 조합하면 길이 단위를 만들 수 있으며, 이 과정에서 대략적인 원자의 크기가 얻어질 수도 있다. 예를 들어 h^2/me^2은 단위가 '길이'이고 값은 약 20×10^{-8}으로, 산란실험 등 여러 실험을 거쳐 얻은 원자의 크기와 거의 비슷하다. 보어에게 h는 원자 이론에 속하는 상수였고, 그에게 h가 들어갈 곳을 알려준 것은 발머계열의 스펙트럼선이었다.

원자의 스펙트럼선이 또렷하게 나타나는 이유는 원자가 흡수/방출하는 복사에너지의 진동수가 명확하게 결정되어 있기 때문이다. 에너지는 플랑크상수를 통해 진동수와 연관되어 있고($E=h\nu$), 원자 속의 전자가 에너지양자 $h\nu$를 방출하면 전자의 에너지는 정확하게 그만큼 감소한다. 보어는 "원자 내부에서 핵 주변의 한 궤도를 점유한 전자는 에너지를 아무런 값이나 마구 방출/흡수하는 것이 아니라, 양자에너지(광자)의 정수배에 해당하는 값만 방출/흡수할 수 있다. 이렇게 에너지를 방출/흡수한 전자는 에너지준위가 다른 이웃 궤도로 전이(轉移, transition)를 일으킨다"고 했다. 이 단순한 아이디어 덕분에 보어의 원자모형은 고전물리학에서 촉발된 문제를 해결할 수 있었다. 태양계에 비유하면 화성이 어느 순간 갑자기 펄스에너지(이 경우에는 중력복사에너지일 것이다)를 방출하고 사라졌다가, 곧바로 지구궤도에 나타나는 것과 비슷하다. 이 얼마나 단순 명료하면서 기발한 해결책인가! 이쯤 되면 독자들도 원자의 태양계 모형이 얼마나 부적절했는지, 그리고 전자의 상태에 따라 에너지준위(궤도)가 바뀐다는 발상이 얼마나 유용한지 실감할 수 있을 것이다.

하나의 상태에서 다른 상태로 이동하는 전자의 '점프'는 마치 사다리를 오르내리는 것처럼 위(에너지가 높은 준위) 또는 아래(에너지가 낮은 준위)로 일어날 수 있다. 원자가 빛을 흡수하면 전자는 에너지양자 $h\nu$를 이용하여 높은 에너지준위로 점프하고, 여기서 전자가 $h\nu$를 방출하면 다시 원래 준위로 돌아온다. 발머의 공식에 등장하는 상수 36.456×10^{-5}은 사실 플랑크상수와 관련된 수였다. 이로부터 보어는 수소 원자에서 전자에 '허용된' 에너지준위를 계산했으며, 스펙트럼선의 진동수로부터 각 에너지준위들 사이의 차이도 알 수 있었다.[2]

드디어 밝혀진 수소 원자의 내부 구조

보어는 러더퍼드를 만나 자신의 원자모형에 대해 의견을 교환한 후, 이 내용을 주제로 1913년에 몇 편의 논문을 연달아 발표했다. 그의 이론은 수소 원자의 스펙트럼선을 매우 정확하게 설명했기에, 더 복잡한 원자에도 적용될 수 있을 것 같았다. 그해 9월에 보어는 영국고등과학협회의 제83회 연례모임에 참석하여 세계적인 원자물리학자들 앞에서 자신이 개발한 원자모형을 발표했는데, 좌중에 있던 제임스 진스 경•은 함축적이고 설득력 있는 천재적 발상이라며 극찬했지만 현대적 원자모형의 선구자인 톰슨은 동의하지 않았다. 그러나 물리학계를 이끄는 당대 최고의 석학들에게 자신의 이론을 소개했다는 점에서 보어에게는 매우 의미 있는 자리였다.

플랑크는 흑체복사 스펙트럼을 설명하기 위해 사투를 벌이다가 빛 이론에 양자의 개념을 도입했고, 그로부터 13년 후에 보어는 원자의 내부 구조를 설명하기 위해 양자를 도입했다. 그러나 진정한 양자 이론이 탄생할 때까지는 그로부터 13년을 더 기다려야 했다. 이 기간 동안 물리학자들은 두 걸음 전진했다가 한 걸음 후퇴하기를 수없이 반복했고, 심지어는 올바른 길을 가고 있다고 하늘같이 믿었다가 두 걸음 후퇴하는 일도 다반사였다. 사실 보어의 원자모형도 고전물리학과 양자 개념을 얼기설기 엮어서 실험 결과(스펙트럼)에 꿰맞춘 잡종이론이었다. 여기서 예견된 스펙트럼선은 다른 원자에서 발견된 스펙트

• Sir James Jeans, 레일리-진스 복사법칙을 유도한 그 진스이다.

럼선보다 훨씬 많았으며, 특정 스펙트럼선이 실험실에서 한 번도 발견되지 않은 이유를 설명하기 위해 뚜렷한 근거 없이 '금지된 점프규칙'을 만들기도 했다. 그 외에 설명할 수 없는 다양한 관측 결과를 이론에 짜 맞추기 위해 임시방편으로 도입한 '양자수(quantum number)'라는 것도 이론을 부자연스럽게 만들었다. 그러나 보어가 원자모형의 첫 번째 버전을 발표했던 바로 그 해에 제1차 세계대전이 발발하여 유럽 과학계는 한동안 침체기를 겪게 된다.

1914년 이후로 사람들의 삶은 물론이고, 과학도 결코 이전과 같을 수 없었다. 전쟁 중에는 과학자들이 다른 국가를 방문하기가 어려웠고, 제1차 세계대전 이후에는 특정 국가의 과학자들이 다른 국가에 있는 연구자 동료들과 연락을 주고받는 것조차 어려워졌다. 이뿐만이 아니다. 전쟁이 치열하게 진행되고 있을 때 애국심에 잔뜩 고무된 젊은 과학자들이 늙은 교수와 연구실을 버리고 참전했다가 상당수가 전사하는 바람에 연구 인력에 커다란 공백이 생겼다(그중에는 보어의 새로운 이론을 계승할 신세대 물리학자도 많았을 것이다). 전쟁에 중립적 입장을 고수했던 과학자들 중에는 다른 사람의 불행을 발판 삼아 크게 성공한 사례도 있었지만, 대부분은 부정적 영향을 받았다. 보어는 전쟁 중에 맨체스터대학교의 교수가 되었고, 비슷한 시기에 독일의 괴팅겐대학교에서는 네덜란드인 물리학자 피터 디바이(Peter Debye)가 X-선을 이용하여 결정구조를 분석하고 있었다. 당시 네덜란드와 덴마크는 과학자들에게 '전쟁터의 오아시스' 같은 곳이어서 많은 과학자가 모여들었는데, 보어도 1916년에 덴마크로 돌아와 코펜하겐대학교의 물리학과 교수가 되었으며, 1920년에 자신의 이름을 딴 닐스 보어연구소(Niel Bohr Institute)를 설립했다. 당시 아르놀트 조머펠트(Arnold Sommerfeld, 보어의 원자모형을 업그레이드한 독일의 물리학자. 그래서 보어의 모형은 종종 '보어-조머펠트 모형'으로 불리기도 한다)는 러더퍼드에게 연락할 일이 있을 때 일단 중립국인 덴마크로 전문을 보내고, 보어가 그것을 받아서 영국의 러더퍼드에게 보냈다고 한다. 전쟁 중에도 물리학은 계속 진보했지만 결코 평소와 같을 수는 없었다.

전쟁이 끝난 후 독일과 오스트리아의 과학자들은 몇 년 동안 국제 학술회의에 초청받지 못했고, 러시아는 혁명의 소용돌이에 휘말렸으며, 과학계는 다수의 젊은 학자와 '국경을 초월한 협조 정신'을 잃었다. 그럼에도 보어의 잡종 원자 이론(그나마 여러 물리학자의 노력 덕분에 많은 부분이 개선되어 아슬아슬하게 명맥을 유지하고 있었다)을 완전한 양자역학으로 완성하는 일은 신세대 물리학자의 몫이었다. 물리학에 관심 없는 독자들도 한 번쯤은 들어봤을 베르너 하이젠베르크와 볼프강 파울리(Wolfgang Pauli), 파스쿠알 요르단(Pascual Jordan) 등이 바로 그 주역들이다. 플랑크의 양자가설이 등장하던 무렵에 태어나(파울리는 1900년생, 하이젠베르크는 1901년생, 요르단은 1902년생이다) 1920년대에 물리학자가 된 이들은 고전물리학적 선입견이 별로 없었기에, 보어의 불완전한 원자모형을 수리할 때 고전물리학에 집착하여 뒤로 되돌아가는 것보다 새로운 물리학을 도입하여 앞으로 나아가는 것을 선호했다. 플랑크의 양자라는 씨앗이 양자역학으로 꽃필 때까지 26년이 걸린 것은 결코 우연이 아니다. 한 아이가 태어나 물리학자가 되려면 대체로 그 정도 시간이 걸리기 때문이다. 즉, 양자역학은 양자와 함께 태어난 젊은 물리학자들이 절묘한 팀워크로 완성한 걸작이었다. 그러나 이들에게는 선배 과학자들이 갖지 못했던 두 가지 유산이 있었으니, 하나는 "원자의 내부에서 일어나는 과정을 이해하려면 양자의 개념을 도입해야 한다"고 주장하는 보어의 원자모형이었고, 다른 하나는 고전물리학에 한 번도 발목을 잡힌 적 없는 위대한 물리학자, 아인슈타인이 제안한 확률 개념이었다. 제1차 세계대전이 절정에 달했던 1916년에 아인슈타인은 순전히 편의상의 이유로 원자론에 확률을 도입했다가 보어의 원자모형이 실제와 가까워지는 데 (본의 아니게) 또 한번 기여했다. 이 임시방편은 보어의 원자모형이 진정한 양자역학의 기초가 될 때까지 살아남아서 젊은 물리학자들에게 많은 영감을 불어넣었으나, 아이러니하게도 아인슈타인은 "신은 주사위 놀음을 하지 않는다"며 죽는 날까지 양자역학을 받아들이지 않았다.

확률적 요소: 신의 주사위

1900년대 초에 러더퍼드와 그의 동료 프레더릭 소디는 방사선을 연구하던 중 원자핵의 신기한 특성을 발견했다. 원자가 방사성붕괴(radioactive decay)를 일으키면 근본적인 성질이 변하지만(요즘은 널리 알려진 사실이지만, 방사성붕괴가 일어나면 핵의 결합이 부분적으로 풀리면서 핵자의 일부가 방출된다), 외부요인에는 아무런 영향도 받지 않는 것처럼 보인다. 방사성원소에 열을 가하거나, 차갑게 식히거나, 진공 중이나 물속에 갖다 놓아도 붕괴는 여전히 진행된다. 또한 방사능물질의 특정 원자가 언제 붕괴되어 알파입자나 베타입자, 또는 감마선을 방출할지는 아무도 알 수 없다. 우리가 알 수 있는 것이라곤 단일 원소로 이루어진 방사성물질이 특정 시간 동안 붕괴되는 비율뿐이다. 주어진 방사성물질의 절반이 붕괴될 때까지 걸리는 시간을 반감기(half-life)라 한다. 예를 들어 라듐(Ra)의 반감기는 1,600년이고 방사성탄소(C-14)의 반감기는 약 6,000년이어서, 고고학자들이 유물의 생성연대를 측정할 때 자주 사용된다. 그 외에 방사성칼륨(K)의 반감기는 무려 13억 년이나 되어 붕괴 여부를 확인하기가 거의 불가능하다.

방사성물질의 원자 하나가 붕괴될 때, 주변 원자들은 왜 함께 붕괴되지 않는 걸까? 러더퍼드와 소디는 그 이유를 전혀 모르는 채 통계적 논리에 기초하여 방사성붕괴 이론을 구축했는데, 논리 자체는 보험회사가 도산하지 않는 이유와 비슷하다. 생명보험에 가입한 고객들 중에 누군가가 젊은 나이에 죽으면 보험회사는 생전에 받은 보험료보다 훨씬 많은 금액을 유가족에게 지급해야 한다. 이 사례만 놓고 보면 분명히 보험회사의 손해다. 그러나 대다수의 고객은 충분히 오래 살기 때문에 그들에게 받은 보험료가 위의 손실을 보상해준다. 보험회사 측은 어떤 고객이 언제 죽을지 알 수 없지만, 젊은 나이에 죽을 확률은 낮고 평균수명을 누릴 확률은 높다는 정보가 있기 때문에 통계법칙을 적용하면 미래의 손익구조를 거의 정확하게 예측할 수 있다. 이와 마찬가지로 물리학자도 방사성원소의 특정 원자가 언제 붕괴되는지 알 수 없지만, 임의의 원자가 특정 시간 안에 붕괴될 확률을 알고 있으면 임의의 시간에 붕괴가 진행된 정도를 정확하게 예측할 수 있다.

한 가지 흥미로운 것은 소량의 방사성원소 샘플을 실험실에 갖다 놓고 아무리 오래 방치해도 방사선은 완전히 사라지지 않는다는 점이다. 예를 들어 100억 개의 원자로 이루어진 방사성물질에서 시작하여 반감기만큼 기다리면 50억 개가 남고, 여기서 또 반감기만큼 지나면 25억 개가 남는다. 여기서 시간이 더 흐르면 12억 5,000만 개, 그다음에는 6억 2,500만 개…… 이런 식으로 계속된다. 시간이 흐를수록 붕괴되지 않은 원자의 수가 줄어들면서 0에 가까워지지만, 절대로 0이 되지 않는다. 마지막에 1개가 남았다 해도, 반감기만큼 지난 후에 이 원자가 붕괴될 확률은 50%이므로(이것이 바로 반감기의 정의이다) 완전히 사라진다는 보장은 없다.•

러더퍼드와 소디를 비롯한 1900년대 초의 물리학자들은 "하나의 원자가 붕괴되는 원리는 언젠가 반드시 밝혀질 것이며, 그때가 되면 통계에 의존하지 않고서도 방사성붕괴를 설명할 수 있을 것"이라고 굳게 믿었다. 아인슈타인도 통계적 테크닉을 이용해 보어가 제안한 원자모형의 정확성을 높이는 데 성공한 후, 나중에 방사성붕괴의 원리가 밝혀지면 보험설계사의 대차대조표는 필요 없어질 것이라고 했다. 그러나 이들의 예측은 틀린 것으로 밝혀졌다.

원자(또는 원자 내부의 전자)의 에너지준위는 계단에 비유할 수 있다. 단, 이 계단은 위로 올라갈수록 한 칸의 높이가 낮아진다. 계단의

• "곡식단을 마당에 쌓아놓고 매일 남은 양의 절반을 곳간으로 옮긴다면 영원의 세월이 흘러도 모든 곡식을 창고에 옮길 수 없다"는 중국의 옛 우화가 바로 이 경우를 두고 하는 말이다.

꼭대기에서 특정 계단까지의 깊이가 그 계단의 에너지준위에 해당하며, 위쪽 계단의 간격은 아래쪽 계단의 간격보다 좁다. 보어는 가장 단순한 원자인 수소 원자의 에너지준위를 계단에 비유한 후, 계단의 꼭대기에서 특정 계단까지의 깊이가 $1/n^2$에 비례한다는 것을 증명했다. 여기서 $n(n=1, 2, 3\cdots\cdots)$은 바닥부터 매긴 각 계단의 번호이다.• 전자가 첫 번째 계단에서 두 번째 계단으로 올라가려면 두 계단의 높이 차에 해당하는 에너지($h\nu$의 정수배)를 흡수해야 하고, 이 전자가 다시 첫 번째 계단(이곳을 바닥상태라 한다)으로 내려올 때에는 동일한 양의 에너지를 방출한다.•• 바닥상태에 있는 전자가 이보다 작은 에너지를 흡수할 수는 없다. 왜냐하면 첫 번째 계단과 두 번째 계단 사이에는 전자가 놓일 수 있는 곳이 없기 때문이다. 물론 두 번째 계단에 있는 전자도 자신이 내려갈 수 있는 곳은 첫 번째 계단뿐이므로, 두 계단의 간격보다 작은 에너지를 방출할 수 없다. 원자 스펙트럼에 그토록 많은 선이 나타나는 이유는 전자가 놓일 수 있는 계단이 무수히 많고, 한 번에 여러 개의 계단을 올라가거나 내려올 수 있기 때문이다. 각 스펙트럼선은 전자가 점프한 에너지준위의 간격(점프를 시작한 계단과 도착한 계단의 높이 차이. 모든 에너지준위에는 각기 다른 양자수가 할당되어 있음)에 해당한다. 예를 들어 출발점이 어디이건 바닥상태로 떨어지는 모든 전이(轉移)는 라이먼계열(Lyman series)의 스펙트럼을 생성

• 분모가 클수록 분수 값이 작아지므로, 위로 올라갈수록 계단의 간격이 촘촘해진다.

•• 위로 올라가려면 외부에서 에너지를 주입해야 하지만, 아래로 내려오는 변화는 자발적으로 일어난다.

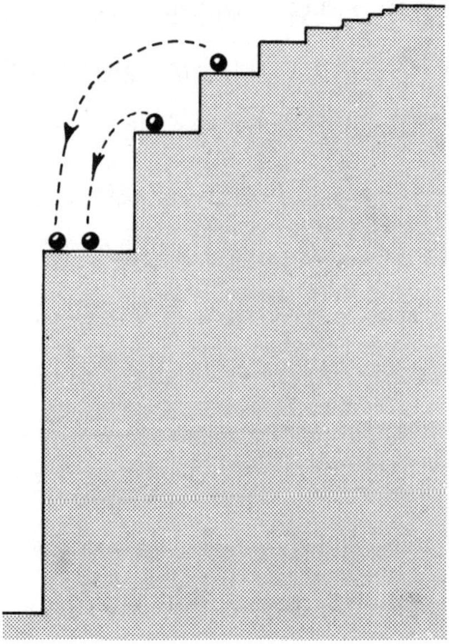

그림 4-1 수소처럼 단순한 원자의 에너지준위는 층 간격이 모두 다른 계단에 비유할 수 있다. 전자가 놓인 계단의 높이는 원자 내부에서 전자가 점유하고 있는 에너지준위에 해당한다. 전자가 높은 계단에서 낮은 계단으로 떨어지면 둘 사이의 차이에 해당하는 에너지를 방출하는데, 이것이 바로 발머계열과 같은 스펙트럼선이 생기는 이유이다. 이웃한 두 계단 사이에는 전자가 놓일 수 있는 에너지준위가 없으므로, 지정된 위치 외에는 스펙트럼선이 생성될 수 없다.

하고, 두 번째 계단으로 떨어지는 전이는 발머계열(Balmer series)에 속한다. 뜨거운 기체의 원자들은 서로 끊임없이 충돌하면서 높은 에너지준위로 점프했다가 다시 낮은 준위로 떨어지고, 이때 방출된 빛이 밝은 스펙트럼선을 만든다. 또 빛이 차가운 기체를 통과하면 바닥상태에 있던 전자들이 빛을 흡수하면서 높은 에너지준위로 점프하는데, 이 경우 스펙트럼에는 검은 흡수선이 생성된다.•

보어의 원자모형이 옳다면, 이것은 뜨거운 물체 속의 원자에서 방출되는 에너지가 플랑크상수와 밀접하게 관련되어 있다는 증거로 해

• '갑작스러운 도약'을 의미하는 양자점프는 방금 설명한 전자의 점프에서 유래된 용어이다.

석할 수 있다. 흑체복사 스펙트럼은 수많은 원자 내부의 전자가 에너지준위 사이를 점프하면서 방출한 복사에너지가 일괄적으로 더해진 결과이다.

아인슈타인은 일반상대성이론을 완성한 후 1916년부터 다시 양자이론으로 관심을 돌렸다(일반상대성이론의 난이도에 비하면 거의 여가 활동에 가까웠다). 아마도 그 무렵에 보어의 원자모형이 큰 성공을 거두었고, 자신이 제안한 빛의 입자설(광전효과)이 학계에 어느 정도 수용되었기 때문일 것이다. 아인슈타인의 광전효과 논문이 처음 발표된 1905년부터 광양자설을 가장 극렬하게 반대해온 미국의 물리학자 로버트 밀리컨은 아인슈타인이 틀렸음을 입증하기 위해 근 10년 동안 럭셔리한 실험을 수행해오던 중, 1914년에 광자가 존재한다는 결정적 증거를 발견했다. 이 과정에서 밀리컨은 플랑크상수 h의 정확한 값과 전자의 전하를 측정하는 등, 아인슈타인에게 유리한 결과를 연달아 발표하여 주변 사람들을 어리둥절하게 만들었다. 이 아이러니한 상황은 1923년에 밀리컨이 노벨상을 받으면서 정점을 찍게 된다.

아인슈타인은 원자가 들뜬상태(전자가 높은 에너지준위에 있는 상태)에서 저에너지상태(전자가 낮은 에너지준위에 놓인 상태)로 전이되는 현상이 방사성붕괴와 비슷하다는 사실을 간파했다. 그는 에너지준위를 개별적으로 다루면서 볼츠만이 개발한 통계적 테크닉(원자의 집합을 다루는 방법)을 이용하여 특정한 원자가 특정 양자수에 해당하는 상태에 놓일 확률을 계산했다. 그리고 방사성원소의 '보험손익계산서'를 이용하여 양자수 n에 놓인 원자가 더 낮은 에너지준위(더 작은 양자수)로 이동할 확률을 계산하다 보니, 오직 양자 개념에서 탄생한 플랑크의 흑체복사공식이 간단하게 유도되었다. 얼마 후 보어는 아인슈타인의 아이디어를 이용하여 자신의 원자모형을 보완한 후, "스펙트럼의 일부 선이 다른 선들보다 또렷하게 생성된 이유는 일부 에너지전이가 다른 전이보다 발생 확률이 높기 때문"이라고 했다. 물론 보어도 자세한 이유를 모르고 있었지만 당시에는 그것을 문제 삼는 사람이 거의 없었다.

그 무렵에 방사능을 연구했던 다른 학자들과 마찬가지로, 아인슈타인도 보험손익계산서가 방사능붕괴를 설명하는 최후의 이론이 아니라고 생각했다. 방금 붕괴된 원자는 왜 다른 시간에 붕괴되지 않고 하필 지금 붕괴되었을까? "100년이 지나면 50%가 붕괴된다"는 식의 통계자료만으로는 특정 원자 하나가 붕괴되는 이유를 설명할 수 없다. 아인슈타인은 그 이유를 속 시원하게 설명해줄 이론이 반드시 존재하며, 언젠가는 밝혀질 것이라고 굳게 믿었다. 그러나 바로 이 단계에서 양자 이론은 과감하게 고전물리학과 인연을 끊고 방사성붕괴나 원자의 상태변화에 '저변에 깔린 이유' 같은 것은 없으며, 이런 변화는 통계 속에서 전적으로 우연히 일어날 뿐이라고 선언했다.•

고전물리학은 철저하게 인과율에 기초하고 있다. 즉, 모든 사건에는 반드시 원인이 존재한다. 이 세상 그 어떤 사건도 과거를 들추면

• 보험회사에 비유하면 "특정 고객이 언제 죽을지는 절대로 알 수 없고, 회사는 그저 통계자료에 근거하여 보험액수를 결정할 뿐"이라고 주장하는 것과 같다. 물론 이 경우에는 특정 환자의 병력이나 건강검진보고서, 현재의 나이와 직업 등 주변 환경을 고려하여 수명을 거의 정확하게 예측할 수 있다. 이것이 바로 고전적인 사고방식이다. 그러나 양자세계에서는 이런 식의 '개별적 예측'이 불가능하다.

원인이라는 것이 있고, 거기서 계속 과거로 가면 '원인의 원인'도 찾을 수 있다. 세상만사의 가장 근본적인 원인을 찾을 때 천문학자는 빅뱅(Big Bang)으로 되돌아가고, 종교인들은 창조의 순간으로 되돌아간다. 그러나 우리가 양자 세계의 방사성붕괴나 원자의 상태 전이를 바라보는 순간, 위와 같은 '직접적인 인과관계'가 유령처럼 사라진다. 전자가 특정 시간에 한 에너지준위에서 다른 에너지준위로 점프하는 데에는 특별한 이유가 없다. 다만 통계적으로 볼 때 전자는 낮은 에너지준위를 선호하기 때문에, 높은 에너지준위로 올라간 전자는 머지않아 낮은 에너지준위로 내려온다고 예측할 수 있을 뿐이다. 그 확률은 양자역학의 방정식을 통해 매우 정확하게 계산할 수 있지만, 특정 전자가 전이를 일으키는 시간을 정확하게 예측할 방법은 없다. 전자의 등을 떠미는 외부요인도 없고, 전자의 도약시간을 측정하는 내부시계도 없다. 전이는 특별한 이유 없이 그냥 일어날 뿐이다.

물론 이 정도로는 인과율과 완전히 단절했다고 말할 수 없다. 19세기 과학자들 앞에서 이런 주장을 펼치면 대경실색하겠지만, 이 책을 읽는 독자들에게는 그다지 큰 충격이 아닐 것이다. 사실 위에 언급한 내용은 빙산의 일각에 불과하다. 1916년에 아인슈타인은 기이한 양자 세계의 진면목을 보여주는 첫 번째 사례를 발견했다. 당시에는 별 관심을 끌지 못했지만, 지금 우리는 양자역학의 개발사를 되돌아보고 있으므로 이 부분을 자세히 짚고 넘어갈 필요가 있다.

원자 투시도

보어의 원자모형이 1926년까지 업그레이드된 과정을 일일이 추적하는 것은 별로 흥미로운 작업이 아니다. 게다가 이 모든 것이 결국 오류로 밝혀졌으니, 열심히 설명해봐야 기운만 빠질 뿐이다. 그러나 보어의 원자는 누구나 머릿속에 그릴 수 있는 마지막 모형이었기에, 1980년대까지 교과서에 실릴 정도로 강한 생명력을 발휘했다. 고대인들은 원자가 더 이상 분해되지 않는 작은 당구공이라고 생각했지만, 알고 보니 분해가 가능할 뿐만 아니라 내부 공간의 대부분이 텅 비어 있고, 이상한 입자들이 그 안에서 온갖 이상한 짓을 하고 있었다. 이 이상한 짓의 일부나마 일상적인 용어로 설명했으니, 보어의 원자모형은 인정받을 만하다. 양자 세계에 뛰어들기 전에 일상적인 개념을 모두 버리는 것이 바람직할 수도 있지만, 아마도 대부분의 사람은 애써 쌓아온 상식을 포기하는 것보다, 잠시 숨을 고르면서 보어의 원자모형을 먼저 둘러보는 편이 더 낫다고 생각할 것 같다. 그러니 고전물리학과 양자역학의 중간지점에 와있는 우리도 미지의 영역으로 들어가기 전에 잠시 휴식을 취하기로 하자. 단, 1926년까지 보어가 누더기처럼 기워놓은 '틀린' 원자모형을 답습하는 대신 1980년대의 관점에서 보어의 원자를 잠시 되돌아본 후 보어의 아이디어를 현대적 논리로 분석하고, 당시 사방에 널려있던 퍼즐 조각들이 훗날 어떻게 제자리를 찾아갔는지 알아볼 것이다.

원자는 매우 작다. 수소 기체 1g에 들어있는 수소 원자의 수를 '아보가드로 수(Avogadro Number)'라 하는데, 수소 기체는 일상생활에서 흔히 접할 수 있는 물질이 아니므로 탄소(다이아몬드 또는 숯)를 샘플로 삼아 원자가 얼마나 작은지 알아보기로 하자. 탄소 원자는 수소 원자보다 12배 무겁기 때문에, 수소 1g에 들어있는 수소 원자와 동일한 수의 탄소 원자를 모아놓으면 무게가 12g이나 나간다. 10g은 1/3oz가 조금 넘고, 12g은 1/2oz가 조금 안 된다.• 설탕 한 숟가락이나 조금 큰 다이아몬드, 또는 작은 무더기의 석탄에는 약 12g의 탄소가 함유되어 있으며, 여기에는 무려 6×10^{23}개의 탄소 원자가 들어있다(6 다음에 0이 23개 붙은 수이다). 이렇게 무지막지한 수를 어떻게 머릿속에 그릴 수 있을까? 사람들은 큰 수를 접할 때 '천문학적 숫자'라는 표현을 자주 쓴다. 아닌 게 아니라 천문학에 등장하는 숫자들은 대부분 상상을 초월할 정도로 크다. 이왕 말이 나온 김에, 대표적인 천문학적 숫자 몇 개를 나열해보자.

우주의 나이는 약 140억 년, 지수표기법으로 쓰면 14×10^9년이다. 이 정도면 제법 큰 수에 속하지만 10^{23}과 비교하면 그야말로 조족지혈이다. 숫자를 좀 더 키우기 위해, 우주의 나이를 가장 짧은 시간 단위인 '초(second)' 단위로 환산해보자. 1년은 365일이고 하루는 24시간, 1시간은 3,600초이므로 1년은 약 3,200만 초, 또는 3.2×10^7초이다. 따라서 140억 년은 약 45×10^{16}초에 해당한다(우리가 계산할 것은 $(14 \times 10^9) \times (3.2 \times 10^7)$인데, 앞의 숫자끼리 먼저 곱하면 약 45이고, $10^9 \times 10^7$은 학창 시절에 배웠던 지수법칙에 따라 $10^{(9+7)} = 10^{16}$이다). 이 값을 반올림하고 자릿수를 옮기면 우주의 나이는 약 5×10^{17}초이다.

• 우리는 온스(oz)라는 단위를 쓰지 않으므로 무시해도 된다. 참고로 1oz는 약 28.35g이다.

그래도 6×10^{23}과 비교하면 지수가 6이라 모자란다. 우리가 갖고 놀 수 있는 자릿수가 23개나 된다니 그리 나쁠 것도 없지만, 숫자의 규모는 여전히 가늠하기 어렵다. 6×10^{23}을 5×10^{17}로 나누면 1×10^{6}(100만)이 조금 넘는다. 빅뱅이 일어나던 순간에 어떤 초월적인 존재가 우주와 함께 탄생하여 지금까지 살아왔다고 가정해보자. 그가 가진 것이라곤 탄소 덩어리 12g과 탄소 원자 하나를 집을 수 있는 초미세 핀셋이 전부이다. 그는 우주가 탄생한 순간부터 탄소 덩어리에서 탄소 원자를 1초에 하나씩 제거하여, 지금까지 5×10^{17}개의 탄소 원자를 떼어냈다. 그렇다면 현재 남아있는 탄소 덩이리는 몇 %나 될까? 이 계산은 방금 전에 끝냈다. $(6\times10^{23})/(5\times10^{17})\fallingdotseq1\times10^{6}$이므로, 999,999/1,000,000, 즉 99.9999%가 남아있다. 고작 12g의 탄소에서 시작하여 무려 140억 년 동안 단 1초도 쉬지 않고 제거 작업을 했는데, 제거된 부분은 100만 분의 1에 불과하다.

이 정도면 원자가 얼마나 작은지 대충 짐작이 갈 것이다. 보어의 원자모형에는 일상적인 물리법칙이 적용되지 않지만, 정작 놀라운 일은 이런 것이 아니라, 뉴턴의 고전물리학과 양자물리학 사이의 틈새를 어떻게든 메워서 원자의 작동원리를 성공적으로 설명했다는 점이다.

원자모형은 이 땅에 물리학이 탄생한 후로 가장 작은 대상을 연구한 사례였다. 러더퍼드가 알아낸 바와 같이 원자의 중심에는 원자핵이 있고, 그 주변을 전자구름이 에워싸고 있다. 물론 잔잔한 구름이 아니라 벌처럼 정신없이 돌아다니는 구름이다. 처음에 물리학자들은 원자핵이 양성자만으로 이루어져 있다고 생각했다. "양성자의 전하는 전자의 전하와 같고 부호만 반대이며, 양성자의 수가 전자의 수와 같아서 원자는 전기적으로 중성이다." 이 정도면 꽤 그럴듯한 설명이다. 그러나 얼마 후 원자 내부에는 양성자와 거의 비슷하면서 전기적으로 중성인 입자가 존재한다는 사실이 밝혀졌다. 훗날 중성자(neutron)로 명명된 이 입자는 수소 원자를 제외한 모든 원자에서 양성자와 함께 원자핵을 이루고 있으며, 전기전하가 없기 때문에 원자의 전기적 성질에는 아무런 영향도 주지 않는다. 즉, 양성자와 전자의 수가 같아서 원자가 전기적으로 중성이라는 가설은 결국 옳은 것으로 판명되었다. 양성자수는 원자의 종류를 결정하고, 전자의 수(양성자수와 같음)는 원자의 화학적 성질을 결정한다. 그러나 원자 중에는 양성자와 전자의 수가 같으면서 중성자수만 다른 것도 있다. 일단 양성자수가 같으니 이름이 같고, 전자의 수가 같으니 화학적 성질도 같지만 그렇다고 완전히 같은 원소로 취급할 수도 없다. 그래서 도입된 이름이 바로 '동위원소'인데, 이것은 1913년에 프레더릭 소디가 '같은 장소'를 뜻하는 그리스어에서 따온 이름이다. 그는 무게가 다른 원소도 화학적 성질이 동일하면 주기율표에서 같은 자리에 들어갈 수 있다는 사실을 알아내어 1921년에 노벨 화학상을 받았다.

가장 단순한 동위원소는 양성자 1개와 전자 1개로 이루어진 수소 원자에 중성자 1개가 추가된 형태이다. 흔히 '중수소(deuterium)'•로 알려진 이 원소는 화학적 성질이 수소와 완전히 같지만 질량은 수소보다 훨씬 크다. 양성자와 중성자는 질량이 거의 같지만 이들은 전자보다 거의 2,000배나 무겁기 때문에, 핵을 구성하는 양성자와 중성자

• 중수소(重水素)는 '무거운 수소'라는 뜻이다.

의 개수가 원자의 질량을 좌우한다. 여기서 잠시 화학자들이 즐겨 사용하는 표기법에 대해 알아보자. 양성자수와 중성자수를 합한 수를 질량수(mass number)라 하고, 기호로는 A이다. 원자의 특성을 좌우하는 양성자수는 Z이다. 원자의 무게는 '원자량(atomic weight)'이라는 단위로 나타내는데, 이것은 양성자 6개와 중성자 6개로 이루어진 탄소 원자의 질량을 12로 정의하고, 이 값을 기준으로 비교한 상대적 수치이다. 원자량의 기준인 탄소 원자는 탄소-12, 또는 앞 첨자를 붙여서 ^{12}C로 쓰고, 탄소의 동위원소는 ^{13}C, ^{14}C 등으로 표기한다(^{13}C의 중성자는 7개, ^{14}C의 중성자는 8개이다).

원자핵이 무거울수록(즉, 양성자가 많을수록) 동위원소의 종류도 많아진다. 예를 들어 50개의 양성자를 보유한(Z=50) 주석(Sn) 원자의 동위원소는 A=112(중성자 62개)부터 A=124(중성자 74개) 사이에 무려 10종이나 된다. 모든 안정한 원자핵은 특정 수의 양성자와 이와 같거나 더 많은 중성자로 이루어져 있다(가장 가벼운 원자인 수소 원자는 예외이다. 수소 원자의 핵은 양성자 1개뿐이다). 전기적으로 중성인 중성자는 양성자들이 서로 멀어지지 않도록 붙잡아두는 역할을 한다. 중성자가 없다면 양성자들은 전기적으로 서로 밀어내면서 뿔뿔이 흩어질 것이다. 방사선은 불안정한 동위원소와 관련되어 있다. 즉, 이들은 방사선을 방출하면서 안정한 상태로 변신한다. 예를 들어 중성자가 베타선(β-ray, 전자)을 방출하면 양성자가 되고, 불안정하면서 무거운 원자는 양성자 2개와 중성자 2개로 이루어진 알파입자(헬륨-4의 원자핵)를 방출하고 안정한 원자로 변신한다. 또한 불안정하면서 아주 무거운 원자는 2개 이상의 조각으로 분열하면서 안정한 원자가 되는데, 이것이 바로 핵분열(nuclear fission)이다. 우라늄처럼 무거운 원자핵이 분열할 때에는 알파입자와 베타입자가 한꺼번에 방출된다. 흥미로운 점은 이 모든 사건이 원자보다 훨씬 작은 공간에서 진행된다는 것이다. 전형적인 원자의 지름은 약 10^{-10}m인데, 원자핵의 지름은 10^{-15}m쯤 된다. 원자보다 10만 배나 작다. 그런데 부피는 길이의 세제곱에 비례하므로, 지름이 10만 배 작으면 부피는 10만×10만×10만=1천 조 배 작다. 이토록 좁디좁은 공간에서 일어나는 핵분열이 인류 전체를 위협하고 있다니, 이 또한 아이러니가 아닐 수 없다.

원자모형으로 우뚝 선 화학

전자구름은 원자의 '외관'을 좌우하고, 이를 통해 다른 원자와 상호작용을 한다. 전자구름의 깊은 내부에 대해서는 알 길이 없다. 다른 원자들이 '보고' '느끼는' 것은 전자 자체이며, 전자구름의 상호작용으로 일어나는 현상을 연구하는 학문이 바로 화학(化學, chemistry)이다. 보어는 전자구름의 특성을 설명함으로써 화학을 견고한 반석 위에 올려놓았다. 물론 그 전에도 화학자들은 일부 원소가 원자량에 큰 차이가 있는데도 화학적 성질이 매우 비슷하다는 사실을 알고 있었다. 모든 원소•를 원자량이 증가하는 순서로 나열하면(단, 동위원소는 한 자리에 겹쳐놓는다) 화학적 특성이 비슷한 원소들이 거의 여덟 번에 한 번꼴로 나타나는데, 이런 주기성을 감안하여 비슷한 원소들이 같은 세로줄에 나열되도록 만든 것이 바로 주기율표(periodic table)이다.

보어는 1922년 6월에 독일의 괴팅겐대학교를 방문하여 몇 차례에 걸쳐 원자의 양자 이론을 소개했다. 당시 괴팅겐대학교는 1921년에 막스 보른(Max Born)이 이론물리학 교수로 부임한 후 '양자역학의 3대 산실' 중 하나로 떠오르는 중이었다. 보른은 1882년에 브레슬라우대학교 해부학 교수의 아들로 태어나 플랑크가 양자가설을 처음 제기했던 1900년에 고등학교를 마치고 대학에서 응용수학을 공부하여 1906년에 수학 박사학위를 받았다. 그 후 보른은 물리학으로 전향했는데, 앞으로 알게 되겠지만 이것은 양자역학을 연구할 때 가장 이상적인 경력으로 작용하게 된다(잠시 동안 캐번디시연구소에서 일한 적도 있다). 물리학자가 된 후 상대성이론 전문가가 된 그는 모든 문제를 철저하게 수학적 관점에서 접근하여 수학으로 해결했다. 이런 성향은 빼어난 통찰과 물리적 직관으로 문제를 해결했던 보어와 극명하게 대조된다. 그러나 원자물리학이 본궤도에 오르려면 두 종류의 천재가 모두 필요했다.

보어의 괴팅겐 강연은 전후 독일 물리학자들과 독일의 양자역학 개발사에 지대한 영향을 미친 일대 사건이었다. 이 강연은 '보어 축제'라 불릴 정도로 독일 전역에서 수많은 학자가 모여들었으며, 보어가 설명한 주기율표이론은 오늘날까지도 거의 원형 그대로 남아있다. 보어는 원자핵만 덩그러니 존재하는 상태에서 전자를 하나씩 추가하는

- element, 원자와 의미가 거의 같다. 물리적 특성을 강조할 때에는 원자, 화학적 특성을 강조할 때에는 원소라고 쓰면 된다. 엄밀히 말하면 원자는 물질의 최소 단위이고, 원소는 한 종류의 원자만으로 이루어진 순수물질을 의미한다.

식으로 원자의 구조를 설명해나갔다. 원자번호가 얼마이건 간에 처음 주입된 전자는 수소 원자의 바닥상태에 해당하는 에너지준위를 점유하고, 두 번째로 주입된 전자는 첫 번째와 같은 준위로 가지만 겉모습은 전자 2개를 거느리는 헬륨 원자와 비슷해진다. 그러나 보어의 이론에 의하면 이 에너지준위에 들어갈 수 있는 전자는 2개뿐이어서, 세 번째 전자를 주입하면 처음 2개와 다른 에너지준위를 점유하게 된다. 따라서 양성자와 전자가 3개인 원자의 경우, 전자 2개는 핵에 강하게 구속되어 있고 나머지 하나가 홀로 남아서, 애초부터 전자가 하나인 원자(수소, H)와 화학적 성질이 비슷하다. 실제로 Z=3인 리튬(lithium, Li)은 수소와 거의 비슷한 화학적 특성을 갖고 있다. 주기율표에서 리튬 다음으로 수소와 비슷한 원소는 Z=11인 나트륨으로, 리튬과의 원자량 차이는 8이다. 가장 안쪽에 위치한 두 전자의 바깥에는 8개의 전자가 놓일 수 있으며, 이 에너지준위가 전자로 다 채워진 후 열한 번째 전자부터는 핵의 구속력이 더 약한 다른 준위를 채워나가기 시작한다. 그래서 Z=11인 나트륨은 최외각전자가 1개인 수소-리튬과 화학적 성질이 비슷하다.

이 에너지준위를 '껍질(shell)'이라 한다. 보어는 양성자수(Z)가 증가함에 따라 전자가 껍질을 순차적으로 채워나간다는 식으로 원자의 구조를 설명했다. 여러 겹의 껍질로 싸여있는 양파를 상상해보라. 원자의 화학적 특성은 가장 바깥쪽 껍질을 점유한 전자의 개수에 따라 결정되며, 안쪽 껍질에 있는 전자들은 원자들끼리 상호작용하는 방식을 결정한다.

보어는 껍질형 전자궤도이론과 분광학 실험 결과를 비교하면서, 원

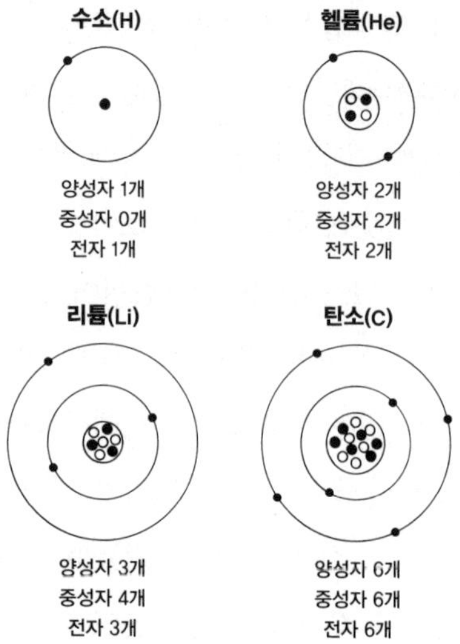

그림 4-2 몇 가지 단순한 원자의 전자배열 상태는 핵을 에워싼 껍질로 시각화할 수 있다. 각 껍질의 에너지준위는 중심에서 멀어질수록 계단처럼 높아진다. 양자 규칙에 의하면 가장 안쪽 껍질(가장 낮은 에너지준위)에는 2개의 전자만 들어갈 수 있다. 따라서 리튬의 세 번째 전자는 두 번째 껍질에 놓이는데, 여기에는 총 8개의 전자가 들어갈 수 있다. 탄소가 생명활동과 관련된 다양한 화학반응을 일으키는 것은 두 번째 껍질이 딱 절반만 채워져 있기 때문이다.

소의 주기적 성질을 자신의 원자모형으로 차분히 설명해나갔다. 궤도 껍질에 8개의 전자가 들어가는 이유는 여전히 의문으로 남았지만, 청중석에서 보어의 업적을 의심하는 사람은 없었다. 훗날 하이젠베르크는 보어의 강연을 회상하며 "사실 수학적으로 증명된 것은 하나도 없었다. …… 보어는 모든 것을 '연결 관계'로 설명해나갔다"고 했다.[3] 또한 아인슈타인은 1949년에 출간한 《회고록(*Autobiographical Notes*)》을 통해 보어의 원자모형이 큰 성공을 거두었음을 인정하면서 다음과 같이 고백했다. "양자 이론은 여전히 불안정하고 모순적이었지만, 보어는 타고난 직관과 물리적 감각을 십분 활용하여 스펙트럼선과 전자 껍질에 관한 기본 법칙을 발견했고, 화학이라는 학문을 새로운 반석 위에 올려놓았다. 그것은 기적과도 같은 발견이었으며, 지금 생각해도 여전히 신비롭다."[4]

화학자는 개개의 원자보다 원자들이 결합하여 분자를 이루는 방식에 더 많은 관심을 보인다. 하나의 탄소 원자는 왜 수소 원자 4개와 결합하여 메탄(methane, CH_4)이 되는가? 수소 원자는 2개가 결합하여 수소 분자가 되는데, 헬륨 원자는 왜 분자를 형성하지 않는가? 껍질모형이 제안한 답은 놀라울 정도로 단순 명료하다. 개개의 수소 원자는 1개의 전자를 갖고 있고, 헬륨은 전자가 2개이다. 가장 안쪽 껍질에는 전자가 2개까지 들어갈 수 있고, (이유는 분명치 않지만) 정족수를 채운 껍질은 상태가 안정해진다. 즉, 원자는 궤도껍질•이 전자로 가득 채워지는 것을 선호한다. 수소 원자 2개가 다가와 분자를 형성할 때에는 각자 보유한 1개의 전자를 상대방과 공유하여 "나의 껍질은 전자 2개로 가득 찼다"는 느낌을 갖는다. 그러나 헬륨 원자는 가장 안쪽 껍질이 이미 2개의 전자로 가득 차 있기 때문에 굳이 결합을 시도할 필요가 없다. 그래서 헬륨은 다른 원소와 화학반응을 하지 않는다.

탄소 원자는 원자핵에 양성자 6개, 궤도껍질에 전자 6개를 갖고 있다. 이들 중 2개는 가장 안쪽 껍질을 점유하고, 나머지 4개는 두 번째 껍질에 배치된다. 두 번째 껍질의 정원은 8개이므로 딱 절반만 차 있는 셈이다. 이런 경우에 수소 원자 4개가 다가와서 하나뿐인 자신의 전자와 탄소의 전자 하나를 공유하면 수소는 전자 2개로 정원을 채우고, 탄소는 8개의 전자(원래 있던 4개+4개의 수소 원자들과 공유한 전자

• 이 보다 '전자껍질'이라는 용어가 더 자주 쓰이지만 '전자 자체의 껍질'이라는 뜻으로 오해할 우려가 있으므로 이 책에서는 '궤도껍질'로 표기한다.

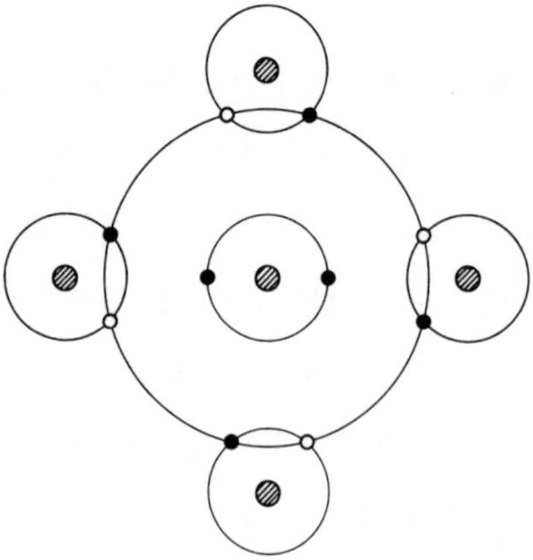

그림 4-3 탄소 원자 1개가 수소 원자 4개와 결합하면 수소 원자는 가장 안쪽 껍질이 전자 2개로 가득 찼다고 느끼고, 탄소 원자는 두 번째 껍질이 전자 8개로 가득 찼다고 느낀다. 이것은 누이 좋고 매부 좋은 이상적 결합이다.

4개)로 정원을 채울 수 있다. 그야말로 누이 좋고 매부 좋은 이상적 결합이다.

보어는 원자들이 가능한 한 가장 바깥 껍질이 전자로 가득 채워지는 쪽으로 결합한다고 주장했다. 이를 위해 수소 분자처럼 2개의 원자핵이 한 쌍의 전자를 공유하는 경우도 있고, 바깥 껍질에 전자가 달랑 하나뿐인 원자가(나트륨, Na) 바깥 껍질에 전자 7개를 보유한 다른 원자(염소, Cl)에 전자를 내어주는 경우도 있다. 나트륨은 하나 남은 골칫거리(전자)를 떠넘겨서 좋고, 염소는 이 골칫거리 덕분에 바깥 껍질이 가득 차서 좋다. 하지만 모든 원자는 전기적으로 중성이기 때문에 전자 하나를 떼어준 나트륨 원자는 양전하를 띤 양이온이 되고, 전자 하나를 얻은 염소 원자는 음전하를 띤 음이온이 된다. 그런데 부호가

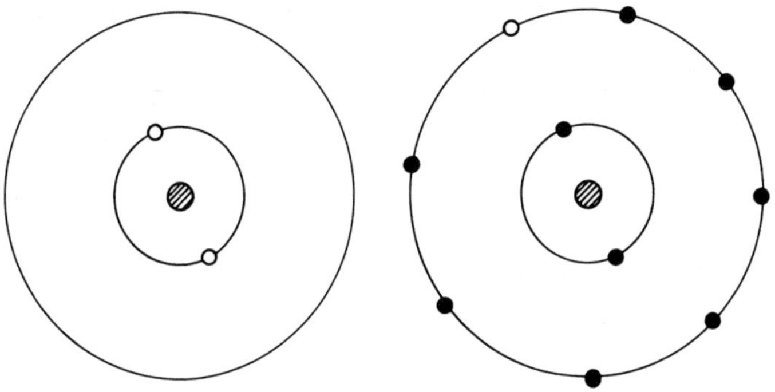

그림 4-4 나트륨 원자는 하나뿐인 최외각전자를 떼어냄으로써 안정한 상태로 가는 대신 양이온(Na^+)이 되고, 염소 원자는 외부에서 전자 하나를 입수하여 최외각을 가득 채우고 안정한 상태로 가는 대신 음이온(Cl^-)이 된다. 그러면 두 이온 사이에 전기적 인력이 작용하여 결합을 유도하는데, 이렇게 탄생한 분자가 바로 소금이다.

반대인 전하는 서로 잡아당기는 성질이 있으므로, 나트륨이온과 염화이온은 서로 달라붙어서 전체적으로 중성인 분자를 형성하게 된다. 이렇게 만들어진 분자가 바로 소금(NaCl, 염화나트륨)이다.

모든 화학반응은 이런 식으로 설명할 수 있다. 원자는 전자껍질을 가득 채워서 안정한 상태로 가기 위해 다른 원자와 전자를 공유하거나 맞바꾸고, 이 과정에서 분자가 형성된다. 최외각전자(가장 바깥쪽 껍질에 있는 전자)의 에너지준위가 바뀌면 원소마다 다른 특유의 스펙트럼선이 생성되지만, 안쪽 껍질의 전자가 에너지준위를 바꿀 때 나타나는 스펙트럼선은 원소의 종류에 상관없이 동일하다(이때 방출되는 에너지는 매우 강력하여 스펙트럼선이 X-선 영역에 형성된다). 과거에 훌륭한 이론이 모두 그랬듯이 보어의 원자모형은 관측 결과와 정확하게 일치했을 뿐만 아니라, 아직 발견되지 않은 현상까지 예견했다. 1922년의 주기율표에는 원자번호 43, 61, 72, 75, 85, 87에 해당하는 칸이 비어있었다. 보어의 이론에 의하면 그 자리에 원소가 존재해야 하는데, 아직 발견된 사례가 없었던 것이다. 보어는 자신의 원자모형에 기초하여 지르코늄(Zr, 원자번호 40)과 비슷하면서 원자번호가 72번인 원소가 존재해야 한다며 예상되는 스펙트럼선을 공개했고(그 무렵에 제기된 다른 원자모형에 의하면 이런 원소는 존재할 수 없었다), 1년도 채 지나기 전에 보어가 예측했던 스펙트럼과 정확하게 일치하면서 원자번호 72번에 해당하는 원소 '하프늄(hafnium, Hf)'이 발견되었다.

지금까지 소개한 것이 초기의 양자 이론이다('고전 양자 이론'이라고도 한다). 간단히 요약하면 전자라는 작은 입자가 원자핵을 여러 겹으로 에워싼 껍질을 점유하고 있으며, 원자는 모든 껍질을 전자로 가득 채우려는 경향이 있다(또는 제일 바깥 껍질을 비우려는 경향이 있다. 아무튼 불완전하게 찬 상태를 싫어한다). 여기에 약간의 지식을 덧붙이면 '화학'이 되고,• 원자를 '깨지지 않는 작은 당구공'으로 간주하면 기체에 관한 이론을 세울 수 있다. 그러나 보어의 원자모형은 괴팅겐 강연 후

• 이 말을 듣고 화학이 단순한 학문이라고 오해하지 않기를 바란다. 복잡한 분자를 이해하는 데 필요한 '약간의 지식'은 양자역학의 도움을 받아 1920년대 말~1930년대 초에 개발되었다. 이 시기에 가장 큰 업적을 남긴 사람은 평화운동과 비타민 C 캠페인으로도 유명한 미국의 화학자 라이너스 폴링(Linus Pauling)이다. 그는 화학결합의 특성과 복잡한 물질의 구조에 관한 연구업적을 인정받아 1954년에 노벨 화학상을 받았으며, 그의 연구 덕분에 물리학자와 화학자 들은 분자생물학을 한 단계 더 발전시킬 수 있었다. 양자역학과 분자생물학의 관계는 호러이스 저드슨(Horace Judson)의 명저 《여덟 번째 창조일(*The Eighth Day of Creation*)》에 자세히 나와 있다.—원저자 주

3년 만에 폐기되었다. 19세기 물리학은 일상적인 수준에서 용도가 매우 다양했지만 1923년의 물리학은 거의 화학에 가까웠고, 1930년대에는 아무도 가본 적 없는 궁극의 진리로 물리학자들을 인도했다. 50년 동안 계속된 양자혁명은 과학 역사상 가장 위대한 진보를 이룩했으며, 이 기간 동안 다른 과학은 소수의 천재가 내놓은 영감 어린 아이디어를 따라잡느라 여념이 없었다. 그 후 1980년대에 프랑스의 알랭 아스페가 '실체의 현실성'과 관련된 실험에 성공하면서 이상했던 양자역학은 한층 더 이상해졌고, 과학자들은 "우리가 모르고 있었을 뿐, 가장 근본적인 단계에서 세상이 운영되는 방식은 태초부터 이상했다"는 사실을 인정할 수밖에 없었다. 대체 얼마나 이상하기에 세계적인 석학들도 손사래를 쳤을까? 지금부터 그 이상한 세계로 직접 들어가서 확인해보자.

2부

양자역학

모든 과학은 물리학과 우표수집,
두 분야로 요약된다.

— 어니스트 러더퍼드(1871~1937)

5장 광자와 전자

플랑크와 보어가 미시 세계 물리학으로 가는 길을 개척했지만, 고전적 사고에 익숙한 20세기 초의 물리학자들은 쉽게 설득되지 않았다. 양자 이론이 학계에 수용되기 시작한 것은 아인슈타인이 제안했던 광양자(광자) 개념과 빛이 파동성과 입자성을 모두 갖고 있다는 파동-입자 이중성이 확인된 후의 일이었다. 아인슈타인은 1905년에 논문 〈광전효과〉를 발표했지만, 그 내용의 핵심인 광양자설은 1923년이 되어서야 비로소 물리학자들에게 인정받기 시작했다.• 그는 자신이 제안한 혁명적 가설이 어떤 의미인지 잘 알고 있었으나, 1911년에 개최된 제1회 솔베이학회(Solvay Congress)에서 "광양자는 광전효과를 설명하기 위한 임시방편이었으며, 빛이 파동임을 입증하는 실험적 증거와 양립할 수 없다"고 선언했다.••

1915년에 밀리컨은 일련의 실험을 통해 광전효과에 관한 아인슈타

• 1921년에 받은 노벨상이 적지 않은 영향을 미쳤을 것이다.

인의 방정식이 옳다는 것을 입증했지만, 빛이 입자라는 주장은 여전히 설득력이 떨어졌다. 그는 1940년대에 과거를 회상하며 이렇게 말했다. "1915년에 나는 빛의 입자설이 불합리하다고 생각하면서도 실험 결과가 너무나 명백했기 때문에 공개하지 않을 수가 없었다. …… 빛이 간섭을 일으킨다는 것은 삼척동자도 아는 사실인데, 거기에 정면으로 상치되는 결과가 나오는 바람에 몹시 당혹스러웠다." 밀리컨은 1915년에 $E=h\nu$를 실험으로 입증한 후에도 "아인슈타인을 이 방정식으로 이끈 입자 가설은 지금으로선 받아들이기 어렵다"고 했다. 또한 1918년에 러더퍼드는 "아인슈타인이 13년 전에 빛의 광양자설과 함께 언급했던 '에너지와 진동수의 관계'에는 물리적 설명이 누락되어 있다"고 지적하면서, "아인슈타인의 제안을 몰랐던 것이 아니라, 받아들이지 않은 것뿐"이라고 했다. 그때까지 빛의 파동적 특성을 관측하는 실험에서 파동성이 발견되지 않은 사례는 단 한 번도 없었다. 어느 모로 보나 빛은 파동이었다. 이런 빛이 어떻게 입자일 수 있다는 말인가?[1]

●● 솔베이학회는 탄산나트륨 제조법으로 큰돈을 벌어들인 벨기에의 화학자 어니스트 솔베이가 후원하는 일련의 과학학술회의로, 1911년부터 지금까지 거의 3년에 한 번씩 개최되어왔다. 평소 추상적인 과학에 관심이 많았던 솔베이는 세계적으로 저명한 물리학자들이 한자리에 모여 의견을 나눌 수 있도록 모든 시설과 비용을 지원했고, 그 덕분에 양자역학은 비약적으로 발전할 수 있었다.—원저자 주

빛의 입자

1909년에 특허청을 그만두고 취리히대학교의 부교수로 부임한 아인슈타인은 '$h\nu$의 에너지를 갖는 점입자 같은 양자'를 최초로 언급함으로써 작지만 중요한 걸음을 내디뎠다. 고전물리학은 전자와 같은 입자를 크기가 없는 점(point)으로 간주했다. 그러나 빛 알갱이의 에너지가 $h\nu$라는 것은 (복사의 진동수가 ν라는 점만 빼고) 빛의 파동설과 완전히 상반되는 주장이었다. 1909년에 아인슈타인은 "이론물리학의 다음 단계는 에너지 방출 이론과 파동설을 융합하여 빛의 특성을 설명하는 것"이라고 했다.

당시에는 이해하는 사람이 거의 없었지만, 이것은 현대 양자역학의 핵심을 꿰뚫는 발언이었다. 1920년대에 보어는 새로운 물리학의 기초를 '상보성원리(complementary principle)'라는 한 단어로 요약했다. 파동설과 입자설이 서로 상치되지 않고 상호보완적 역할을 해야 한다는 뜻이다. 물론 여기에는 빛도 포함된다. 광양자(입자)의 에너지가 진동수(또는 파장)와 관련되어 있으니, 빛의 특성을 완전하게 설명하려면 파동설과 입자설을 어떻게든 하나로 묶어야 했다.

그러나 아인슈타인은 양자론에 관해 중요한 발언을 한 직후에 갑자기 일반상대성이론으로 관심을 돌렸다. 그리고 1916년에 다시 양자 이론으로 돌아와 자신의 광양자설에 또 한번 생명력을 불어넣었다. 보어의 원자모형과 플랑크의 흑체복사이론에 통계적 논리를 도입하여 한 단계 더 발전시킨 것이다. 그는 물질이 복사를 흡수하거나 방출하는 과정을 수학적으로 계산했을 뿐만 아니라, 에너지가 $h\nu$인 복사 양자의 운동량(momentum)이 $h\nu/c$라는 가정하에(c는 빛의 속도이다) 복사에서 물질로 운동량이 전달되는 과정까지 설명했다. 사실 이 계산은 그가 1905년에 발표했던 브라운운동과 밀접하게 관련되어 있다. 꽃가루 입자가 기체분자나 액체분자에 연타를 얻어맞으면서 불규칙한 운동을 하는 것처럼, 흑체복사 '입자'들도 원자에 연타를 가한다. 원자와 분자의 '브라운운동'은 직접 관측할 수 없지만, 이 현상은 기체의 압력처럼 통계적 효과를 낳고, 이 효과는 원리적으로 관측 가능하다. 아인슈타인은 흑체복사 입자가 운동량을 갖고 있다는 가정하에, 이로부터 예측되는 통계적 효과를 계산한 것이다.

광자의 운동량을 특수상대성이론으로 계산해도 동일한 결과를 얻을 수 있다. 특수상대성이론에 의하면 입자의 에너지(E)와 운동량(p) 그리고 질량(m)은 아래와 같이 간단한 방정식을 통해 서로 연결되어 있다.

$$E^2 = m^2c^4 + p^2c^2$$

그런데 광자는 정지질량을 갖지 않으므로($m=0$) 위의 방정식은

$$E^2 = p^2c^2$$

또는 간단하게 $p=E/c$로 쓸 수 있다. 천하의 아인슈타인이 이 사실을 10년이 지나서야 떠올렸다는 것이 좀 의아하지만, 아마도 이 기간 동안 일반상대성이론에 전념하느라 다른 생각을 할 겨를이 없었을 것이

다. 그가 복사에너지와 입자의 연결 고리를 부각시키자 통계적 논리와 상대성이론이 동일한 결과를 낳는다는 사실도 더욱 강하게 부각되었다(통계를 이용하여 $p = E/c$의 관계가 입증되었으므로, 특수상대성이론의 방정식에 따라 '광자의 질량=0'이라는 논리를 펼칠 수도 있다).

아인슈타인은 이로부터 광양자가 실제로 존재한다는 것을 확신하게 되었다. '광자(photon)'라는 이름은 1926년에 캘리포니아대학교 버클리캠퍼스의 길버트 루이스(Gilbert Lewis)가 처음으로 제안한 후 1927년에 제5회 솔베이학회가 '전자와 광자(electrons and Photons)'라는 주제로 개최되면서 정식 명칭으로 굳어지게 된다. 1917년까지는 광자의 존재를 믿는 사람이 아인슈타인뿐이었으나, 이제 새로운 이름을 소개할 시점이 되었다. 광자가 입자라는 사실을 반론의 여지 없이 실험으로 보여준 사람은 미국의 물리학자 아서 콤프턴(Arthur Compton)이었다.

콤프턴은 우스터대학교 학부를 졸업한 1913년부터 X-선을 집중적으로 연구해왔다(박사학위를 받은 후에는 워싱턴대학교와 시카고대학교, 미네소타대학교 그리고 영국의 캐번디시연구소에서 경력을 쌓았다). 그는 1920년대 초에 전자를 향해 X-선을 쏘는 실험(입자의 관점에서 보면 광자와 전자가 충돌한 후 산란되는 실험)을 여러 차례 반복한 끝에, X-선과 전자의 상호작용을 설명하려면 X-선을 입자(광자)로 간주하는 수밖에 없다는 결론에 도달했다. X-선 광자가 전자를 때리면 전자는 에너지와 운동량을 획득하여 특정 방향으로 움직이고, 에너지와 전자를 잃은 광자는 다른 방향으로 진행하는데, 둘 사이의 각도는 기존의 물리법칙을 이용하여 쉽게 계산할 수 있다. 이 충돌은 정지된 당구공에 다른 당구공이 다가와 충돌하는 상황과 비슷하며, 운동량전이(한 물체에서 다른 물체로 운동량이 이전되는 현상)도 당구공과 거의 동일한 방식으로 일어난다. 단, 광자의 경우에는 에너지를 잃으면 복사의 진동수(ν)가 달라진다는 점을 감안해야 하고, 모든 과정을 완벽하게 설명하려면 빛의 파동적 성질과 입자적 성질을 모두 고려해야 한다. 콤프턴은 X-선과 전자의 상호작용이 이와 같은 방식으로 나타난다는 사실을 확인했다. X-선을 에너지가 $h\nu$인 입자의 흐름으로 간주했더니 산란각과 파장의 변화, 전자의 반동 등 모든 실험 결과가 예상과 정확하게 일치한 것이다. 이 과정은 '콤프턴 효과(Compton effect)'로 알려져 있다. 콤프턴은 이 공로를 인정받아 1927년에 노벨 물리학상을 수상했다.• 물리학자들은 1923년부터 광자를 에너지와 운동량을 가진 입자로 간주하기 시작했으나, 빛이 파동임을 입증하는 과거의 실험적 증거를 마냥 무시할 수도 없었다(파동설을 기반으로 삼아 원자모형을 구축했던 보어는 파동설과 입자설은 양립할 수 없는 상반된 이론이라며 한동안 콤프턴 효과를 다른 방식으로 설명하기 위해 노력했으나 별다른 성과를 거두지 못했다). 1924년에 아인슈타인은 이렇게 말했다. "이제 우리에게는 빛에 관한 두 가지 이론이 주어졌다. 하나는 빛이 파동이라 하고, 다른 하나는 입자라고 주장한다. …… 둘 사이에 논리적 연결 고리는 전혀 없다."

• 이론물리학자 피터 디바이는 콤프턴과 거의 비슷한 시기에 같은 계산을 수행한 후 "누군가가 나서서 실험으로 확인해주기 바란다"고 했다. 그러나 디바이의 논문은 콤프턴의 실험이 끝난 후에 출판되어 수상자 명단에 끼지 못했고, 결국 그는 1936년에 노벨 화학상을 받았다. —원저자 주

파동과 입자의 연결 고리는 향후 몇 년 동안 논란의 핵심에 서서 양자역학의 발전을 견인했다. 대부분의 교과서에는 양자역학이 계단을 오르듯 단계적으로 발전한 것처럼 서술되어 있지만, 새로운 이론이나 새로운 발견이 항상 시기에 맞춰 등장한 것은 아니었다. 그러나 모든 것을 '발견된 순서'로 나열하면 논리가 중구난방으로 섞이기 때문에, 이 책에서도 어쩔 수 없이 순서를 조정해야 할 것 같다. 가장 좋은 방법은 양자역학을 설명하기 전에 그와 관련된 기본 개념을 하나씩 짚고 넘어가는 것이다(실제로 양자역학은 이들 중 일부 개념이 이해되기 전에 이미 개발되고 있었다). 양자역학을 향한 여정은 파동-입자 이중성의 의미가 밝혀지기 전에 이미 시작되었지만, 모든 것을 논리적으로 설명하려면 빛의 이중성(파동/입자)을 먼저 소개한 후 물질의 이중성을 다루는 것이 바람직하다. 전자는 이미 설명했으니, 이제 후자로 넘어갈 차례다.

파동-입자 이중성

물질의 파동-입자 이중성을 최초로 제안한 사람은 프랑스의 귀족 루이 드브로이(Louis de Broglie)였다. "파동이라고 하늘처럼 믿어왔던 빛이 입자처럼 행동한다면, 그 반대도 가능하지 않을까? 혹시 전자 같은 입자도 파동적 성질을 갖고 있지 않을까?" 드브로이가 심심풀이로 이런 생각을 떠올렸을 수도 있지만, 어쨌거나 그는 문제의 핵심에 도달했다. 그가 여기서 생각을 멈췄다면 양자역학의 창시자 중 한 명으로 역사에 기록되지 않았을 것이고, 1929년에 노벨상을 받지도 못했을 것이다. 사실 이것은 공상을 펼치다 보면 누구나 떠올릴 수 있는 생각이다. 콤프턴 효과가 발견되기 한참 전인 1912년 초에 영국의 위대한 물리학자 윌리엄 브래그(William H. Bragg)도 X-선 물리학을 연구하다가 이런 말을 한 적이 있다. "X-선에 관한 두 이론 중 하나를 선택하는 것은 올바른 길이 아닌 것 같다. …… 그보다는 두 이론을 모두 포함하는 하나의 이론을 찾아야 한다."[2] 그럼에도 불구하고 드브로이의 단순한 가설이 위대한 업적으로 남은 이유는 파동-입자 이중성을 수학적으로 표현한 후 물질파(matter wave)의 거동방식과 관측 방법을 구체적으로 제시했기 때문이다. 그는 이론물리학 공부를 시작할 무렵에 이미 저명한 실험물리학자였던 친형 모리스(Maurice)에게 많은 도움을 받았다(양자역학에 관심을 갖게 된 것도 모리스의 영향이었다고 한다). 훗날 드브로이는 과거를 회상하며 이렇게 말했다. "형은 틈날 때마다 나와 물리학 이야기를 나눴는데, 특히 파동-입자 이중성이 문제의 핵심임을 강조하곤 했다." 이것은 농익은 열매가 나무에서 떨어지듯 때가 되어 필연적으로 등장한 아이디어였고, 바로 그 자리에 드브로이가 있었다. 간단한 아이디어 하나로 이론물리학의 판도를 바꿀 수 있었던 시기에 때마침 드브로이가 등장한 것이다. 그러나 드브로이는 행운에 만족하지 않고 물리적 직관을 십분 발휘하여 물질파라는 낯선 개념을 수용 가능한 가설로 만들었다.

1892년에 프랑스의 귀족으로 태어난 드브로이는 가문 전통에 따라 공무원이 될 운명이었다. 그러나 파리대학교에 입학하던 1910년경부터 갑자기 물리학(특히 양자역학)에 관심을 보이기 시작했는데, 여기에는 일곱 살 위의 형인 모리스의 영향이 절대적이었다. 모리스는 1908년에 물리학 박사학위를 취득하고 제1회 솔베이학회에 과학담당 국장으로 참석하여 물리학계의 최신 동향을 동생에게 들려주었다. 드브로이는 대학에서 몇 년 동안 물리학을 공부하던 중 병역의무를 이행하기 위해 한동안 군에 몸담았다가, 때마침 제1차 세계대전이 일어나는 바람에 1919년까지 복무했다. 전쟁이 끝난 후 학교로 돌아온 드브로이는 다시 양자 이론을 파고들었고, 이때부터 파동-입자 이중성을 하나로 통일하는 길을 제대로 찾아가기 시작했다. 일단 1923년에 빛의 특성에 관한 세 편의 논문을 프랑스 학술지 《보고서(*Comptes Rendus*)》에 발표하여 돌파구를 연 후, 1924년 2월에 영국의 전통과학 학술지 《철학 잡지(*Philosophical Magazine*)》에 영어 요약본을 게재하여 자신의 존재를 알렸다. 비록 학계에 큰 반향을 불러일으키진 못했지만 드브로이는 곧바로 자신의 아이디어를 정리하여 박사학위 논문으로 제출했고, 1924년 11월에 소르본•에서 심사에 통과한 후 1925년 초에 전문학술지 《물리학 연감(*Annales de Physique*)》에 실었다. 그는 바로 이 논문 덕분에 1920년대의 물리학을 이끈 영웅 중 한 사람으로 역사에 남게 된다.

드브로이의 논문은 아인슈타인의 광양자 이론에 등장하는 2개의 방정식으로 시작된다.

$$E = h\nu, \qquad p = h\nu/c$$

• Sorbonne, 파리대학의 본거지.

이 방정식에서 좌변은 입자성과 관련된 양(에너지, 운동량)이고, 우변은 파동성(진동수)과 관련된 양이다. 드브로이는 빛의 파동/입자 여부를 확인하는 실험이 실패한 원인은 두 가지 특성이 복잡하게 얽혀 있기 때문이라고 했다.• 운동량의 입자성을 확인할 때에도 '진동수'라는 파동적 특성을 알아야 한다. 게다가 파동-입자 이중성은 광자만의 특성이 아니다. 당시 물리학자들은 전자의 에너지준위가 띄엄띄엄 떨어져 있다는 점만 제외하면, 전자를 입자로 간주해도 아무런 문제가 없다고 생각했다. 그러나 드브로이에게 전자가 정수로 표현할 수 있는 '궤도'를 점유한다는 것은 곧 파동성을 의미했다. 그의 논문에는 다음과 같이 적혀있다. "물리학에서 정수와 관련된 현상은 정규모드(normal mode)의 진동과 간섭(干涉)뿐이다. 따라서 전자를 다룰 때는 입자라는 선입견을 버리고 주기적 성질도 함께 고려해야 한다."

정규모드란 간단히 말해서 바이올린이나 파이프오르간의 소리를 만들어내는 진동이다. 팽팽하게 당겨진 줄을 퉁기면 양쪽 끝이 고정된 채 중간 부분이 위-아래로 오락가락하면서 진동한다. 줄의 한 가운데를 손가락(또는 다른 도구)으로 누른 채 줄을 퉁기면 손가락을 중심으로 양쪽에 2개의 진동이 생기는데, 이들은 '높은 모드'에 해당하는 진동으로 정규진동과 듣기 좋은 화음을 이룬다.•• 첫 번째 모드(정규모드)의 파장은 두 번째 모드의 파장보다 두 배 길고, 높은 모드

• 빛의 파동성만 확인하는 실험은 과거에 모두 성공했다. 여기서는 빛이 파동인지 아니면 입자인지, 둘 중 하나로 결정하는 실험이 실패했다는 뜻이다.

•• 줄의 길이가 반으로 줄어들면 소리는 한 옥타브 높아진다.

의 진동일수록 파장이 짧으면서 높은 소리를 낸다. 이런 진동은 줄의 길이가 파장의 '정수배(1, 2, 3, 4……)'라는 특징을 갖고 있다. 즉, 줄이 가질 수 있는 진동수가 몇 가지 특정 값으로 한정되어 있다는 뜻이다.

이것은 원자 내부의 전자가 1, 2, 3, 4……에 해당하는 양자에너지준위를 찾아가는 것과 비슷하다. 단, 이 경우에는 직선으로 뻗은 줄 대신 원자핵 주변의 궤도를 따라 동그랗게 감긴 줄을 상상하면 된다. 원주의 길이가 파장의 정수배라면, 원형 줄에 생긴 정상파•는 간섭을 일으키지 않고 영원히 진동할 수 있다. 원주의 길이가 파장의 정수배가 아닌 경우에는 파동이 매끄럽게 연결되지 않기 때문에, 스스로 간섭을 일으켜 소멸할 것이다. 위의 조건을 만족하는 줄은 '자신의 꼬리를 물고 있는 뱀'에 비유할 수 있다. 뱀이 꼬리를 물면 조화로운 진동이 유지되고, 그렇지 않으면 안정한 상태를 유지할 수 없다. 과연 이런 식으로 원자의 에너지준위를 설명할 수 있을까? 개개의 전자파동이 특정한 진동수로 진동하면서, 그 진동수에 맞는 에너지준위를 점유하고 있는 것일까? 보어의 원자모형에 기초한 모든 비유가 그랬듯이, 이것도 결국은 틀린 것으로 밝혀졌다. 그러나 전자를 진동하는 끈에 비유한 이 모형은 양자 세계를 이해하는 데 중요한 실마리를 제공해 주었다.

• 定常波, standing wave, 특정 방향으로 진행하지 않고 한 자리에서 진동하는 파동.

전자의 파동

드브로이는 "파동이란 '입자와 관련된 그 무엇'이며, 광자와 같은 입자는 자신과 관련된 파동을 따라 길을 찾아간다"는 가정 아래 빛의 거동을 수학적으로 서술했고, 그 결과는 파동과 입자를 대상으로 한 실험과 정확하게 일치했다. 그의 논문을 심사한 교수들은 수학적 부분에 어느 정도 만족했지만, 전자와 같은 입자를 파동과 연결하는 것은 물리적 의미가 없다고 생각했다(물론 드브로이는 여기에 동의하지 않았다). 한 심사위원이 "물질파를 관측하는 실험을 설계할 수 있겠느냐"고 묻자, 드브로이는 "결정체를 이용하여 전자빔을 회절시키면 관측 가능하다"고 대답했다. 이것은 슬릿을 통해 빛을 회절시키는 실험과 비슷하다. 단, 결정의 경우에는 규칙적으로 배열된 원자들 사이의 틈이 슬릿 역할을 하는데, 슬릿의 폭이 워낙 좁기 때문에 진동수가 큰 (X-선보다 파장이 짧은) 전자파동까지 회절시킬 수 있다.•

드브로이는 실험에서 어떤 파장을 집중적으로 찾아야 할지 이미 알고 있었다. 광양자에 대한 2개의 아인슈타인 방정식을 결합하면 $p = h\nu/c$가 되고(이 식은 앞에서 본 적이 있다), 파장 λ는 진동수 ν와 $\lambda = c/\nu$의 관계에 있으므로 이 관계를 이용하여 위의 식을 다시 쓰면 $p\lambda = h$가 된다. 즉, 운동량에 파장을 곱한 값은 플랑크상수와 같고, 운동량

• 전자의 물질파를 전자파동(electron wave)이라 한다. 마음 같아서는 '전자파'로 표기하고 싶지만, 전자기파(electromagnetic wave)를 줄여서 전자파로 부르는 경우가 종종 있기 때문에, 혼동을 피하기 위해 그냥 '전자파동'으로 표기하기로 한다.

과 파장은 서로 반비례하는 관계에 있다(다시 말해서 입자의 파장이 짧을수록 운동량이 크다). 그런데 전자는 질량이 매우 작고, 질량이 작으면 운동량도 작으므로, 입자 중에서 가장 '파동성이 두드러진' 입자에 속한다. 앞에서 빛과 수면파가 그랬던 것처럼 파동에 회절이 일어나려면 파장보다 작은 구멍을 통과해야 하는데, 결정 내부에서 원자 사이의 간격은 전자파동의 파장보다 짧기 때문에 회절을 일으키기에 충분하다.

당시 드브로이는 모르고 있었지만 결정체의 구조를 분석하기 위해 전자빔을 쏘는 실험은 이미 1914년에 실행되었고, 전자가 파동처럼 회절된다고 가정하면 실험 결과를 정확하게 설명할 수 있었다. 그리고 드브로이가 물질파의 개념을 체계화했던 1922~1923년에는 미국 물리학자 클린턴 데이비슨(Clinton Davisson)과 찰스 쿤스먼(Charles Kunsman)이 전자의 기이한 행동을 연구하고 있었다. 이런 사실을 전혀 몰랐던 드브로이는 실험물리학자들을 찾아다니며 전자파동 가설을 실험으로 확인해달라고 부탁했다. 한편 드브로이의 학위논문 심사위원이었던 폴 랑주뱅(Paul Langevin)은 논문 복사본을 아인슈타인에게 보내면서 의견을 물었는데, 놀랍게도 "단순한 수학적 트릭이나 비유를 넘어선 논문이다. 물질파는 실제로 존재할 수도 있다"는 답이 돌아왔다. 그 후 아인슈타인은 드브로이의 논문을 괴팅겐대학교의 막스 보른에게 보냈고, 그 논문은 다시 괴팅겐에서 실험 팀을 이끌던 제임스 프랭크(James Frank)의 손에 들어갔다. 어느 날, 프랭크는 보어의 논문을 읽다가 자기도 모르게 큰소리로 외쳤다. "맙소사……. 이건 얼마 전에 데이비슨이 실험으로 확인한 내용이잖아!"[3]

다른 물리학자들과 마찬가지로 데이비슨과 쿤스먼은 산란효과가 전자 때문이 아니라 전자에 얻어맞은 원자의 구조 때문에 나타난다고 생각했다. 보른의 학생이었던 발터 엘사서(Walter Elsasser)는 1925년에 X-선 산란실험 결과를 전자파동으로 설명하는 짤막한 논문을 발표했지만 별다른 주목을 받지 못했다. 실험적 증거가 이미 나와 있는데도 1925년의 물리학자들에게 물질파는 여전히 모호한 개념이었던 것이다. 게다가 당대 최고의 실험물리학자들이 애써 얻은 데이터를 스물한 살짜리 물리학과 학생이 마음대로 해석했으니, 뜨거운 반응을 바라는 건 애초부터 무리였다. 그 후 에르빈 슈뢰딩거가 드브로이의 아이디어에 착안하여 원자의 구조를 서술하는 새로운 이론을 개발한 후에야 비로소 실험물리학자들은 전자파동 가설을 확인하는 실험을 본격적으로 수행하기 시작했고, 1927년에 드브로이의 가설은 완전히 옳은 것으로 판명되었다. 전자는 마치 파동인 것처럼 결정격자 사이에서 회절을 일으키고 있었다. 1927년에 실험실에서 물질파를 발견한 주인공은 미국의 데이비슨과 레스터 거머(Lester Germer) 그리고 영국의 조지 톰슨(George Thomson, J. J. 톰슨의 아들)과 그의 학생 알렉산더 리드(Alexander Reid)이다(톰슨과 리드는 완전히 다른 방법으로 물질파를 관측하는 데 성공했다). 데이비슨은 엘사서의 논문을 무시하는 바람에 모든 영예를 혼자 독차지할 기회를 놓치고 1937년에 톰슨과 함께 노벨상을 공동으로 수상했지만, 이들이 발견한 물질파에는 양자역학의 근본적 특성이 고스란히 담겨있었다.

1906년에 J. J. 톰슨은 전자가 입자임을 입증하여 노벨상을 받았고, 1937년에 그의 아들은 전자가 파동임을 입증하여 노벨상을 받았다.

두 사람의 연구 결과가 언뜻 보기에는 상반된 듯하지만 아버지와 아들은 모두 옳았으며, 최고의 상을 받을 만했다. 그렇다. 알고 보니 전자는 파동이면서 입자였다. 이 사실이 알려진 후 1928년부터 드브로이의 파동-입자 이중성을 입증하는 실험 결과가 봇물처럼 쏟아져 나오기 시작했고, 얼마 지나지 않아 양성자와 중성자[4]를 포함한 다른 입자들도 파동성을 갖는다는 사실이 확인되었다. 1970년대 말에 호주 멜버른대학교의 토니 클라인(Tony Klein)과 그의 동료들은 빛의 파동성을 입증했던 19세기 실험을 재현했는데, 흥미롭게도 그들이 사용한 것은 빛이 아니라 중성자빔이었다.[5] 이보다 확실한 증거가 또 어디 있겠는가?

과거와의 결별

광자와 전자를 포함한 모든 입자는 파동이고, 모든 파동은 입자이다. 이 사실을 수용하려면 고전물리학과 완전한 결별을 선언해야 한다. 볼링공이나 집 같은 일상적인 물체들은 입자성이 압도적으로 우세하여 파동적 특성을 거의 찾아볼 수 없다. 물론 이들도 $p\lambda = h$의 관계에 입각하여 파장을 갖고 있지만, 그 값이 너무 작아서 관측되지 않는다. 그러나 원자 규모의 미시 세계에서는 파동성과 입자성이 거의 비슷한 수준으로 부각되기 때문에, 모든 것이 우리의 상식과 완전히 동떨어져 있다. 나는 앞에서 보어의 원자모형이 "틀렸다"고 단언했는데, 사실 이것은 보어의 잘못이 아니다. 원자의 내부에 관한 한, 이 세상 어떤 그림을 들이대도 맞을 수가 없다. 원자는 그냥 원자처럼 행동할 뿐이다.

영국의 물리학자 아서 에딩턴(Arthur Eddington)은 1929년에 출간한 《물리적 세계의 특성(*The Nature of Physical World*)》에서 당시의 상황을 다음과 같이 요약했다. "전자에 관한 한, 과거의 친숙한 개념은 더 이상 들어갈 자리가 없다. 원자에 대해 우리가 할 수 있는 말이라곤 '미지의 무언가가 이상한 곳에서 알 수 없는 짓을 하고 있다'는 것뿐이다. 독자들의 이해를 돕기 위해, 다른 글을 인용해보겠다."

질척하고 유연한 토브가	The slithy toves
잔디밭에서 소용돌이치며 돌아가네	Did gyre and gimbal in the wabe•

전자가 원자 안에서 무슨 짓을 하고 있는지는 알 수 없지만, 전자의 개수가 중요하다는 사실은 알고 있다. 위의 인용문에 단어 몇 개를 추가하면 재버워키가 좀 더 과학적으로 다가온다. "질척하고 유연한 8개의 토브, 산소 원자 안에서 빙빙 돌아가네. 질소 원자에서는 7개의 토브가 빙빙 돌아가네. …… 토브(전자) 하나가 탈출하면 산소는 질소인

• 이 글은 루이스 캐럴(Lewis Carrol)의 소설 《거울 나라의 앨리스(*Through the Looking Glass*)》에 등장하는 난센스 시 〈재버워키(Jabberwocky)〉의 일부이다. 작가가 마음대로 만들어낸 이상한 단어가 연속으로 나열되어 있어서 글 뒤에 숨은 재미를 음미하기가 쉽지 않다. 예를 들어 slithy는 slimy(질척한)와 lithe(유연한)를 이어 붙인 신조어이다. 그러므로 깊은 의미를 따지지 말고, 그냥 "양자 세계는 앨리스가 방문했던 이상한 나라 못지않게 이상하다"는 뜻으로 이해하고 넘어가주기 바란다.

척 위장할 수 있다네."

이것은 단순한 말장난이 아니다. 50여 년 전에 에딩턴은 "숫자만 제대로 유지하면 모든 기초물리학은 재버워키로 해석할 수 있다"고 했다. 원자를 단단한 구체로, 전자를 점입자로 여기는 기존의 직관을 버리면 의미를 크게 손상하지 않은 채 물리학을 재버워키 같은 넌센스 시로 바꿀 수 있으며, 오히려 그쪽이 이해하기 쉽다는 것이다. 예를 들어 전자의 '스핀(spin)'을 회전하는 팽이나 자전하는 지구에 비유하면 머릿속에 그리기는 쉽지만 진실과는 한참 멀어진다. 미시 세계에서는 앨리스가 이상한 나라에서 겪었던 온갖 기괴한 사건이 훨씬 진실에 가깝다.

보어의 원자모형은 대부분의 스펙트럼선을 설명해주었지만, 스펙트럼선이 하나만 존재해야 할 곳에 '좁은 간격으로 나열된 여러 개의 선'이 나타나는 현상만은 설명할 수 없었다. 개개의 스펙트럼선은 전자가 하나의 에너지준위에서 다른 에너지준위로 이동할 때 생기므로, 선의 개수는 원자에 존재하는 에너지준위의 수(양자 계단의 수와 각 계단의 높이)와 관련되어 있다. 1920년대 초에 물리학자들은 하나의 스펙트럼선이 여러 개의 밀집된 선으로 갈라지는 현상을 설명하기 위해 몇 가지 가설을 제안했는데, 그중 가장 그럴듯한 것은 "전자 1개당 4개의 양자수를 부여하여 에너지준위를 세분화한다"는 볼프강 파울리(Wolfgang Pauli)의 가설이었다. 대다수의 물리학자들이 전자를 입자로 간주하면서 전자의 양자적 특성을 일상적 논리로 설명하려 했던 1924년에 나온 이론치고는 꽤나 파격적이다. 4개의 양자수 중 3개는 각각 전자의 각운동량과 궤도의 형태 그리고 방위(方位)와 관련된 것으로 보어의 모형에 이미 포함되어 있으며, 네 번째 양자수는 '갈라진 스펙트럼선'을 설명하기 위해 도입한 것으로, 다른 양자수들처럼 전자의 특성과 관련되어 있으면서 오직 두 가지 값 중 하나만 가질 수 있다.

처음에 이론물리학자들은 강한 거부감을 나타냈지만, 갈라진 스펙트럼선을 설명할만한 대안이 없었으므로 '위(up)'와 '아래(down)'의 두 가지 값으로 표현되는 파울리의 네 번째 양자수를 받아들일 수밖에 없었다. 사실 스핀양자수의 개념을 최초로 떠올린 사람은 파울리가 아니라 컬럼비아대학교에서 박사과정을 마치고 유럽을 방문한 젊은 물리학자 랠프 크로니그(Ralph Kronig)였다.• 그는 전자가 $h/2\pi$로 표현되는 고유스핀을 갖고 있으며, 스핀의 방향은 자기장과 같은 방향 또는 반대 방향으로 정렬될 수 있다고 주장했다.•• 그러나 특수상대성이론의 범주 안에서 전자를 입자로 간주했던 파울리는 크로니그의 주장을 강하게 반박했다. 원자핵 주변을 공전하는 전자의 궤도가 고전 전자기학에 의해 불안정한 것처럼, 자전(自轉)하는 전자의 궤도는 특수상대성이론에 의해 불안정해지기 때문이다. 파울리의 반대가 어찌나 강렬했는지, 크로니그는 자신이 제안한 아이디어를 포기하고

• 아서 콤프턴도 1920년에 전자가 스핀을 갖고 있다는 아이디어를 떠올렸으나, 원자모형이 아닌 다른 쪽으로 논리를 전개해나가는 바람에 핵심을 벗어나고 말았다(크로니그는 이 사실을 전혀 모르고 있었다).—원저자 주

•• 2π는 라디안(radian) 단위 때문에 나타난 상수이다. 한 바퀴는 도(°, degree) 단위로 360°지만, 라디안(radian)이라는 단위로 바꾸면 2π이다. 양자역학에서는 $h/2\pi$라는 상수가 수시로 등장하기 때문에 $\hbar$로 줄여서 표기한다. 자세한 내용은 뒤에서 다룰 예정이다.—원저자 주

논문으로 발표하지도 않았다.• 그런데 1년도 채 지나기 전에 레이든 이론물리학연구소(Leyden Institute for Theoretical Physics)의 조지 울런벡(George Uhlenbeck)과 새뮤얼 구드스미트(Samuel Goudsmit)가 똑같은 내용을 독일학술지 《자연과학(*Die Naturwissenschaften*)》(1925)과 미국의 《네이처(*Nature*)》(1926)에 발표했다.

얼마 후 전자의 스핀 이론은 몇 번의 개선을 거쳐 갈라진 스펙트럼선을 만족스럽게 설명했고, 1926년 3월에는 파울리도 더는 버틸 수 없게 되었다. 그런데 스핀이란 대체 무엇일까? 모든 양자적 개념이 그렇듯이, 일상적인 용어로는 도저히 설명할 수 없다. 자전하는 팽이에 비유하면 시각화하는 데 도움이 될까? 천만의 말씀이다. 팽이는 한 바퀴 돌면 처음 상태로 되돌아오지만, 전자는 두 바퀴를 돌아야 원래 상태로 돌아온다. 그건 그렇다 치고, 전자파동이 어떻게 회전한다는 말인가? 1932년에 보어가 "고전적인 실험으로는 전자의 스핀을 관측할 수 없다"고 선언했을 때, 가장 기뻐했던 사람은 다름 아닌 파울리였다. 스핀은 갈라진 스펙트럼선처럼 오직 양자적 상호작용을 통해 나타나는 현상이며, 그 의미를 고전물리학의 관점에서 해석하는 것은 불가능하다. 1920년대에 파울리와 그의 동료들이 원자의 구조를 밝히기 위해 고군분투하고 있을 때, 전자의 스핀을 '회전'이 아닌 '소용돌이(gyre)'로 해석했다면 만사가 훨씬 수월했을 것이다.••

그러나 스핀은 자전과 다르다고 아무리 강조해도 자전 외에 다른

• 원래 파울리는 자신의 입맛에 맞지 않는 이론을 철저하게 깔아뭉개는 독설가로 유명했다.

•• 여기서 소용돌이는 사전적 의미가 아니라, '재버워키식 상상력'을 뜻한다.

그림을 떠올리기가 쉽지 않다. 아마 독자들도 전자의 스핀을 '자전과 비슷하면서 좀 더 신기한 그 무엇'쯤으로 상상하고 있을 것이다. 우리 머릿속에는 고전적인 용어와 개념 들이 이미 자리 잡고 있기 때문에, '스핀'이라는 말만 들어도 무언가가 회전하는 장면을 떠올리기 마련이다. 그래서 한 가지 방법을 제안하고자 한다. 앞으로 이해하기 어려운 문장에서 낯익은 단어와 마주치면 사전적 의미로 이해하지 말고 재버워키 스타일의 상상력을 발휘해주기 바란다. 어차피 원자 속에서 일어나는 일을 제대로 이해하는 사람은 없다. 다만, 파울리가 제안했던 네 번째 양자수를 도입하면 '잔디밭(wabe)'에서 소용돌이치는 '질척하고 유연한 토브(slithy toves)'의 중요한 특성을 설명할 수 있다는 것뿐이다.

파울리의 배타원리

양자역학의 기초를 세운 볼프강 파울리는 여러 가지 면에서 결코 평범하지 않은 물리학자였다. 1900년에 오스트리아의 빈에서 태어난 그는 1918년에 독일 뮌헨대학교에 진학하자마자 수학 천재로 명성을 떨쳤고, 얼마 후 일반상대성이론에 대한 논문을 발표하여 아인슈타인을 놀라게 했다(이 논문은 1919년 1월에 출판되었다). 대학 입학과 동시에 연구소를 제집처럼 드나들며 이론물리학을 섭렵한 파울리는 스무살이 되던 1920년에 수학 백과사전 편찬위원으로 위촉될 정도로 뛰어난 실력을 발휘했다. 그는 1921년 7월에 박사학위를 받고 괴팅겐대학교의 막스 보른 연구 팀에 합류하여 조교 생활을 하다가 함부르크 대학교를 거쳐 코펜하겐연구소로 자리를 옮겼다(이 연구소는 1965년에 닐스보어연구소로 개명되었다). 보른은 유능한 인재를 잃었지만 파울리의 뒤를 이어 베르너 하이젠베르크가 조교로 들어왔으니, 제자 복은 꽤 많은 사람이었다.•

1925년, 그러니까 네 번째 양자수에 '스핀'이라는 이름이 부여되기 전에 파울리는 4개의 양자수를 이용하여 보어의 원자모형에 존재하는 가장 큰 수수께끼를 해결했다. 수소 원자 내부의 전자는 양자 계단의 가장 아래쪽에 있는 최저에너지상태(바닥상태)를 선호하기 때문에, 외부에서 (충돌 등으로) 에너지를 받아 높은 계단으로 점프하면 곧바로 양자복사를 방출하면서 바닥상태로 되돌아온다. 그러나 전자가 여러 개인 원자의 경우, 전자들은 모두 바닥상태에 있지 않고 낮은 계단부터 높은 계단을 골고루 점유하고 있다. 보어는 전자들이 원자핵을 에워싼 '궤도껍질'에 놓여있고, 새로 추가된 전자는 껍질이 다 찰 때까지 에너지가 가장 작은 쪽으로 분포된다고 생각했다. 최외각껍질에 빈자리가 있으면 그곳으로 들어가고, 꽉 차 있으면 그다음 껍질로 들어가는 식이다. 보어는 이 논리에 따라 주기율표의 주기적 특성과 수많은 원소의 화학적 성질을 설명할 수 있었다. 그런데 전자는 왜 궤도껍질을 가득 채운 다음에야 다음 껍질로 넘어가는가? 첫 번째 껍질에

• 보른이 1921년 2월에 아인슈타인에게 보낸 편지에는 이렇게 적혀있다. "파울리가 집필한 백과사전 원고는 종이 무게만 2.3kg이나 됩니다. 분량도 많지만 내용도 매우 훌륭하더군요. 이 작달막한 녀석은 똑똑하면서도 엄청나게 부지런합니다."—원저자 주

전자 2개, 두 번째 껍질에 전자 8개가 들어가는 이유는 무엇인가? 보어도 이 질문에는 확실한 답을 제시하지 못했다.

원래 보어의 궤도껍질에 할당된 양자수는 3개뿐이었지만, 1925년에 파울리는 전자에 네 번째 양자수를 도입하여, 하나의 껍질에 들어갈 수 있는 전자의 수는 4개의 숫자로 표현되는 양자상태의 수와 같다는 논리를 펼쳤다. 다시 말해서 하나의 껍질에 8개의 전자가 놓여있다고 해도, 이들의 양자상태는 모두 다르다는 것이다. 이것이 바로 그 유명한 '파울리의 배타원리(exclusion principle)'이다. 이 원리에 의하면 전자의 상태는 4개의 양자수로 이루어진 수집합으로 표현되며, 2개(또는 그 이상)의 전자는 동일한 양자상태에 놓일 수 없다. 무거운 원자들은 파울리의 배타원리에 의거하여 바깥 껍질을 순차적으로 채워나간다.

배타원리와 전자의 스핀은 시대를 한참 앞서나간 개념이어서, 양자역학의 기본체계가 세워진 1920년대 후반이 되어서야 비로소 정식 이론으로 자리 잡을 수 있었다. 이론물리학이 빠른 속도로 발전했던 1925~1926년에는 배타원리가 잠시 뒷전으로 밀리기도 했지만, 결국은 상대성원리와 거의 비슷한 수준의 기본 개념으로 등극하여 물리학 전반에 지대한 영향을 미쳤다. 반정수 스핀($1/2\hbar$, $3/2\hbar$, $5/2\hbar$ 등)을 갖는 모든 입자는 예외 없이 파울리의 배타원리를 따른다. 그러나 스핀이 정수($\hbar$, $2\hbar$, $3\hbar$ 등)이거나 광자처럼 0인 입자들은 배타원리 대신 다른 규칙을 따른다. 스핀이 반정수인 입자는 1925~1926년에 엔리코 페르미(Enrico Fermi)와 폴 디랙(Paul Dirac)이 정립한 페르미-디랙 통계(Fermi-Dirac statistics)로 서술되며, 이런 입자를 '페르미온(fermion)'

이라 한다. 반면에 스핀이 정수인 입자들은 보스-아인슈타인 통계•를 따르며, 이런 입자를 '보손(boson)'이라 한다.

보스-아인슈타인 통계는 드브로이의 물질파와 콤프턴 효과 그리고 전자의 스핀이 한창 화젯거리로 떠올랐던 1924~1925년에 개발되었다. 이것은 아인슈타인이 양자 이론에 남긴 마지막 업적이자, 고전적 개념에 작별을 고하는 또 하나의 결정타로 작용하게 된다.

사티엔드라 보스(Satyendra Bose)는 1894년에 인도의 콜카타에서 태어나 1924년에 다카대학교의 물리학과 교수가 되었다. 평소 플랑크와 아인슈타인, 보어 그리고 조머펠트의 연구 분야에 관심이 많았던 보스는 빛이 광자로 이루어져 있다는 가정하에 완전히 다른 방법으로 플랑크의 복사법칙을 유도했으며, 얼마 후 무질량 입자(질량이 없는 입자)들이 만족하는 특별한 통계 이론을 구축하여 "이 논문을 검토한 후 괜찮다는 생각이 들면 독일 학술지 《물리학 잡지(*Zeitschrift für Physik*)》에 보내달라"는 편지와 함께 논문 복사본을 아인슈타인에게 보냈다. 보스의 아이디어에 깊은 감명을 받은 아인슈타인은 내용을 독일어로 번역한 후 "더없이 훌륭한 논문"이라는 추천서를 첨부하여 학술지에 보냈고, 이 논문은 1924년 8월에 출판되었다. 보스는 고전적인 요소를 모두 제거하고 광자의 개념(질량이 없는 상대론적 입자)과 통계를 이용하여 플랑크의 복사법칙을 새롭게 유도함으로써, 양자 이론과 고전물리학의 마지막 연결 고리를 끊어놓았다. 그 후로 복사(輻射, radiation)는 양자기체로 취급되었으며, 파동의 진동수 대신 입자를 헤

• Bose-Einstein statistics, 사티엔드라 보스와 알베르트 아인슈타인이 구축한 통계 이론.

아리는 통계 법칙으로 다룰 수 있게 되었다.

아인슈타인은 통계 계산법을 더욱 발전시켜서 원자의 집합체(액체와 기체)에 적용해보았다. 이 방법은 실온(일상적인 온도)의 기체를 설명하는 데 적절치 않은 것으로 판명되었지만, -273°C(절대온도 0K)에 가깝게 냉각된 액체 헬륨은 통계 법칙을 정확하게 따르고 있었다(이런 물질을 초유동체superfluid라 한다). 그 후 1926년에 페르미-디랙 통계가 등장할 때까지 물리학자들은 어떤 법칙을 어디에 적용할지 몰라 갈팡질팡했고, 반정수 스핀이 얼마나 중요한 개념인지도 잘 모르고 있었다.

페르미온과 보손의 차이는 무엇인가? 앞서 말한 대로 페르미온은 반정수 스핀을 가지면서 파울리의 배타원리를 따르고, 보손은 스핀이 정수이면서 배타원리를 따르지 않는다. 그러나 스핀의 정체를 모르는 상태에서 이런 설명으로 만족할 사람은 없을 테니, 좀 더 현실적인 비유를 들어보자. 얼마 전에 나는 코미디언 스파이크 밀리건(Spike Milligan)이 출연하는 연극을 보러 간 적이 있다. 실로 오랜만의 관람이라 잔뜩 기대를 품고 좌석에 앉았는데, 막이 오르기도 전에 밀리건이 무대로 걸어 나와 관람객들에게 말했다. "제일 좋은 좌석이 모두 비어있군요. 저희 홍보실 직원들이 비싼 돈을 내고 제 연극을 관람할 사람을 찾지 못했나 봅니다. 그렇다고 그냥 비워두기엔 너무 아까우니, 모두 앞자리로 옮겨주세요. 그래야 제가 여러분 얼굴을 볼 수 있으니까요." 말이 끝나기가 무섭게 나를 포함한 관객들은 일제히 자리에서 일어나 앞으로 옮겨 앉았다. 그리하여 텅 비어있던 1등석은 순식간에 관객으로 가득 찼고, 티켓값이 가장 싼 뒷좌석은 텅 비었다. 바로 이것이 페르미온의 거동방식이다. 하나의 좌석(양자상태)에는 한 사람(페르미온)만 앉을 수 있고, 이들은 제일 앞에 있는 좌석(에너지가 가장 낮은 상태, 또는 바닥상태)부터 순차적으로 채워나간다.

그러나 최근에 관람했던 브루스 스프링스틴(Bruce Springsteen) 공연에서는 정반대의 상황이 벌어졌다. 공연이 시작되기 전부터 모든 좌석이 가득 찼고 제일 앞 좌석과 무대 사이에 약간의 간격이 있었는데, '본 투 런(Born to Run)'이라는 히트곡이 흘러나오자 관객들이 자리를 박차고 뛰어나와 무대 앞을 가득 채운 것이다. 이날 관객들의 거동은 보손과 아주 비슷했다. 보손은 여러 개의 입자가 '동일한 에너지상태'를 점유할 수 있기 때문에 입자들 사이의 구별이 불가능하다. 이것이 바로 페르미온과 보손의 차이다. 페르미온은 배타원리를 따르고, 보손은 제멋대로다.

물질을 구성하는 모든 입자(전자. 양성자, 중성자)는 페르미온이다. 이들이 배타원리를 따르지 않았다면 주기율표의 원소들은 지금처럼 다양한 화학적 특성을 갖지 않았을 것이고, 물리적 세계도 존재하지 않았을 것이다. 광자를 비롯한 보손은 다소 유령 같은 입자이며, 흑체복사법칙은 모든 광자가 동일한 에너지상태에 들어가려고 기를 쓰면서 나타난 결과이다. 단, 적절한 환경에 헬륨을 노출시키면 보손과 비슷한 초유동체가 된다. 헬륨 원자핵을 구성하는 양성자 2개와 중성자 2개의 반정수 스핀이 서로 더해져서 0이 될 수 있기 때문이다. 또한 페르미온은 상호작용을 아무리 많이 교환해도 총 개수가 변하지 않지만(우주에 존재하는 페르미온의 개수는 불변이다), 보손은 언제든지 대량으로 생성될 수 있다. 지금 당장 보손을 만들어내고 싶은가? 방법은 아주 간단하다. 손을 뻗어서 조명등의 스위치를 켜면 된다.

다음에 바라볼 곳은 어디인가?

1980년대의 관점에서 보면 모든 것이 깔끔하게 정리된 것 같지만 1925년의 양자 이론은 한마디로 중구난방, 그 자체였다. 양자 세계로 가는 고속도로 같은 것은 존재하지도 않았고, 물리학자들은 정글 속에서 길을 잃고 뿔뿔이 흩어져서 발목에 얽힌 덩굴을 잘라내느라 목적지를 가늠할 겨를조차 없었다. 이 황당한 사태를 누구보다 잘 알고 있었던 당대 최고의 물리학자들은 과학의 앞날을 걱정하며 공개적으로 주의를 환기시켰지만, 제1차 세계대전 후 물리학에 뛰어든 젊은 학자들은 파격적인 아이디어를 마구 쏟아내며 혼란의 시대에 새로운 주역으로 떠올랐다. 원자를 서술하기 위해 고전이론을 수정하던 막스 보른은 1924년에 "우리가 가진 것이라곤 확실치 않은 몇 개의 힌트뿐"이라며 막막한 심정을 토로했다. 그는 1925년에 원자론에 관한 책을 탈고한 후 완전한 내용을 담은 2부를 곧 출간하겠다고 공언했지만, 속으로는 "적어도 몇 년은 족히 걸릴 것"으로 짐작하고 있었다.[6]

하이젠베르크는 헬륨 원자의 구조를 수학적으로 계산하다가 실패한 후 1923년 초에 파울리에게 간단한 편지를 보냈다.—"절망적입니다!" 같은 해 7월에 파울리가 조머펠트에게 보낸 편지에서도 비슷한 단어가 눈에 뜨인다. "전자가 2개 이상인 원자에 관한 이론은 …… 그냥 절망뿐입니다!" 1925년 5월에 파울리는 랠프 크로니그에게 보낸 편지에서 "요즘 물리학은 뒤죽박죽"이라며 현실을 한탄했고, 같은 해에 보어는 원자모형의 발목을 붙잡는 잡다한 문제들 때문에 어느 때보다 골머리를 앓고 있었다. 또한 19세기 말에 흑체복사법칙을 제안하여 플랑크가 양자도약을 하는 데 발판 역할을 했던 빌헬름 빈은 1926년 6월에 슈뢰딩거에게 다음과 같은 편지를 보냈다. "나는 지금 정수와 반정수로 띄엄띄엄 떨어져 있는 양자와 임의로 갖다 쓰는 고전이론의 늪에 빠져있다네……." 양자 이론의 원조들은 이런 상황을 누구보다 잘 알고 있었으며, 1925년에는 대부분이 살아있었다(당시에는 앙리 푸앵카레만 세상을 떠났고, 헨드리크 로렌츠와 플랑크, J. J. 톰슨, 보어, 아인슈타인, 보른 등은 여전히 막강한 영향력을 행사했으며, 파울리와 하이젠베르크, 디랙 등은 이제 막 이름을 알린 신참들이었다). 당시 물리학계는 아인슈타인과 보어가 이끌고 있었는데, 두 사람의 과학관은 1925년부터 조금씩 차이를 보이기 시작했다. 처음에 보어는 광양자설을 열렬하게 지지했을 뿐만 아니라, 아인슈타인이 '양자 이론에서 확률의 역할'에 관심을 보일 때도 가장 강력한 옹호자를 자처했었다. 그 후 통계적 방법(아이러니하게도 이 방법의 창시자는 아인슈타인이었다)은 양자 이론의 초석이 되었으나, 1920년 초에 아인슈타인은 보른에게 보낸 편지에 "인과율에 관한 이론은 온갖 문제로 뒤죽박죽이 되어 나조차도 확신을 갖지 못하겠다"고 털어놓았다. 그 후 아인슈타인과 보어는 이 문제를 놓고 무려 35년 동안 논쟁을 벌이게 된다.[7]

이스라엘의 물리학자 막스 야머(Max Jammer)에 의하면 1925년 초의 물리학계는 '다양한 가설과 원리, 정리 그리고 잡다한 계산 문제가 마구잡이로 뒤섞인 난감한 상황'이었다.[8] 양자역학과 관련된 모든 문제는 일단 '고전물리학으로 해결한 후' 양자수를 교묘하게 끼워 넣고 냉정한 논리 대신 기발한 상상력을 발휘하여 양자 버전으로 다시 이해해야 했다. 양자 이론은 스스로 갈 길을 찾지 못하고 논리적으로 타당한 구석도 없으면서 고전물리학에 기생하며 목숨을 유지하는 '뿌리 없는 꽃'과도 같은 존재였기에, 막스 보른은 원자론에 관한 자신의 두 번째 책을 쓰는 데 몇 년은 족히 걸릴 것으로 생각했다. 그러나 1925년에 극도의 혼란을 겪은 후 불과 몇 개월 만에, 논리적이고 자생적이면서 근거가 확실한 양자 이론이 완벽한 모습으로 등장했다. 그것도 하나가 아니고 두 개씩이나!

6장 행렬과 파동

베르너 하이젠베르크는 1901년 12월 5일에 독일 바이에른주의 뷔르츠부르크에서 태어났다. 그는 1920년에 뮌헨대학교에 입학하여 물리학을 전공했는데, 지도교수는 보어의 원자모형에 지대한 공을 세운 당대 최고의 물리학자 아르놀트 조머펠트였다. 이렇게 좋은 환경에서 하이젠베르크는 곧바로 양자 이론에 빠져들었고, 스펙트럼선이 두 갈래로 갈라지는 원인을 추적하다가 단 2주 만에 답을 알아냈다. 모든 비밀은 반정수로 표현되는 양자수에 숨어있었다. 그러나 이 단순한 해결책을 접한 연구 동료들과 조머펠트는 커다란 충격에 빠졌다. 보어의 원자모형에 깊이 관여했던 조머펠트에게 정수가 아닌 양자수는 도저히 수용할 수 없는 금기 사항이었던 것이다. 그리하여 젊은 하이젠베르크의 연구 결과는 세상에 알려지기도 전에 묻혀버렸고, 10여 년 전부터 양자 이론을 연구해온 학자들은 안도의 한숨을 내쉬었다. 양자 이론에 반정수를 허용하면 1/4의 배수와 1/8의 배수, 심지어 1/16의 배수까지 등장하여 이론의 토대를 망칠 것 같았기 때문이다. 그러나 이들의 우려는 결국 틀린 것으로 밝혀졌다.

그로부터 몇 달 후, 하이젠베르크보다 열세 살이나 많은 알프레트 란데(Alfred Landé)가 똑같은 아이디어를 논문으로 발표했다. 반정수로 표현되는 양자수는 전자의 스핀을 서술하는 유일한 수단일 뿐만 아니라, 양자 이론의 전체적인 그림을 완성하는 데 반드시 필요한 요소였다. 광자처럼 스핀이 0이거나 정수인 입자들은 보스-아인슈타인 통계를 따르고, 스핀이 반정수(1/2, 3/2 등)인 입자들은 페르미-디랙 통계를 따른다. 전자의 스핀이 반정수라는 사실은 원자의 구조 및 주기율표와 밀접하게 관련되어 있으며, 양자수가 반정수인 경우에도 정수 간격으로 점프하는 특성은 변하지 않는다. 즉, 정수 양자수가 1에서 2로, 7에서 12로 변하는 것처럼, 반정수 양자수는 (예를 들어) 1/2에서 3/2으로, 5/2에서 9/2로 변한다. 결국 하이젠베르크는 양자 이론에 기여할 절호의 기회를 놓친 셈이다. 그러나 여기서 중요한 것은 양자 이론이 처음 탄생했을 때 젊은 물리학자들이 맹활약을 펼쳤던 것처럼, 1920년대의 신세대 물리학자들도 '누구나 알고 있는 사실'에 얽매이지 않고 전대미답의 신천지를 향해 과감한 발걸음을 내디뎠다는 점이다. 비록 하이젠베르크의 첫 번째 시도는 실패로 끝났지만, 몇 년 후 양자역학의 가장 중요한 원리를 발견하여 최고의 과학자 반열에 오르게 된다.

괴팅겐에서 보른의 지도를 받으며 '보어 축제'•에도 참석했던 하이젠베르크는 얼마 후 뮌헨대학교로 돌아와 1923년에 22세의 나이

• 괴팅겐대학교에서 개최된 보어의 시리즈 강연.

로 박사학위를 받았다. 그의 가까운 친구였던 볼프강 파울리도 어린 나이에 조머펠트의 제자가 되어 21세에 박사학위를 받고 괴팅겐대학교에서 막스 보른과 함께 연구를 수행한 바 있다.• 하이젠베르크는 1924년에 파울리의 뒤를 이어 보른의 조교로 일하던 중 몇 달 동안 코펜하겐으로 파견되어 당대 최고의 석학인 보어와 공동연구를 수행했으며, 1925년에는 논리적 양자 이론을 구축하는 데 반드시 필요한 수리물리학자가 되어있었다. 그 무렵 대부분의 물리학자는 양자 이론이 언젠가 완성될 것을 믿어 의심치 않았으나, 그날이 그토록 빨리 찾아올 줄은 아무도 예상하지 못했다.

하이젠베르크의 기본 아이디어는 괴팅겐 시절에 동료들과 대화를 나누다가 떠올린 것이라고 한다(그 내용을 제일 먼저 언급한 사람이 누구인지는 지금도 오리무중이다). 아무튼 아이디어의 핵심은 실험을 통해 관측 가능한 것만이 물리적 대상이 될 수 있다는 것이다. 언뜻 듣기에는 별로 심오한 구석이 없는 것 같지만, 사실 여기에는 더 이상 심오할 수 없을 정도로 깊은 뜻이 담겨있다. 예를 들어 원자 내부의 전자를 실험적으로 '관측해도' 원자핵 주변을 도는 당구공이 관측되지는 않는다. 어떤 도구를 동원해도 전자의 궤도를 관측할 수는 없으

• 20세기 초에는 대부분의 학생이 지금보다 훨씬 어린 나이에 박사학위를 받았다. 공부할 내용이 지금처럼 많지 않았고 학생 수도 적어서 지도교수와 접촉할 기회가 상대적으로 많았기 때문일 것이다. 또한 과거 유럽에는 석사과정이 아예 없거나, 있다 하더라도 박사과정을 위한 필수 예비단계가 아니었기 때문에 학위를 지금보다 일찍 받을 수 있었다. 20대 초반에 박사학위를 받은 것은 당시에도 빠른 편에 속하지만, 지금과 비교하여 "학부에 다닐 나이에 박사가 되었다"며 혀를 내두를 필요는 없다.

며, 스펙트럼선은 전자가 하나의 에너지상태(보어의 용어에 따르면 '하나의 궤도')에서 다른 상태로 점프할 때 부수적으로 벌어진 일을 말해줄 뿐이다. 원자와 전자를 관측하여 얻은 모든 데이터는 '두 개의 상태'와 관련되어 있으며, 궤도라는 개념은 일상적인 세계에서 일어나는 사건 중 관측 데이터와 가장 비슷한 사건을 갖다 붙인 일종의 비유에 불과하다('질척하고 유연한 토브'를 기억하라). 하이젠베르크는 일상적인 비유에서 야기되는 혼란을 제거하고, 원자나 전자의 '하나의 상태'가 아닌 '두 상태 사이의 관계'를 수학적으로 서술하는 데 모든 노력을 기울였다.

헬골란트섬에서 돌파구를 찾다

1925년 5월의 어느 날, 하이젠베르크는 고초열에 시달리다가 독일 북서부 연안에 있는 헬골란트섬으로 요양을 떠났다. 다행히도 증세는 곧 가라앉았고, 그는 누구에게도 방해받지 않는 조용한 곳에서 최상의 집중력을 발휘하여 원자의 양자적 거동을 해석하는 작업에 몰두했다. 훗날 출간된 하이젠베르크의 자서전《물리학과 그 너머의 세계(*Physics and Beyond*)》에는 당시의 상황이 다음과 같이 묘사되어 있다.

> 새벽 3시경, 모든 것이 분명해졌다. 나의 계산으로 유도된 양자역학은 수학적으로 완벽했고, 모든 것이 정확하게 맞아 들어갔다. 처음에는 매우 당혹스러웠지만, 정신을 가다듬고 나니 원자 세계의 표면을

뚫고 들어가 내부의 아름다운 모습을 보는 듯한 느낌이 들었다. 자연이 나의 끈기에 감동하여 은밀한 곳에 숨겨놓은 수학적 구조를 내 앞에 펼쳐 보여줬다는 경솔한 생각까지 들 정도였다.

괴팅겐으로 돌아온 하이젠베르크는 계산 결과를 논문으로 출판하기 위해 3주 동안 내용을 다듬은 후, 사전검증을 받기 위해 오랜 친구인 파울리에게 복사본을 보냈다. 파울리는 논문을 읽고 굉장히 흥분했지만, 과도한 집중으로 심신이 지칠 대로 지친 하이젠베르크는 출판하기에는 아직 부적절하다고 생각하여 최종 판단을 보른에게 맡기고 1925년 7월에 레이든과 케임브리지로 강연을 떠났다. 내가 하이젠베르크였다면 강연 석상에서 목에 잔뜩 힘을 주고 최근에 얻은 엄청난 결과를 공개했을 것이다. 그러나 하이젠베르크는 양자역학을 주제로 강연을 하면서도 자신의 계산에 대해서는 단 한마디도 언급하지 않았다.

한편 보른은 하이젠베르크의 논문에 담긴 의미를 간파하고 매우 기쁜 마음으로《물리학 잡지》에 보냈다. 원자의 두 가지 상태를 수학적으로 다루려면 단순한 수가 아닌 '수의 배열'이 필요하다. 하이젠베르크는 이것을 일종의 표(table)로 간주했다. 가장 비슷한 사례가 바로 체스판이다. 체스판에는 총 64개의 정사각형이 있으므로, 1부터 64 사이의 숫자를 할당하면 모든 사각형에 고유의 이름을 붙일 수 있다. 그러나 체스를 두는 사람들은 세로줄(columns)에 a, b, c, d, e, f, g, h를 가로줄(rows)에 1, 2, 3, 4, 5, 6, 7, 8을 할당하여 하나의 알파벳과 하나의 숫자로 특정 사각형을 지정한다. 예를 들어 a1은 루크(rook)가 놓

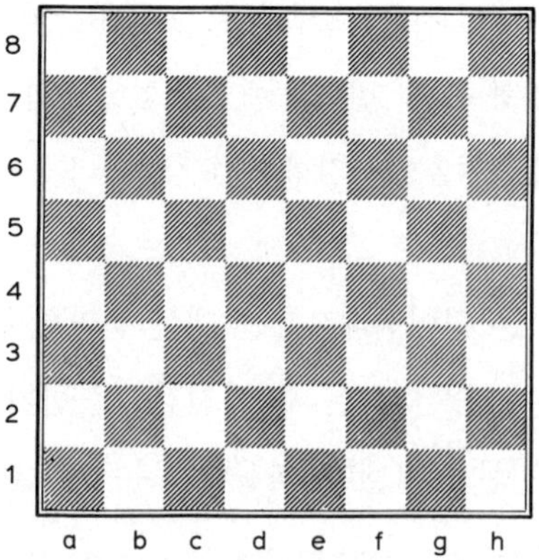

그림 6-1 체스판의 작은 정사각형들은 'b4'나 'f7'과 같이 한 쌍의 기호(숫자, 알파벳 등)를 이용하여 이름을 매길 수 있다. 양자역학적 상태도 한 쌍의 수로 정의된다.

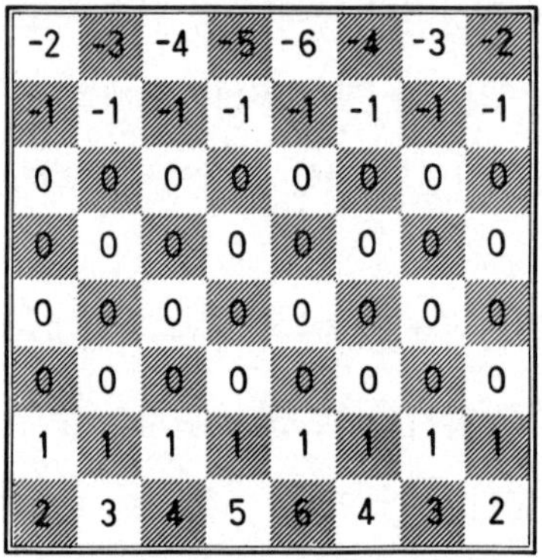

그림 6-2 체스판에 그려진 작은 정사각형의 '상태'는 그곳에 놓인 말의 종류에 의해 정의된다. 폰을 1로, 루크는 2로 표기하고 …… 흰색 말을 양수, 검은색 말을 음수로 표기하면 체스경기의 모든 상황을 기호로 나타낼 수 있다. 예를 들어 왕 앞에 있는 폰이 두 칸 앞으로 이동했다면 "e2-e4"로 쓰면 된다. 양자적 전이도 이와 비슷하게 한 쌍의 수(처음 상태와 나중 상태를 나타내는 2개의 수)로 표현할 수 있다. 단, 이 표기법에는 처음 상태와 나중 상태만 명시되어 있으며, 이동 중 생긴 사건에 대해서는 아무런 정보도 담고 있지 않다. 체스게임에서 가장 작은 변화에 해당하는 e2-e3 움직임을 양자역학에 비유하면 에너지가 $h\nu$만큼 높아진 전이에 해당하고, e3-e2는 에너지 $h\nu$가 방출되는 전이에 해당한다. 물론 정확한 비유는 아니지만, 기본적으로 양자전이는 체스판에서 진행되는 말의 이동과 비슷하다. 하이젠베르크와 디랙 그리고 슈뢰딩거는 동일한 양자적 사건을 각기 다른 수학적 기법으로 표기했다.

이는 자리이고, g2에는 나이트(knight)가 놓이는 식이다. 하이젠베르크의 표는 숫자를 2차원으로 배열한 체스판과 같다. 굳이 2차원 배열을 선택한 이유는 2개의 원자 상태와 이들 사이의 상호작용을 계산할 때 수학적으로 가장 편리했기 때문이다. 이 계산을 수행하려면 2개의 배열을 곱하는 경우가 종종 발생하는데, 하이젠베르크는 이 과정에서 교묘한 수학적 트릭을 올바르게 구사하느라 무진 고생을 했다. 그중에서도 가장 당혹스러웠던 것은 2개의 배열을 곱한 결과가 곱하는 순서에 따라 달라졌다는 점이다.

참으로 이상한 결과였다. 숫자에 비유하면 2×3이 3×2와 다르다는 뜻이고, 대수적으로 표현하면 $a \times b \neq b \times a$임을 의미한다. 보른은 이것 때문에 밤낮으로 고민하다가 무언가 근본적인 것이 배열 연산 안에 숨어있음을 깨달았다. 하이젠베르크가 혼신의 노력을 기울여 구축한 숫자 배열(표)은 이미 수학에 존재하는 '행렬(matrix)'이었던 것이다! 보른은 20세기 초 브레슬라우대학교 학생 시절에 행렬을 다뤄본 경험이 있었는데, 행렬의 수학적 특성과 연산체계는 이미 오래전에 구축되어 있었다. 독자들도 고등학교 수학 시간에 배웠겠지만, 행렬은 곱하는 순서에 따라 답이 달라지는 특성이 있다. 수학 용어로 말하면 "행렬은 교환법칙을 만족하지 않는다."

양자 수학

1925년 여름에 보른은 요르단과 함께 '행렬역학(matrix mechanics)'

이라는 새로운 체계를 개발했고, 그해 9월에 괴팅겐으로 돌아온 하이젠베르크는 이들과 합류하여 양자역학에 관한 포괄적 논문을 작성했다. 이 논문은 하이젠베르크가 헬골란트섬에서 돌아온 직후에 쓴 논문보다 훨씬 분명하고 구체적이었으며, 세 저자는 특히 양자변수의 비가환성•을 강조했다. 보른은 얼마 전에 요르단과 함께 논문을 쓰던 중 $pq-qp=\hbar/i$의 관계를 알아냈다. 여기서 p와 q는 행렬로 표현되는 양자변수로서 각각 운동량과 위치를 의미하고, 우변에는 플랑크상수를 2π로 나눈 $\hbar$••와 i•••가 등장한다. 괴팅겐 연구 팀(보른, 요르단, 하이젠베르크. 이들이 공동으로 발표한 논문은 흔히 '3인 논문three-man paper'으로 알려져 있다)은 이 방정식이 '가장 근본적인 양자역학적 관계'라고 했다. 그런데 여기에 담긴 물리적 의미란 대체 무엇일까? 플랑크상수는 물리학자들에게 이미 친숙한 상수이고, 허수 i가 등장하는 방정식도 처음은 아니었다(진동이나 파동을 서술하는 방정식에는 종종 i가 포함되어 있다). 그러나 1925년의 수학자와 물리학자 들은 행렬에 익숙하지 않았으며, 교환법칙이 성립하지 않는다는 것은 1900년에 플랑크가 제안했던 h 못지않게 충격적이었다. 이런저런 이유로 상황은 그다지 좋아 보이지 않았지만, 수학의 장벽을 넘으면 그야말로 드라마틱한 결과가 얻어진다. 하이젠베르크는 "뉴턴역학의 운동방정식은 행렬을 포함하는 비슷한 방정식으로 대치된다. 에너지보존법칙과

• noncommutativity, 곱셈의 교환법칙을 만족하지 않는 성질.

•• 앞으로는 $\hbar$를 그냥 '플랑크상수'라 부르기로 한다. ($\hbar=\frac{h}{2\pi}$)

••• 허수단위, -1의 제곱근.

같은 고전적 결과들이 새로운 역학체계에서도 똑같이 유도된다는 것은 정말로 놀라운 일이 아닐 수 없다"고 했다.[1] 아인슈타인의 상대성 이론이 뉴턴역학을 포함하는 것처럼, 행렬역학도 뉴턴역학을 자연스럽게 포함한다는 뜻이다. 그러나 당시에는 행렬수학을 이해하는 사람이 거의 없었기에, 대부분의 물리학자는 괴팅겐 연구 팀이 얼마나 대단한 일을 해냈는지 잘 모르고 있었다. 그런데 여기에는 단 한 사람의 예외가 있었으니, 영국 케임브리지대학교의 폴 디랙이 바로 그 주인공이었다.

폴 디랙은 1902년 8월 8일에 영국 브리스틀에서 태어났다(하이젠베르크보다 8개월쯤 젊다). 뉴턴에 버금가는 영국의 이론물리학자로 알려진 그는 가장 완벽한 형태의 양자역학을 개발한 천재였지만, 이론물리학자의 길을 걷게 된 것은 브리스틀대학교 공학부를 졸업한 1921년부터였다. 그는 대학을 졸업한 후 일자리를 찾지 못해 전전긍긍하다가• 케임브리지대학교에서 수학을 공부할 기회를 얻었으나, 학교에서 제안한 장학금은 타지 생활을 하기에 턱없이 부족했다. 그리하여 디랙은 브리스틀에서 부모와 함께 살면서 250km가 넘는 거리를 오가며 3년짜리 교과과정을 2년 만에 마치고 1923년에 기어이 케임브리지대학교 응용수학과를 졸업했다. 그 후 영국 과학산업연구부(Department of Scientific and Industrial Research)의 후원을 받아 같은 학교에서 대학원 과정을 이수했는데, 바로 이 무렵에 양자 이론을 처음 접하게 된다.

• 당시 영국 경제는 제1차 세계대전을 겪은 후 극심한 침체기를 겪고 있었다.

1925년 7월에 하이젠베르크가 케임브리지에 와서 강연할 때, 디랙은 전혀 알려지지 않은 신출내기 대학원생이었다. 강연 석상에서 하이젠베르크는 최근에 한 일을 공개적으로 언급하지 않았지만, 디랙의 지도교수인 랠프 파울러(Ralph Fowler)에게만은 사실을 털어놓았다. 그 후 8월 중순에(학술지에 논문을 기고하기 전이었음) 하이젠베르크는 논문 복사본을 파울러에게 보냈고, 깊은 인상을 받은 파울러는 그 논문을 디랙에게 보여주었다. 즉, 디랙은 지도교수 덕분에 괴팅겐 바깥에서 하이젠베르크의 새로운 이론을 미리 접한 극소수의 물리학자 중 한 사람이 된 것이다. 이 논문에서 하이젠베르크는 양자역학적 변수(행렬)의 비가환성을 지적하면서도 아이디어를 그 이상으로 발전시키지 않고 대충 얼버무렸으나, 디랙은 논문을 읽는 즉시 $a \times b \neq b \times a$의 중요성을 알아차렸다. 하이젠베르크와 달리 어떤 수학적 객체가 교환법칙을 만족하지 않는지 이미 알고 있었던 디랙은 100년 전에 윌리엄 해밀턴(William Hamilton)이 개발했던 수학을 이용하여, 단 몇 주 만에 하이젠베르크의 방정식을 다른 형태로 바꾸는 데 성공했다. 재미있는 것은 양자역학(특히 전자의 궤도 계산)에 유용하게 쓰인 해밀턴 방정식이 19세기에는 행성들 사이의 상호작용을 계산하는 데 쓰였다는 점이다.

디랙은 (괴팅겐 연구 팀과 별개로) 양자역학의 방정식이 고전역학의 방정식과 같은 구조이며, 양자역학에서 양자수가 아주 크거나 플랑크 상수를 0으로 설정하면 모든 결과가 고전역학과 일치한다는 놀라운 사실을 발견했다. 간단히 말해서, 고전역학은 양자역학의 '특수한 경우'에 불과했던 것이다. 디랙은 양자대수(quantum algebra)라는 특별한

대수학을 이용하여 역학을 다른 방식으로 서술했다. 양자대수의 핵심은 이상하기 그지없는 양자변수, 즉 'q-수(q-numbers)'의 덧셈과 곱셈인데, 디랙이 개발한 수학체계에 의하면 2개의 q-수는 크기를 비교할 수 없다. 다시 말해서, 2개의 q-수 *a*와 *b*가 주어졌을 때 어느 쪽이 더 큰지 알 수 없고, 알 필요도 없다. 양자대수에는 '수의 대소(大小)'라는 개념이 아예 존재하지 않는다. 그러나 디랙의 수학으로 얻은 결과는 원자의 실험 데이터와 정확하게 일치했고, 양자대수는 행렬역학을 포함하면서 행렬역학보다 훨씬 많은 정보를 담고 있었다.

디랙의 연구 결과가 무엇을 의미하는지 대번에 알아본 파울리는 한시라도 빨리 발표할 것을 권유했고, 디랙은 계산 결과를 정리하여《왕립협회 회보(*Proceedings of the Royal Society*)》에 제출했다(이 논문은 1925년 12월에 출판되었다). 여기서 중요한 것은 하이젠베르크를 몇 년 동안 괴롭혀왔던 반정수 양자수가 디랙의 논문에 핵심요소로 포함되어 있었다는 점이다. 디랙의 논문을 접한 하이젠베르크는 찬사를 아끼지 않았다. "양자역학에 관한 귀하의 탁월한 논문을 방금 읽었습니다. 모든 결과가 정확하게 맞는다는 데에도 의심의 여지가 없습니다. …… 귀하의 논문은 우리(괴팅겐 3인조)의 연구 결과보다 훨씬 집약적이고 우수합니다."[2] 디랙은 1926년 상반기 동안 4편의 걸출한 논문을 작성하여 박사학위 논문으로 제출했고, 비슷한 시기에 파울리는 행렬을 이용하여 수소 원자의 발머계열 스펙트럼선을 정확하게 설명했다. 1925년 말에 대다수의 물리학자들은 전자에 스핀이라는 특성을 부여하면 일부 스펙트럼선이 2개로 갈라지는 현상을 설명할 수 있다고 생각했는데, 디랙과 파울리의 논문이 발표되면서 스핀 이론이 정설로 굳어진 것이다. 두 사람은 각기 다른 행렬역학을 사용했지만, 결과가 일치한다는 데에는 의심의 여지가 없었다.•

양자대수의 원리를 이해하기 위해 다시 체스로 돌아가 보자. 체스 게임에서 말이 움직인 모든 과정을 기록하는 방법은 여러 가지가 있다. 가장 직관적인 방법은 체스판과 똑같이 생긴 도표를 만들어서 수를 둘 때마다 모든 말의 위치를 기록하는 것인데, 수가 길어지면 그림이 너무 번잡해진다. 어차피 한 번의 수에서는 하나의 말만 움직일 수 있으므로, "왕 앞에 있는 폰이 네 번째 칸으로 이동했다"고 기록해도 된다. 여기에 대수표기법을 도입하면 "d2-d4"로 간단하게 쓸 수 있다. 방금 언급한 세 가지 기록법은 말의 '처음 상태'와 '나중 상태'에 대하여 모두 동일한 정보를 담고 있다(그리고 양자 세계와 마찬가지로 말이 거쳐간 중간 과정에 대해서는 아무것도 알 수 없다. 나이트의 경우에는 특히 더 그렇다). 양자역학을 서술하는 몇 가지 방법도 이와 비슷하다. 디랙의 양자대수는 수학적 측면에서 가장 우아하고 아름다우며, 하이젠베르크의 뒤를 이어 보른과 그의 동료들이 개발한 행렬역학은 겉모습이 별로 깔끔하지 않지만 효율적인 면에서는 양자대수에 결코 뒤지지 않는다.••

디랙의 초기 업적 중 가장 극적인 것은 자신이 개발한 양자역학에 특수상대성이론을 접목한 '상대론적 양자역학(Relativistic Quantum

• 디랙이 구축한 양자역학에는 해밀턴 방정식이 양자역학 버전인 $(ab-ba)/i\hbar$로 대치되어 있는데, 이것은 형태만 다를 뿐 괴팅겐 3인조(하이젠베르크와 보른, 요르단)가 디랙보다 먼저 작성한 논문에서 "가장 근본적인 양자역학적 관계"라 불렀던 방정식과 동일하다. 그러나 괴팅겐 3인조의 논문은 디랙의 논문보다 늦게 출판되었다.—원저자 주

Mechanics)'이었다. 빛의 입자설(광자)을 기꺼이 수용한 디랙은 자신의 방정식에 '시간'을 또 하나의 q-수로 도입하여 "빛이 운동량을 가진 입자라면, 원자는 빛을 방출할 때마다 '총알이 발사된 총'처럼 뒤로 튕겨야 한다"는 결론에 도달했고, 곧바로 콤프턴 효과를 양자역학적으로 해석하는 작업에 착수했다. 디랙의 계산은 두 부분으로 나뉘어 있는데, 전반부는 q-수를 수학적으로 다루는 방법이 소개되어 있고, 후반부에서는 실제 관측되는 양과 방정식 사이의 관계를 주로 다루었다. 이 과정을 따라가다 보면 마치 자연이 치밀한 계산을 수행한 후에 전자의 전이와 같은 현상을 우리에게 보여주는 것 같기도 하다. 그러나 안타깝게도 물리학자들은 1926년 이후부터 양자대수에서 멀어지기 시작했다. 바로 이 시기에 양자 이론의 오랜 수수께끼였던 파동을 이용하여 문제를 해결하는 또 하나의 수학적 테크닉이 개발되었기 때문이다. 행렬역학과 양자대수는 전자를 하나의 상태에서 다른 상태로 전이하는 입자로 간주했다. 그렇다면 전자를 비롯한 모든 입자가 파동성도 동시에 갖고 있다는 드브로이의 물질파 가설은 대체 어디로 사라진 것일까?

●● 디랙은 특유의 성실하고 겸손한 어투로 "고전방정식을 해밀턴식 형태로 바꾸면 올바른 양자방정식이 얻어진다. 이 사실을 알고 나면 어렵지 않게 앞으로 나갈 수 있다"고 했다. 사소한 문제가 양자 이론의 발목을 잡을 때, 양자방정식과 동등한 고전방정식을 쓰고 해밀턴 형식으로 바꾸면 대부분 해결된다. "이것은 누구나 할 수 있는 매우 재미있는 게임이다. 누구든지 작은 문제 하나를 해결하면 논문 한 편을 쓸 수 있다. 지금은 이류 물리학자도 일류 논문을 쓸 수 있는 시대이다. 과거 어느 때에도 이런 황금기는 존재하지 않았다. 또한 지금은 일류 물리학자들이 이류 논문을 쓰기가 매우 어려운 시대이기도 하다."(*Directions in Physics*, p. 7.)—원저자 주

슈뢰딩거의 이론

행렬역학과 양자대수가 과학의 무대에 조용히 데뷔할 무렵, 양자이론 분야에서는 다양한 시도가 진행되고 있었다. 유럽의 과학계는 시기가 잔뜩 무르익어 온갖 아이디어들이 사방에서 터져 나왔는데, 지금의 관점에서 보면 순서가 중구난방이고, 여러 사람이 동시에 발견한 경우가 태반이었다. 드브로이의 전자파동이론은 1925년 초에 학술지를 통해 출판되어 1925년 말에는 어느 정도 알려진 생태였지만, 전자의 파동성을 입증하는 실험은 아직 실행되지 않은 상태였다. 그러나 하이젠베르크와 그의 동료들이 이루어낸 업적과 달리, 물질파의 개념은 파동에 기초한 또 하나의 양자 수학을 낳게 된다.

기본 개념은 드브로이의 머리에서 탄생한 후 아인슈타인을 거치면서 구체화되었다. 드브로이의 아이디어가 아인슈타인의 관심을 끌지 못했다면 발상은 기발하지만 물리적 의미가 전혀 없는 수학적 유희 정도로 남았을 것이다. 다행히도 드브로이의 논문에 흥미를 느낀 아인슈타인은 보른에게 전자파동을 관측하는 실험에 착수할 것을 제안했고, 1925년 2월에 발표한 논문에 "물질파에는 단순한 비유를 뛰어넘는 중요한 의미가 담겨있다"고 짤막한 견해를 달아놓았는데, 슈뢰딩거가 바로 이 부분을 읽고 자극을 받았다고 한다. 물리학계의 최고 영웅인 아인슈타인이 칭찬을 했으니 관심을 보일만도 했을 것이다. 그리하여 슈뢰딩거는 드브로이의 아이디어를 액면 그대로 받아들이고, 아인슈타인이 말한 '의미'를 파헤치기 시작했다.

1887년에 오스트리아의 빈에서 태어난 슈뢰딩거는 양자역학의 토대를 구축한 물리학자들 중에서 약간 별종에 속한다. 양자역학의 산파 역할을 했던 물리학자 대다수가 20대에 두각을 나타낸 반면, 슈뢰딩거는 39세의 늦은 나이에 양자역학에 한 획을 긋는 위대한 발견을 이루어냈다. 그는 1910년에 박사과정을 마치고 1921년에 만인의 존경을 받는 취리히대학교의 교수가 되었지만, 혁명적인 사고와는 다소 거리가 먼 사람이었다. 그가 개발한 파동역학(wave mechanics)은 1920년대 중반에 이미 노년에 접어든 물리학자들의 사고방식과 일맥상통하는 면이 있었다. 괴팅겐 연구 팀은 양자 이론을 추상적으로 만들어서 일상적인 물리학과 단절시켰고 디랙은 이 부분에서 몇 술 더 떴지만, 슈뢰딩거는 물리적 개념을 쉽게 이해할 수 있도록 복원하는 데 많은 노력을 기울였다. 양자역학을 우리에게 친숙한 파동으로 서술한 것도 이런 노력의 일환이었을 것이다. 또한 슈뢰딩거는 전자의 순간 점프와 (나중에 언급될) 불확정성원리(uncertainty principle)를 죽는 날까지 받아들이지 않았다. 양자 세계의 문제를 풀기 위해 그가 도입한 수학적 도구는 가치를 매길 수 없을 정도로 중요하다. 그러나 개념적인 관점에서 볼 때 그가 창안한 파동역학은 19세기로 되돌아가는 과거 회귀형 이론이었다.

드브로이는 전자파동이라는 아이디어를 제안하면서 "전자파동은 원자핵의 주변 궤도를 점유하고 있으며, 궤도의 길이가 파장의 정수배가 되어야 안정한 상태를 유지할 수 있다. 그러므로 서로 이웃한 궤도 사이에 '중간궤도'란 존재할 수 없다"고 못을 박았다. 슈뢰딩거는 파동의 수학 이론을 이용하여 에너지준위를 계산했으나 이미 알려진 원자 스펙트럼과 일치하지 않았다. 그의 계산에는 문제가 없었지만, 전자의 스핀을 고려하지 않은 것이 문제였다(1925년은 '전자의 스핀'이라는 개념이 등장하기 전이었다). 크게 실망한 슈뢰딩거는 몇 달 동안 연구를 중단했고, 그 바람에 "수학적으로 완벽하고 타당하게 양자를 다루는 데 성공한 최초의 과학자"가 될 수 있는 기회를 놓치고 말았다. 그 후 드브로이의 전자파동에 대해 강연을 해달라는 부탁을 받고 연구 내용을 정리하다가 놀라운 사실을 깨달았다. 몇 달 전에 수행했던 계산에서 상대론적 효과를 제거했더니, 상대론적 효과가 별로 중요하지 않은 환경에서 얻은 스펙트럼과 거의 정확하게 일치했던 것이다(스핀은 회전하는 물체의 특성이 아니라 상대론적 효과에 속한다. 이 사실은 얼마 후 디랙에 의해 입증되었다). 그리하여 과학사에 길이 남을 슈뢰딩거의 양자 이론은 하이젠베르크와 보른, 요르단 그리고 디랙의 논문에 이어 1926년에 출판되었다.

슈뢰딩거가 양자 세계의 거동을 서술하기 위해 유도한 방정식은 일상적인 파동(바다에서 일어나는 파도나 대기 중에서 소리를 전달하는 음파 등)을 서술하는 고전적 파동방정식과 기본적으로 동일하다. 그래서 당시의 물리학자들은 편안하고 친숙하다는 이유로 슈뢰딩거의 이론을 쌍수를 들고 환영했다. 하이젠베르크는 원자를 시각화한 그림을 모두 폐기하고 실험으로 관측 가능한 양만이 물리적 대상이 될 수 있다는 기치 아래 전자를 입자로 간주한 양자역학을 구축했다. 반면에 슈뢰딩거는 원자가 '실존하는 실체'라고 믿었으며, 그의 이론은 전자가 파동임을 강하게 시사하고 있다. 한쪽은 파동이라고 우기는데 다른 한쪽은 입자라니, 달라도 이렇게 다를 수가 없다. 그런데도 전자의 입자설과 파동설은 양자 세계의 거동을 서술하는 일련의 방정식을 낳았고, 이들 모두 관측 데이터와 정확하게 일치했다.

처음에 물리학자들은 당혹감을 감추지 못했다. 그러나 얼마 후 미국의 물리학자 칼 에카르트(Carl Eckart)가 두 방정식이 수학적으로 같다는 것을 증명했다(디랙도 약간 다른 방법으로 증명했다). 슈뢰딩거의 방정식에는 비가환성과 $\hbar/i$라는 상수가 모두 포함되어 있는데, 행렬역학과 양자대수에서도 이들이 거의 같은 방식으로 등장한다. 2개의 상반된 접근법이 수학적으로 같다는 사실이 알려지자, 물리학자들은 비로소 안도의 한숨을 내쉬었다. 어떤 종류의 수학을 사용하건, 양자이론의 근본적인 문제를 공략하다 보면 필연적으로 같은 답에 도달하는 것 같다. 수학적으로는 디랙이 개발한 양자역학이 가장 완벽하다. 그의 양자대수는 행렬역학과 파동역학을 모두 포함하기 때문이다. 그러나 1920년대의 물리학자들은 용어가 친숙하고 방정식도 눈에 익은 슈뢰딩거의 파동역학을 선호했다(파동방정식은 광학과 유체역학 등 고전물리학에 수시로 등장한다). 그러나 슈뢰딩거의 이론은 향후 수십 년 동안 근본적인 단계에서 양자 세계를 이해하는 데 심각한 걸림돌로 작용하게 된다.

과거로 돌아가다

이제 와서 돌이켜보면 디랙이 파동역학을 발견(또는 발명)하지 않았다는 것이 선뜻 이해가 가지 않는다. 양자역학에서 핵심적 역할을 했던 해밀턴 방정식은 파동설과 입자설을 통일하려는 목적으로 이미

19세기에 개발되었기 때문이다. 해밀턴은 1805년에 더블린에서 태어나 자타가 공인하는 당대 최고의 수학자가 되었다. 그의 가장 중요한 업적은 (당시에는 인정받지 못했지만) 광학과 역학을 하나의 수학체계로 통일한 것이다. 좀 더 구체적으로 말해서, 해밀턴은 파동과 입자의 거동을 한꺼번에 서술하는 일련의 방정식을 유도했다. 이 내용은 1820~1830년대에 걸쳐 학술지에 게재되었으며, 동시대의 물리학자들을 통해 후대에 전수되었다. 역학과 광학은 19세기 후반의 과학자들에게 매우 유용한 분야였으나, 이들을 통합하는 것이 해밀턴의 주 관심사였음을 간파한 사람은 거의 없었다. 그는 광학에서 광선(빛)이 파동의 개념으로 대치된 것처럼, 역학에서도 입자빔을 파동으로 간주할 수 있다고 생각했다. 그러나 이것은 19세기 물리학자들에게 너무도 파격적인 시도였기에, 아무도 전방으로 나서지 않았다(이 문제에 관해서는 해밀턴도 입을 다물었다). 누군가가 아이디어를 제기했다가 거부당한 게 아니라, 너무 희한한 발상이어서 아예 떠올리지 않은 것이다. 그리하여 파동-입자 이중성은 고전물리학으로는 원자의 거동을 서술할 수 없다는 사실이 명백해진 20세기에 와서야 비로소 수면 위로 떠오르게 된다. 그러나 $a \times b \neq b \times a$라는 수학체계를 개발한 장본인이 해밀턴이었으므로, 그는 분명히 양자역학의 원조 중 한 사람이었다. 만일 그가 20세기 초에 살아있었다면 행렬역학과 파동역학의 동치관계를 한눈에 알아보았을 것이다. 이 사실을 최초로 알아낸 사람은 디랙이었지만, 그도 처음에는 핵심을 간파하지 못했다. 디랙은 양자 이론을 개발하던 무렵에 학생 신분이었고, 그토록 중요한 연구를 수행한 것은 생전 처음이었으며, 제 아무리 천재라 해도 한 사람이 몇 주일 동안 할 수 있는 일에는 분명히 한계가 있다. 더욱 중요한 것은 디랙이 추상적인 아이디어를 다루면서 '전자가 원자핵 주변을 공전하는' 일상적인 그림을 양자역학에서 완전히 추방하려는 하이젠베르크식 접근법을 따르고 있었기 때문에, 원자론이 직관과 맞아떨어지기를 기대하지 않았다는 점이다. 사실 슈뢰딩거의 파동역학도 사람들의 기대와 달리 원자에 대해 깔끔한 그림을 제공하지 못했다.

슈뢰딩거는 양자 이론에 파동을 도입하면 '두 상태 사이의 점프'라는 개념을 완전히 제거할 수 있다고 생각했다. 그는 전자의 전이(轉移)가 바이올린의 음이 바뀌는 것처럼 진동이 달라지면서 생기는 현상이며, 자신이 유도한 파동방정식의 파동은 드브로이가 제안했던 물질파의 일종이라고 믿었다. 그러나 다른 물리학자들이 방정식의 저변에 깔린 의미를 끈질기게 추적하면서, 고전물리학을 무대 중심으로 복귀시키려는 슈뢰딩거의 노력은 물거품이 되고 말았다. 파동방정식에 제일 크게 당황한 사람은 보어였다. 입자가 파동이라면 어떻게 가이거계수기•의 수치가 올라간다는 말인가? 원자에서는 대체 무엇이 파동친다는 것인가? 양자의 개념으로 간신히 설명된 흑체복사를 슈뢰딩거의 파동으로 설명할 수 있는가? 1926년에 보어는 슈뢰딩거를 코펜하겐으로 초빙하여 이 문제를 연구하다가 슈뢰딩거의 의도와는 전혀 다른 결론에 도달했다.

모든 내용을 철저히 분석한 결과, 파동은 디랙의 q-수 못지않게 추상적인 양으로 밝혀졌다. 수학적 분석에 의하면 슈뢰딩거의 파동은

• Geiger counter, 감지기에 도달한 입자의 수를 헤아리는 장치.

연못의 물결 같은 실제 파동이 아니라, 배위공간•이라는 가상의 수학적 공간에서 일어나는 복잡한 형태의 진동을 나타낸다. 더욱 난처한 것은 개개의 입자(예: 전자)마다 3개의 차원이 요구된다는 점이었다. 하나의 전자를 파동방정식으로 서술하려면 3차원 배위공간이 필요하고, 2개의 전자를 서술하려면 6차원 배위공간이 필요하며, 전자가 3개면 배위공간은 9차원이 되어야 한다. 또한 흑체복사의 경우에는 모든 것을 파동역학의 언어로 바꾼다 해도 불연속적인 양자(quanta)와 양자점프(quantum jump)만은 그대로 유지되어야 했다. 이 모든 결과에 혐오감을 느낀 슈뢰딩거는 분통을 참지 못하고 거친 말을 내뱉었는데, 번역서마다 약간의 차이는 있지만 요약하면 대충 다음과 같다. "그 망할 놈의 양자점프를 제거할 방법이 없다는 것을 진작 알았다면, 나는 이 분야에 티끌만 한 관심도 갖지 않았을 것이다!" 하이젠베르크는 그의 저서 《물리와 철학(*Physics and Philosophy*)》에 다음과 같이 적어놓았다. "모든 것이 파동성과 입자성을 동시에 갖는다는 역설은 아직 해결되지 않은 채 수학의 깊숙한 골짜기에 숨어있다."

슈뢰딩거는 실존하는 파동이 원자핵 주변을 에워싸고 있다는 가정하에 파동방정식을 유도했으나, 그의 가정은 결국 틀린 것으로 밝혀졌다. 파동역학은 행렬역학보다 실체에 더 가까이 다가가지 못했지만, 행렬역학과 달리 우리에게 좀 더 친숙하고 마음 편한 환상을 심어주었으며, 이 환상은 지금까지 살아남아서 "원자 세계는 일상적인 세계

• configuration space, 주어진 물리계의 일반화좌표로 이루어진 공간. 또는 계의 구속조건을 만족하는 모든 가능한 위치로 만들어진 공간.

와 완전히 다르다"는 사실을 깨닫는 데 커다란 걸림돌로 작용하고 있다. 지금(1984년) 교수가 된 물리학자들이 학생이었을 때, 원자 세계를 현실적인 파동으로 상상하는 대신 디랙의 추상적인 방법으로 접근했다면 양자역학을 훨씬 깊게 이해할 수 있었을 것이다. 지난 50년 동안 수많은 물리학자들이 양자역학을 요리 안내서처럼 활용하면서 수많은 문제를 해결했지만("이류 물리학자도 일류 논문을 쓸 수 있다"던 디랙의 말을 기억하라), 지금 우리가 양자역학을 이해하는 수준은 1920년대의 물리학자들과 비교할 때 결코 우월하지 않다.• 슈뢰딩거의 방정식이 실질적인 해결책으로 떠오르면서, 이런 희한한 해결책이 제대로 먹혀드는 이유를 더 이상 파고들지 않았기 때문이다.

양자조리법

기본적인 '양자조리법(1920년대 이후의 실용적인 양자역학)'은 1920년대 말에 보어와 보른이 개발한 아이디어에 기초하고 있다. 보어는 양자 세계의 파동-입자 이중성에 관한 철학적 토대를 확립했고, 보른은 양자조리법을 시도할 때 반드시 따라야 할 기본 규칙을 만들었다.

보어는 입자물리학과 파동물리학이 똑같이 옳으며, 서로의 부족한 점을 보완하면서 똑같은 진실을 서술한다고 주장했다. 둘 중 하나만으로는 완전하지 않지만, 경우에 따라서 입자론이 더 유용할 때도 있

• 2020년이 된 지금은 오히려 퇴보했다는 느낌이 들기도 한다.

고, 파동론이 유용할 때도 있다. 전자와 같은 기본적 실체는 입자도 아니고 파동도 아니지만, 어떤 환경에서는 입자처럼 행동하고, 또 어떤 환경에서는 파동처럼 행동한다(정말로 재버워키에 등장하는 '질척하고 유연한 토브'를 닮았다). 그러나 실험을 아무리 기발하게 설계해도, 전자의 파동성과 입자성을 '동시에' 관측할 수는 없다. 전자의 양자적 특성을 이해하려면 파동성과 입자성을 모두 고려해야 한다. 이것이 바로 앞에서 말했던 상보성(相補性, complementarity)의 핵심이다.

보른은 슈뢰딩거의 파동에 관한 새로운 해석법을 찾아냈다. 슈뢰딩거 파동방정식에서 실제 파동에 해당하는 부분은 파동함수(wave function)이며, 흔히 그리스 문자 'Ψ(psi, 프사이)'로 표기한다. 당시 대다수의 물리학자는 파동방정식으로 다양한 문제를 해결하면서 Ψ가 전자의 실제 파동을 나타낸다고 생각했다. 그러나 괴팅겐대학교에서 전자의 입자성을 관측하는 실험물리학자들과 매일 붙어살다시피 했던 보른은 Ψ가 실제 파동이라는 주장에 도저히 동의할 수 없었다. 그는 Ψ를 실존하는 입자와 연결 짓기 위해 고심하다가 얼마 전에 빛의 성질에 대해 동료들과 주고받았던 이야기를 떠올리고 다음과 같이 결론지었다. "입자는 분명히 존재하는 실체지만 파동을 통해 나아가기도 한다. 그러므로 임의의 지점에서 파동의 강도(더 정확하게는 Ψ^2)는 그 지점에서 입자가 발견될 '확률'에 해당한다." 바로 그랬다. 전자가 정확하게 어디 있는지는 알 수 없지만, 파동함수는 전자를 관측했을 때 특정 위치에서 전자가 발견될 확률을 알려주고 있었다. 그런데 이 해석에 의하면 전자는 어떤 곳이건 존재할 수 있다. 몇 분 전까지 실험실 안에 존재했던 전자는 지금 이 순간 태양계 바깥에 존재할 수도 있다. 물론 실험실 안에 존재할 확률이 압도적으로 크고 태양계 바깥에 존재할 확률은 지극히 낮지만 0은 아니다. 통계역학에서 방 안에 있는 공기 분자들이 한쪽 구석으로 모여들 확률이 0이 아닌 것처럼, 보른의 해석은 이미 불확실했던 양자 세계를 한층 더 불확실하게 만들었다.

보어와 보른의 이론은 1926년 말에 하이젠베르크가 발견한 불확정성원리와 일맥상통한다. 이 원리에 의하면 양자역학의 방정식에는 불확정성이 이미 내재되어 있다. 수학적으로 $pq \neq qp$라는 것은 무엇이 p이고 무엇이 q인지 구별할 수 없다는 뜻이기도 하다. p를 전자의 운동량이라 하고 q를 전자의 위치라 하면, 우리는 p를 정확하게 측정할 수 있고 q도 마찬가지다. 이제 측정 과정에서 발생한 오차를 Δp, Δq라 하자(Δ는 그리스 알파벳 '델타'로서, 아주 작은 양을 나타내는 기호이다. 즉, Δp는 p의 아주 작은 양을 의미한다). 하이젠베르크가 발견한 원리는 다음과 같다. "위의 사례에서 전자의 운동량과 위치를 '동시에' 측정하면 정확한 값을 얻을 수 없다. 왜냐하면 $\Delta p \times \Delta q$는 항상 $\hbar$보다 크기 때문이다($\hbar = h/2\pi$)." 위치를 정확하게 측정할수록 운동량의 오차는 커진다. 즉, 전자의 위치를 정확하게 알아내면 앞으로 전자가 어디로 갈지 알 수 없게 된다는 뜻이다. 반대로 전자의 운동량을 정확하게 측정하면 전자가 어디에 있는지 알 수 없다. 위치와 운동량의 불확정성 관계는 이 책의 3부에서 자세히 다룰 예정이다. 중요한 것은 오차의 원인이 측정장비의 성능이나 그것을 다루는 사람의 숙련도와 아무런 관련이 없다는 점이다. 어떤 경우에도 위치-운동량과 같은 한 쌍의 물리량을 동시에 정확하게 측정하는 것은 원리적으로 불가능하다. 양자

세계에 절대적 진실이란 존재하지 않는다.•

하이젠베르크의 불확정성원리는 전자를 비롯한 기본물체의 상보적 서술이 겹치는 부분을 정확한 수치로 보여주고 있다. 위치는 입자만이 갖는 특성으로, 임의의 입자는 공간의 어떤 곳에도 놓일 수 있다. 반면에 파동은 정확한 위치를 정의할 수 없지만 운동량은 갖고 있다. 불확정성원리에 의하면 관측자가 실체의 파동적 특성을 많이 알아낼수록 입자적 특성은 그만큼 불확실해진다. 입자를 관측하도록 실험을 설계했다면 입자적인 특성만 관측되고, 파동을 관측하는 실험에서는 파동성만 관측된다. 이 세상 그 어떤 실험도 전자의 파동성과 입자성을 동시에 관측할 수 없다.

보어는 양자 세계를 이해하는 과정에서 실험의 중요성을 특별히 강조했다. 양자 세계는 오직 실험을 통해서만 탐사할 수 있으며, 모든 실험은 양자 세계에 질문을 제기한다. 그런데 이 질문은 일상적인 경험에 기초하고 있으므로 실험자는 '운동량'이나 '파장'과 같은 양을 관측하려 하고, 실험에서 얻은 '답'을 그런 쪽으로 해석한다. 우리는 고전물리학이 원자 세계를 서술하는 데 부적절하다는 사실을 잘 알고 있지만, 실험 자체는 고전물리학의 범주를 벗어날 수 없다. 또한 원자 세

• 불확정성원리는 일상적인 세계(거시 세계)에도 적용되지만, p와 q가 $\hbar$보다 훨씬 크기 때문에 불확정성이 무시할 수 있을 정도로 아주 작다. 플랑크상수 h의 값은 약 6.6×10^{-27}이고 π는 3보다 조금 크므로, $\hbar$는 약 10^{-27}이다. 당구대 위를 굴러가는 공의 위치와 운동량을 측정했을 때 (측정장비의 오차가 아니라) 원리적으로 나타나는 불확정성은 $\hbar$ 단위인데, 당구공의 운동량이나 위치와 비교할 때 값이 너무 작아서 현실적으로 감지할 수 없다. 양자적 효과가 크게 나타나려면 방정식에 들어있는 숫자들(전자의 이동거리, 운동량 등)이 플랑크상수와 비슷하거나 더 작아야 한다.—원저자 주

계를 관측하려면 어떻게든 관측장비를 들이대야 하므로, 관측대상을 필연적으로 교란시킬 수밖에 없다. 그래서 보어는 "우리가 원자를 보고 있지 않을 때 원자에서 무슨 일이 일어나고 있는지 묻는 것은 아무런 의미가 없다"고 했다. 우리가 할 수 있는 일이란 특정 실험에서 특정한 결과가 얻어질 확률을 계산하는 것뿐이다.

지금까지 언급된 일련의 개념들(불확정성원리와 상보성원리, 관측자에 의해 교란되는 관측대상 등)을 뭉뚱그려서 양자역학의 '코펜하겐 해석(Copenhagen interpretation)'이라 한다. 그러나 정작 코펜하겐에서는 어느 누구도 이런 용어를 쓴 적이 없고(사실은 다른 곳에서도 쓴 적이 없다), 파동함수의 확률적 해석을 맨 처음 제안했던 보른의 본거지는 괴팅겐이었다. 어쨌거나 코펜하겐 해석은 손에 잡히지 않는 양자 세계 못지않게 모호한 개념이어서 모든 사람이 수용하진 않았지만, 꽤 많은 사람이 양자역학의 지침으로 받아들였다. 보어는 1927년 9월에 이탈리아의 코모에서 열린 학회에 참석하여 이 개념을 소개했고, 그 때부터 양자역학은 '타당한 이론'으로 자리 잡게 된다. 그 후로 원자와 분자를 연구하는 수많은 물리학자는 근본적인 의미를 따지지 않고 양자역학의 방법론을 마치 요리 안내서 읽듯 따라가면서 다양한 문제의 답을 찾아냈다.

그 후로 수십 년 동안 디랙과 파울리 등 당대의 석학들이 양자 이론의 기초를 탄탄하게 다져놓았으며, 양자역학의 선구자들은 줄줄이 노벨상을 받았다. 그러나 수상자 선정과 수여된 순서에 대해서는 다소 논란의 여지가 있다. 하이젠베르크는 1932년에 노벨상을 받았지만, 함께 논문을 썼던 보른과 요르단은 수상자 명단에 오르지 못했다. 이것 때문에 몇 년 동안 마음고생을 했던 보른은 주변 사람들에게 "하이젠베르크는 내가 말해주기 전까지 행렬이 무엇인지도 몰랐다"며 서운함을 토로했고, 1953년에 아인슈타인에게 보낸 편지에는 다음과 같이 적어놓았다. "하이젠베르크는 지금도 행렬이 뭔지 모릅니다. 그런데도 우리가 받아야 할 보상을 그 친구 혼자 싹쓸이해 갔어요."[3] 슈뢰딩거와 디랙은 1933년에 노벨 물리학상을 공동으로 받았고, 파울리는 배타원리를 발견한 공로로 1945년에 노벨상을 받았다. 보른도 '양자역학의 확률적 해석'으로 드디어 1954년에 노벨상을 받았다.•

1930년대에는 양자역학 분야에서 새로운 발견이 연달아 이루어졌고, 이 분야에 투신했던 많은 학자가 노벨상을 받았다. 제2차 세계대전이 끝난 후에는 양자역학을 응용한 새로운 분야가 우후죽순처럼 탄생했지만, 양자역학의 기본 개념 때문에 고민하던 시대는 (적어도 당분간은) 막을 내리고 말았다. 그 후로 40여 년이 흐른 지금, 우리는 개념을 다시 정립하는 새로운 시대의 문턱에 와있는지도 모른다. 이미

• 당사자인 보른은 말할 것도 없고, 대부분의 물리학자 역시 보른이 노벨상을 너무 늦게 받았다고 생각했다. 보른이 저술한 《보른과 아인슈타인의 편지(*Born-Einstein Letters*)》(p. 229)에는 다음과 같은 편지가 실려 있다. "1932년에 하이젠베르크가 혼자 노벨상을 받았을 때 마음이 몹시 상했습니다. 그 친구가 위로의 편지를 보내왔는데 전혀 위로가 되지 않더군요." 그는 아인슈타인과 슈뢰딩거, 플랑크 그리고 드브로이가 자신의 확률해석을 반대했기 때문에 노벨상을 제때 받지 못했다고 주장했다. 그리고 "요즘 물리학계를 지배하고 있는 코펜하겐학파의 이론체계는 대부분 내 머리에서 나온 것"이라고 했는데, 이것은 노학자의 과시하는 듯한 확신이 아니라 충분히 근거가 있는 말이었다. 당시 양자역학에 투신한 모든 학자는 보른이 뒤늦게나마 노벨상을 받은 것을 진심으로 축하했고, 훗날 하이젠베르크는 "보른이 노벨상 수상자로 결정되었을 때 더할 나위 없는 안도감을 느꼈다"고 고백했다.(Mehra and Rechenberg, vol. 4, p. 281.)—원저자 주

친숙해진 슈뢰딩거의 파동함수와 코펜하겐 해석을 폐기하면 새로운 세계가 눈앞에 펼쳐질 수도 있다. 그러나 이 극적인 가능성을 논하기 전에, 1920년대 말에 완성된 양자역학이 그동안 얼마나 많은 사실을 알아냈는지 살펴보기로 하자.

7장 양자로 요리하기

양자요리 안내서의 조리법을 따라가려면 몇 가지 간단한 사전 지식이 필요하다. 제일 먼저 알아야 할 것은 원자와 입자의 실체를 보여주는 모형이 아예 존재하지 않으며, 우리가 그들을 보고 있지 않을 때 어떤 일이 벌어지는지 알 방법도 없다는 것이다. 그러나 슈뢰딩거의 파동방정식을 풀면(양자역학에서 가장 널리 사용되는 방법이다) 통계적인 예측을 할 수 있다. 즉, 임의의 양자계를 관측하여 A라는 결과를 얻었다면, 파동방정식을 풀어서 다음 관측 때 B라는 결과(또는 C, D…… 등)가 얻어질 확률을 알 수 있다. 다시 한번 강조하거니와, 양자역학은 원자가 어떻게 생겼는지 알려주지 않으며, 우리가 그들을 보고 있지 않을 때 어떻게 거동하는지 알 수도 없다. 그런데 안타깝게도 파동함수를 즐겨 사용하는 대다수의 요즘 물리학자는 이 사실을 간과한 채 확률의 역할에 관해 장황하고 그럴싸한 말만 늘어놓고 있다. 영국의 물리학자 테드 배스틴(Ted Bastin)은 "20세기 말의 평범한 물리학자들은 양자역학의 근본적인 질문을 놓고 고민한 적이 전혀 없어도, 지엽적이고 구체적인 문제를 얼마든지 풀 수 있다"고 했다.[1] 물리학자란 대부분이 대학교수이므로, 요즘 학생들도 그런 식으로 배운다는 뜻이다. 그들은 파동이 실체라고 배우고 있으며, 원자에 관한 구체적인 그림을 머릿속에 그려보지 않고 양자역학으로 뛰어드는 학생은 거의 없다. 사람들은 확률적 해석의 의미를 제대로 이해하지 못한 채 방정식을 푼다. 이것이 바로 슈뢰딩거와 디랙이 유도한 방정식과 보른이 제안한 해석의 위력이다. 맛있는 요리가 만들어지는 이유를 전혀 모르는 채, 그냥 정해진 조리법을 따라갈 뿐이다. 그런데도 밥상에 올라온 요리는 한결같이 맛이 좋으니, 굳이 이유를 따질 필요가 없는 것이다.

최초의 양자요리사는 디랙이었다. 그는 괴팅겐대학교 밖에서 행렬역학을 이해한 최초의 물리학자이자 파동역학의 토대를 다지고 한 단계 끌어올린 주인공이기도 하다. 디랙은 1928년에 시간을 네 번째 차원으로 간주한 '상대론적 양자역학'을 구축하면서 전자의 스핀을 도입했고, 그 덕분에 지난 10년 동안 물리학자들을 무던히도 괴롭혀왔던 '2개로 갈라진 스펙트럼선'을 거의 완벽하게 설명할 수 있었다. 또한 디랙의 방정식은 아무도 예상하지 못했던 결과를 낳으면서 현대 입자물리학의 새로운 지평을 열게 된다.

반물질

아인슈타인의 방정식에 의하면 질량이 m이고 운동량이 p인 입자의

에너지 E는

$$E^2 = m^2c^4 + p^2c^2$$

이며, 운동량이 없는 경우($p=0$) 위의 식은 그 유명한 $E=mc^2$으로 축약된다. 그러나 이것이 전부가 아니다. $E=mc^2$을 얻으려면 p에 0을 대입한 후 양변에 제곱근을 취해야 하는데, 이런 경우 E는 양수와 음수에 해당하는 2개의 근을 갖게 된다. 2×2는 4이지만, (−2)×(−2)도 4이기 때문이다. 그러므로 엄밀히 말하면 $E=\pm mc^2$이다. 물리학에 등장하는 방정식에서 음수해가 얻어지면 보통은 의미 없는 해로 간주하고 양수해만 취한다. 그러나 천재 디랙은 전례를 따르지 않고 음수해의 의미를 집요하게 파고들었다. 상대론적 양자역학으로 계산된 에너지준위는 항상 짝을 지어 나타나는데, 하나는 양수에 해당하는 mc^2이고 다른 하나는 음수에 해당하는 $-mc^2$이다. 이 이론에 의하면 전자는 가장 낮은 에너지준위로 떨어지려는 경향이 있고, 가장 높은 '음에너지 상태'는 가장 낮은 '양에너지 상태'보다 에너지가 작다. 그렇다면 음에너지는 무슨 뜻이며, 우주에 존재하는 모든 전자는 왜 음에너지준위로 떨어져서 사라지지 않는 것일까?

디랙은 전자가 페르미온이라는 사실을 떠올렸다. 즉, 하나의 에너지 상태에는 단 하나의 전자만 놓일 수 있다(하나의 에너지준위에는 두 가지 스핀이 가능하므로, 에너지준위 하나당 2개의 전자가 놓일 수 있다). 그러므로 전자가 음에너지 상태로 떨어지지 않는 이유는 이 상태들이 이미 다른 전자들로 가득 차 있기 때문이다. 우리가 '텅 빈 공간'이라고 불렀던 곳이 사실은 음에너지를 갖는 전자들로 가득 찬 바다였던 것이다! 이 정도만 해도 대단한 발견인데, 디랙의 상상은 여기서 멈추지 않았다. 앞서 말한 대로 전자는 에너지준위 사이를 점프할 수 있으므로, 음에너지 바다에 '잠겨있는' 전자에 충분한 에너지를 공급하면 현실 세계로 점프하여 관측 가능한 입자가 될 수 있다. $-mc^2$을 mc^2으로 올리려면 총 $2mc^2$의 에너지가 필요한데, 전자(electron)의 경우 이 값은 약 1MeV로 원자 내부에서 진행되는 과정이나 입자들끼리 충돌하는 과정에서 쉽게 충당된다. 현실 세계로 올라온 음에너지 전자는 모든 면에서 정상이지만, 자신이 있던 음에너지 바다에 흔적을 남긴다. 즉, 음에너지 바다에 '음전하를 띤 전자의 부재(不在)'에 해당하는 구멍이 생기는 것이다. 디랙은 이 구멍이 양전하를 띤 입자처럼 행동한다고 생각했다(부정을 두 번 반복하면 긍정이 되는 것처럼, 음에너지 바다에서 '음전하'를 띤 입자의 '부재'는 '양전하를 띤 입자의 존재'로 나타난다). 그리고 주어진 상황의 대칭성을 고려하여, 음에너지 바다에서 양전하를 띤 입자의 질량은 우리가 알고 있는 전자의 질량과 같다고 결론지었다. 그러나 1920년대 말에 발견된 입자가 전자와 양성자뿐이라는 사실에 마음이 살짝 약해진 디랙은 논문 최종본을 작성하면서 "양전하를 띤 입자의 정체는 아마도 양성자일 것"이라는 겸손한 추측으로 마무리했다. 훗날 디랙은 자신의 저서 《물리학의 경향(*Directions in Physics*)》에 다음과 같이 적어놓았다. "나의 추측은 완전히 빗나갔다. 그때 좀 더 용기를 내어 '전자와 질량이 같으면서 양전하를 띤 입자가 곧 발견될 것'이라고 큰소리를 쳐야 했다."

처음에는 디랙의 이론을 수용하는 사람이 거의 없었다. 전자의 양전하 파트너가 양성자라는 가설은 폐기되었지만, 물리학자들은 그의 논문을 심각하게 받아들이지 않았다. 그러나 1932년에 미국의 물리학자 칼 앤더슨(Carl Anderson)이 우주선(宇宙線, cosmic ray)을 분석하던 중 양전하를 띤 입자의 흔적을 발견했고, 그 후로 디랙의 이론은 뜨거운 관심사로 떠올랐다. 우주선은 우주에서 지구로 쏟아지는 고에너지 입자의 흐름으로, 제1차 세계대전이 일어나기 전에 이 현상을 최초로 발견한 미국의 물리학자 빅터 헤스(Victor Hess)는 1936년에 앤더슨과 함께 노벨상을 받았다. 앤더슨의 실험은 안개상자(cloud chamber) 속에서 입자가 남긴 흔적을 추적하는 방식으로 진행되었는데, 입자가 이곳을 지나가면 마치 비행기가 하늘에 남긴 비행운(飛行雲)처럼 기다란 흔적을 남긴다. 여기에 자기장을 걸어주면 전하를 띤 입자는 경로가 휘어지고, 전하의 부호에 따라 휘어지는 방향이 달라진다. 앤더슨은 일부 입자의 경로가 자기장에 의해 휘어지는 것을 확인했고, 휘어지는 정도가 전자와 똑같으면서 방향만 반대라는 사실도 알아냈다. 이는 곧 흔적을 남긴 입자의 질량과 전하량이 전자와 같으면서 전하의 부호만 다르다는 뜻이다. 그리하여 디랙이 '심증적으로' 예견했던 입자는 실존하는 입자로 확인되었으며, '양전하를 띤 전자'라는 뜻의 양전자(positron)로 명명되었다. 앤더슨은 이 공로를 인정받아 1936년에 노벨상을 받았고, 새로 등장한 양전자는 입자 세계에 대한 물리학자들의 관점을 완전히 바꿔놓았다. 그 전까지만 해도 물리학자들은 원자를 구성하는 중성자(제임스 채드윅이 1932년에 발견하여 1935년에 노벨상을 받았음)와 양성자 그리고 전자가 모두 발견되었기 때문에 이들만 있으면 만사형통이라고 믿었다. 그러나 새로 발견된 양전자는 존재 이유 자체가 의문이었고, 입자는 순수한 에너지에서 탄생할 수 있다는 주장도 입자의 개념에 근본적인 변화를 예견하고 있었다.•

원리적으로 모든 입자는 디랙이 말했던 과정을 거쳐 에너지로부터 생성될 수 있다. 그리고 음에너지 바다에는 그 반입자에 해당하는 '구멍'이 생긴다. 물리학자들은 입자의 생성과정을 좀 더 유식한 용어로 표현하고 있지만, 기본 규칙은 위에 설명한 내용과 동일하다. 가장 중요한 규칙은 "입자와 반입자가 만나면 구멍으로 떨어지면서 $2mc^2$에 해당하는 에너지를 방출하고 무(無)로 사라진다"는 것이다. 물론 폭탄이 터질 때처럼 연기가 나지는 않는다. 폭탄이 터지는 것은 화학반응이지만, 입자와 반입자가 만나서 소멸하는 것은 감마선 폭발처럼 입자 단계에서 일어나는 현상이기 때문이다. 사실 1932년 이전에도 안개상자 속에서 양전자가 발견된 사례는 헤아릴 수 없을 정도로 많았다. 그러나 당시는 앤더슨이 양전자를 발견하기 전이었기에, 새로운 입자를 별로 반기지 않았던 대다수의 물리학자는 "원자핵을 향해 돌진하는 전자의 흔적"이라고 생각했다(사실은 원자 밖으로 탈출하는 양전자의 흔적이었다). 요즘은 상황이 역전되어, 실험물리학자들은 새로운 입자를 찾는 데 일생을 바치기도 한다. 디랙은 1978년에 출간된 자신의 저서 《물리학의 경향》에 이렇게 적어놓았다. "요즘 물리학자들은 아주 사소한 증거만 발견돼도 새로운 입자가 존재한다는 가정을 세운다. 이 점은 이론물리학자나 실험물리학자나 마찬가지다."(p. 18)

• 음에너지 바다의 '구멍'에 해당하는 입자를 반입자라고 부른다. 양전자는 전자의 반입자이다.

1920년대에는 달랑 2개(전자와 양성자)에 불과했던 입자의 종류가 지금은 200여 종으로 불어났고, 이들은 고에너지 입자가속기 안에서 다양한 상호작용을 통해 생성되고 있다. 그러나 대부분의 입자는 상태가 불안정해서 한 번 생성되었다가 순식간에 붕괴되어 다른 입자로 변하거나 복사에너지를 방출하고 사라진다. 반양성자(antiproton)와 반중성자(antineutron)는 1950년대 중반에 발견된 후 지금까지 발견된 사례가 없지만, 이들은 디랙의 이론이 옳았음을 보여주는 확실한 증거로 남아있다.

입자의 종류가 하도 많아서 물리학자들은 입자 목록을 '입자동물원'이라 부른다. 그동안 입자동물원의 현황을 소개하는 책이 여러 권 출판되었고, 많은 물리학자들은 '입자분류학자'로 경력을 쌓고 있다. 그러나 내가 보기에 입자의 종류가 그토록 많은 데에는 딱히 심오한 이유가 없는 것 같다. 지금의 상황은 양자 이론이 탄생하기 전에 분광학이 처했던 상황과 비슷하다. 그 무렵 분광학자들은 수많은 스펙트럼선의 상호관계를 정리하여 기나긴 목록을 만들면서도 정작 스펙트럼선이 생기는 원인은 모르고 있었다. 이런 경우에는 스펙트럼 목록을 작성하는 것도 학술적인 행위가 될 수 있겠지만, 근본적인 진리 추구와는 다소 거리가 있다. 이보다는 좀 더 근본적인 단계에서 입자의 종류가 그토록 많은 이유를 설명하는 이론이 필요하다. 1950년대에 아브라함 파이스(Abraham Pais)가 집필한 아인슈타인의 전기에는 이렇게 적혀있다. "아인슈타인은 입자의 다양성 때문에 고민할 필요가 없다면서, 사방에 널린 입자들은 결국 통일장이론(unified field theory) 방정식의 해(解)로 판명될 것이라고 확신했다."[2] 그로부터 30여 년이 지난 지금(1984년), 아인슈타인의 확신은 점차 사실로 드러나는 듯하다. 하루도 조용할 날 없는 입자동물원을 진정시켜줄 통일장이론은 이 책의 마지막 장인 에필로그에서 소개할 예정이다. 지금은 1940년대부터 폭발적으로 성장한 입자물리학이 '최초의 양자요리 지침서'라 할 수 있는 디랙의 양자 이론에서 탄생했다는 사실을 기억하는 것으로 충분하다.

원자핵의 내부

양자역학은 원자의 거동을 정확하게 서술함으로써 의심의 여지가 없는 정통 물리학이론으로 자리 잡았다. 그렇다면 원자의 가장 깊은 곳에 숨어있는 원자핵을 탐구하는 것이 자연스러운 순서일 것이다. 그러나 과학자들은 원자핵을 현실 세계에 응용하여 커다란 성공을 거두었음에도 불구하고(스리마일섬Three Mile Island의 핵반응기와 수소폭탄 등), 원자핵에서 벌어지는 일을 원자만큼 정확하게 파악하지 못하고 있다. 사실 이것은 당연한 결과이다. 원자핵의 반지름은 원자의 반지름보다 10만 배나 작다. 그런데 부피는 반지름의 세제곱에 비례하므로, 원자핵의 부피는 원자 하나의 부피의 100만×10억 분의 1(10^{-15})에 불과하다. 단, 원자핵의 질량과 전하처럼 단순한 양들은 측정 가능하며, 여기에서 동위원소의 개념이 탄생했다. 앞서 말한 대로 동위원소란 양성자수가 같고 중성자수가 다른 원소들(또는 원자나 원자핵)을 통칭하는 용어이다. 즉, 동위원소들끼리는 전자의 수가 같지만(즉, 화학적 성질은 같지만) 중성자수가 다르기 때문에 질량도 다르다.

원자핵 안에 뭉쳐있는 양성자들은 모두 양전하를 띠고 있기 때문에 서로 밀어내는 방향으로 전기력이 작용한다. 따라서 원자핵의 결합 상태가 유지되려면 양성자들은 전기력보다 강한 '접착제(glue)'로 단단하게 붙어있어야 하고, 이 접착력은 원자핵의 크기를 벗어나지 않을 정도로 초단거리 안에서만 작용해야 한다. 이렇게 양성자(그리고 중성자)를 원자핵 안에 묶어놓는 힘을 강한 핵력(strong nuclear force) 또는 강력(strong force)이라 한다(전기력보다 약한 '약한 핵력weak nuclear force, 또는 약력'도 작용하는데, 이 힘은 핵반응에서 중요한 역할을 한다). 핵이 안정한 상태를 유지하는 데에는 중성자의 역할도 중요하다. 안정한 핵의 양성자와 중성자의 수를 헤아리다 보면 원자핵 주변에 분포된 전자들처럼 양성자와 중성자도 원자핵 안에서 '궤도껍질'을 점유하고 있는 것처럼 보이기 때문이다. 자연에 천연적으로 존재하는 원자핵 중 가장 큰 것은 양성자가 92개인 우라늄(U) 원자핵이다. 물리학자들은 실험실에서 양성자가 93~106개인 원자핵을 인공적으로 만드는 데 성공했으나, 상태가 지극히 불안정하여 곧바로 다른 원자핵으로 붕괴된다(단, 양성자수가 94인 '플루토늄plutonium, Pu'의 동위원소는 안정한 상태가 비교적 길게 유지된다). 지금까지 알려진 안정한 원자핵은 거의 260종에 달하는데, 이들에 대한 지식은 보어의 고전적 원자모형보다 못한 상태지만, 겉으로 명백하게 드러나는 규칙도 있다.

핵자(nucleon, 양성자와 중성자의 통칭)의 수가 2, 8, 20, 28, 50, 82, 126인 원자핵은 상태가 매우 안정적이며, 이런 핵을 보유한 원소들은 핵자의 수가 조금 다른 원소보다 자연에 훨씬 많이 존재한다. 그래서 핵물리학자들은 이 숫자를 '매직넘버(magic numbers)'라 부른다. 그러나 원자핵의 구조는 주로 양성자에 의해 결정되고, 각 원소의 동위원소들이 가질 수 있는 중성자의 수는 극히 한정되어 있다. 일반적으로 양성자수는 중성자수와 같거나 조금 많고, 핵이 무거울수록 양성자수와 중성자수의 차이가 커진다. 양성자수와 중성자수가 모두 매직넘버와 일치하는 원자핵은 안정성이 유별나게 높다.• 그래서 이론물리학자들은 양성자 114개와 중성자 184개로 이루어진 원소의 존재를 예견했는데, 슈퍼헤비급에 해당하는 이 가상의 원소는 자연에서 한 번도 발견되지 않았고, 입자가속기 안에서 인공적으로 만들어진 사례도 없다(천연 원자핵과 핵자가 가속기 안에서 빠르게 가속되어 서로 충돌하면 무거운 원자핵이 생성될 수도 있다).

가장 안정한 원자핵은 철의 핵(Fe, 양성자 26개, 중성자 30개)이다. 이보다 가벼운 핵은 외부에서 핵자를 영입하여 철이 되려는 경향이 있고, 철보다 무거운 핵은 핵자를 외부로 방출하여 철이 되려는 경향이 있다. 별의 내부에서는 가장 가벼운 원자핵인 수소와 헬륨의 핵이 일련의 핵융합반응을 통해 탄소, 산소…… 철과 같은 무거운 원자핵으로 변하고, 이 과정에서 다량의 에너지가 방출된다. 질량이 큰 별이 초신성폭발(supernovae explosion)을 일으킬 때는 막대한 중력에너지가 핵반응에 투입되어 우라늄이나 플루토늄 등 철보다 무거운 원소가 생성된다. 이와 반대로 무거운 원소들은 알파입자나 전자, 양전자, 또는 뉴트리노(neutrino)를 방출하면서 가장 안정한 상태로 변신을 꾀하고, 이 과정에서도 다량의 에너지가 방출된다. 이런 에너지가 긴 세월 동

• 핵의 안정성이 높다는 것은 붕괴되기까지 긴 시간이 걸린다는 뜻이다.

안 누적되다가 장렬하게 폭발하면서 최후를 맞이하는 천체가 바로 초신성이다. 또한 원자핵이 알파입자(양성자 2개와 중성자 2개로 이루어진 헬륨 원자핵)를 방출하면 질량은 4단위로 감소하고 원자번호는 2만큼 작아지는데, 이 과정은 하이젠베르크의 불확정성원리와 양자역학의 법칙으로 설명할 수 있다.

핵자들은 원자핵 안에서 강력(강한 핵력)으로 단단하게 뭉쳐있다. 그러나 원자핵 바깥에 알파입자가 놓여있으면 전기적 반발력이 작용하여 바깥쪽으로 밀려나게 된다. 이런 경우 강력과 전기력을 더하면 가운데가 깊게 파인 위치에너지가 형성되는데, 물리학자들은 이것을 '퍼텐셜 우물'•이라 부른다. 화산의 단면을 닮은 분화구를 상상해보자(그림 7-1 참조). 분화구 바깥에 놓인 공(B)은 아래로 굴러떨어지면서 중심으로부터 멀어지고, 분화구 안에 놓인 공(A)은 화산의 중심으로 떨어질 것이다. 원자핵 안에 있는 핵자들도 이와 비슷하다. 이들은 원자 중심부의 우물 안에 놓여있지만, 핵의 경계면(분화구의 테두리)을 조금이라도 벗어나면 우물 밖에 형성된 내리막길(전기적 척력)을 따라 대책 없이 멀어진다. 문제는 이들이 분화구의 테두리를 벗어나기가 쉽지 않다는 것이다. 고전물리학에 의하면 핵자나 핵자의 집합(알파입자)은 에너지가 충분하지 않기 때문에 분화구를 벗어날 수 없다. 이들이 분화구를 벗어날 정도로 에너지가 컸다면 처음부터 원자핵 안에 놓이지도 않았을 것이다. 그러나 이 문제를 양자역학의 관점에서 바라보면 상황이 크게 달라진다. 핵자의 입장에서 볼 때 퍼텐셜 우물은

• potential well, 깊게 파인 우물처럼 생긴 위치에너지 그래프.

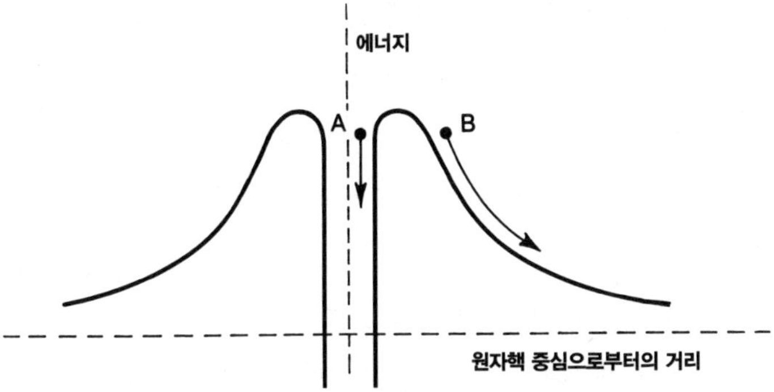

그림 7-1 원자핵의 중심에 있는 우물형 위치에너지의 그래프. A에 있는 입자는 핵의 내부에 갇혀있지만, 그래프의 꼭대기를 넘어설 정도로 충분한 에너지를 공급받으면 위치에너지 장벽을 넘을 수 있다. 이렇게 탈출한 입자 B는 내리막길(감소하는 위치에너지)을 따라가면서 원자핵으로부터 점점 멀어진다. 그러나 불확정성원리에 의하면 입자 A는 에너지를 공급받지 않아도 '터널효과'에 의해 위치에너지 장벽을 '뚫고' B로 이동할 수 있다(B에서 A로 가는 것도 가능하다).

바깥세상을 가로막는 장애물이 분명하지만, 양자 세계에서는 핵자(또는 알파입자)의 에너지가 충분히 크지 않아도 분화구의 옆구리를 '관통하여' 원자핵 바깥으로 탈출할 수 있다. 이런 사건이 발생할 확률은 그리 높지 않지만 분명히 0은 아니다. 하이젠베르크의 불확정성원리에 의하면 위치와 운동량뿐만 아니라 에너지와 시간도 불확정성 관계에 있다. 즉, 입자의 에너지 E는 Δt라는 시간 동안 ΔE의 불확정성을 가지며, 이 관계는 $\Delta E \times \Delta t > \hbar$로 쓸 수 있다.• 그러므로 입자는 불확

• 일상적인 언어로 표현하면 다음과 같다. 입자의 에너지를 측정하려면 반드시 시간(Δt)이 걸리는데, 이 시간이 길수록 에너지를 정확하게 측정할 수 있고, 시간이 짧으면 측정한 에너지에 큰 오차(ΔE)가 발생한다. 그러므로 아주 짧은 시간 동안에는 에너지가 고전적으로 예측된 값보다 엄청나게 커도 양자역학의 법칙에 위배되지 않는다.

정성원리에 따라 아주 짧은 시간 동안 에너지를 '빌려서' 위치에너지 장벽을 넘은 후, 빌려온 에너지를 되돌려주면 된다. 이로써 핵자는 원래의 에너지상태로 돌아왔지만, 원자핵의 내부가 아닌 외부에 놓여있으므로 위치에너지 그래프의 경사면을 따라 원자핵으로부터 정처 없이 멀어지게 된다.

이 과정은 위치의 불확정성으로 설명할 수도 있다. 양자역학에서는 입자의 위치가 정확하게 정의되지 않기 때문에, 퍼텐셜장벽 '안에' 놓인 입자는 '바깥에서' 발견될 수도 있다. 입자의 에너지가 클수록 탈출이 쉬워지지만, 탈출하기 위해 입자의 에너지가 반드시 장벽보다 높을 필요는 없다. 입자가 퍼텐셜장벽을 뚫고 나가는 듯한 이 과정은 순전히 양자적 효과여서,• 고전물리학으로는 설명할 수 없다. 이것이 바로 방사성붕괴가 일어나는 이유이다. 그러나 핵분열을 설명하려면 다른 원자핵모형을 고려해야 한다.

지금부터 개개의 핵자는 잊어버리고, 원자핵을 하나의 물방울로 간주해보자. 물방울이 흔들리면서 형태가 수시로 달라지는 것처럼, 원자핵이 갖고 있는 집합적 특성 중 일부는 '수시로 변하는 형태'로

• 이 과정을 거꾸로 되돌리면 핵융합(nuclear fusion)이 일어나는 이유를 설명할 수 있다. 별의 내부에서 가벼운 원자핵 2개가 강한 압력에 떠밀려 서로 가까워지면 그림 7-1의 퍼텐셜 장벽을 (바깥으로부터) 넘어 융합반응을 일으키고, 이때 각 원자핵이 보유한 에너지는 별 중심부의 온도에 의해 결정된다. 1920년대에 천문학자들은 그들이 계산한 온도가 핵융합을 일으킬 정도로(즉, 퍼텐셜장벽을 넘을 정도로) 충분하지 않아서 딜레마에 빠졌다가 양자역학의 '터널효과'가 알려지면서 비로소 해답을 찾을 수 있었다. 즉, 핵의 에너지가 충분하지 않아도 일부 핵은 불확정성원리에 의해 퍼텐셜장벽을 '관통하여' 융합반응을 일으킬 수 있다. 그 외에도 태양이 지금처럼 밝게 빛나는 이유를 설명하려면 고전역학이 아닌 양자역학을 적용해야 한다.—원저자 주

설명할 수 있다. 큰 원자핵은 구형(球形)과 아령 모양 사이를 오락가락하는 물방울과 비슷하다. 이런 원자핵에 에너지가 투입되면 진동이 더욱 격렬해지면서 2개의 작은 핵으로 분리되고, 이 과정에서 알파입자, 베타입자, 뉴트리노 등 작은 입자들이 사방으로 방출된다. 일부 원자핵은 빠른 속도로 움직이는 중성자와 충돌하여 2개로 분리되기도 하는데, 이런 경우에는 방출된 중성자가 다시 옆에 있는 핵을 때려서 2개로 분리시키고, 여기서 방출된 중성자가 또다시 옆에 있는 핵을 때리고…… 이런 식으로 연쇄반응이 일어나 핵분열이 매우 빠른 속도로 진행된다. 우라늄-235 원자핵(U-235, 양성자 92개, 중성자 143개)이 분열을 일으키면 원자번호 34~58 사이에 해당하는 두 종류의 원자핵이 생성되고(두 핵의 양성자수를 합하면 항상 92이다), 구속에서 풀려난 중성자들이 사방으로 흩어진다. 하나의 핵이 분열될 때마다 약 200MeV의 에너지가 방출되는데, 분열이 시작될 때 우라늄이 충분히 많으면 방출된 중성자가 외부로 탈출하지 못하고 옆에 있는 우라늄핵과 충돌하여 연쇄 분열을 일으키면서 에너지가 점차 누적된다. 이 과정을 전혀 제어하지 않고 에너지가 기하급수적으로 커지도록 방치하면 원자폭탄이 되고, 중성자를 흡수하는 물질을 주입하여 반응속도를 늦추면 전기를 생산할 수 있다(핵분열 에너지로 물을 끓이면 증기가 생성되고, 이 증기압으로 터빈을 돌리면 전기가 생성된다). 지금 우리가 원자핵에서 추출한 에너지는 오래전에 머나먼 우주에서 폭발한 별에 저장되어 있었던 셈이다.

태양과 같은 별들은 핵융합(nuclear fusion)을 통해 에너지를 생산하고 있다. 지구의 과학자들은 오래전부터 이 과정을 재현하기 위해 노력해왔지만, 지금은 수소원자핵을 헬륨으로 바꾸는 첫 단계 융합에 간신히 성공한 수준이다. 게다가 반응을 제어하는 기술이 아직 없기 때문에, 에너지를 제어할 필요가 없는 폭탄에만 사용된다.• 핵융합은 핵분열과 정반대 과정을 거쳐 일어난다. 핵융합을 인공적으로 일으키려면 가벼운 원자핵들이 전기적 척력을 극복하고 강력이 작용할 정도로 가까이 접근할 때까지 밀어붙여야 한다.•• 천신만고 끝에 이 공정에 성공했다 해도, 원자핵 몇 개가 융합하면 강력한 열에너지가 방출되어 근처에서 융합을 시도하는 다른 핵들을 밀어내기 때문에 더 이상 진도가 나가지 않는다.[3] 따라서 핵융합으로 에너지를 생산하려면 반응이 일어나는 동안 충분한 양의 원자핵이 한곳에 머물도록 붙잡아 두는 기술이 필요하다. 또 한 가지 중요한 요소는 핵융합을 위해 투입된 에너지보다 그로부터 얻은 에너지가 많아야 한다는 것이다. 반면에 핵융합을 이용한 폭탄은 비교적 쉽게 만들 수 있다. 융합하려는 핵을 우라늄 원자핵으로 에워싼 후 우라늄이 연쇄반응을 일으키도록 유도하면 된다.••• 여기서 일어난 폭발이 안쪽으로 향하는 압력을 생성하여 수소핵들 사이가 충분히 가까워지고, 단 몇 초 동안 핵융합이 진행되면서 상상을 초월하는 폭발을 일으킨다. 이것이 바로 인류 역사상 가장 강력한 무기로 알려진 수소폭탄이다. 그러나 핵융합에너지로

• 최초의 수소폭탄은 1950년대 초에 소련과 미국에서 개발되었다.

•• 앞서 말한 대로, 강력은 아주 짧은 거리에서 작용하는 힘이다. 원자핵의 간격을 좁히려면 별의 내부와 비슷한 수준으로 온도를 높여야 한다.

••• 원자폭탄을 수소폭탄의 기폭제로 사용한다는 뜻이다.

전기를 생산하려면 좀 더 미묘한 기술이 필요하다. 요즘은 강력한 자기장을 이용하여 전하를 띤 원자핵을 한곳에 붙잡아놓고 레이저빔을 발사하여 핵융합을 유도하는 연구가 진행되고 있다. 물론 레이저도 양자요리책에 수록되어 있는 조리법 중 하나이다.

레이저와 메이저

양자조리법으로 새로운 입자를 만들려면 디랙 같은 일류 주방장이 필요하지만, 원자핵의 내부 구조를 설명하는 이론은 보어의 원자모형보다 엉성하다. 보어의 원자모형이 지금까지 생명력을 유지하는 것도 원자핵에 관한 이해 수준이 그보다 훨씬 못하기 때문일 것이다. 레이저(laser)가 처음 등장했을 때에는 기적의 첨단기기로 각광을 받았지만, 보어의 원자모형을 알고 있는 양자요리사라면 특별한 재능이 없어도 누구나 이해할 수 있다(물론 어디서나 사용할 수 있는 레이저를 만들려면 천재적인 공학기술이 필요하다. 그러나 우리의 관심사는 물리학이므로 따지지 말고 그냥 넘어가자). 사정이 이러하니 하이젠베르크와 보른, 요르단, 디랙, 슈뢰딩거 등 양자역학의 원조들에게는 미안하지만, 레이저의 원리를 쉽게 이해하기 위해 당분간은 양자역학의 미묘한 특성을 모두 잊어버리고 전자가 원자핵 주변을 공전하는 구식모형으로 돌아가서 생각해보자. 원자가 양자에너지를 얻으면 전자는 다른 궤도로 점프하고, 원자가 이런 식으로 들뜬상태에 놓이면 잠시 후 전자는 특정 진동수를 갖는 복사에너지를 정확한 양만큼 방출하면서 바닥상태로 떨어진다. 이 과정을 '자발적 방출(spontaneous emission)' 또는 '자발적 흡수(spontaneous absorption)'라 한다.

1916년에 아인슈타인은 이 과정을 연구하면서 양자 이론의 통계적 기초를 구축하던 중 새로운 가능성을 발견했다(훗날 그는 자신이 이런 발견을 했다는 사실을 몸서리치며 후회했다). 에너지준위가 높은 원자는 상태가 불안정하기 때문에 누군가가 적절한 광자 하나를 쏘기만 하면 곧바로 에너지를 방출하고 바닥상태로 떨어진다. 이 과정을 '유도방출(stimulated emission)'이라 하는데, 여기에는 한 가지 조건이 있다. 입사광자의 진동수가 원자가 방출할 복사에너지의 진동수와 정확하게 같아야 한다. 핵분열에서 중성자가 연달아 방출되어 연쇄반응을 일으키는 것처럼, 들뜬상태에 있는 원자 무리를 향해 적절한 진동수를 가진 광자 하나를 쏘면 원자 하나가 광자를 방출하면서 바닥상태로 떨어지고, 진동수가 같은 광자 2개(처음에 입사된 광자와 원자에서 방출된 광자)가 다른 원자 2개를 건드려서 바닥상태로 떨어뜨리면 광자는 4개로 늘어나고, 이들이 또 다른 원자 4개를 건드리면 광자가 8개로 늘어나고…… 이런 식으로 계속되다 보면 하나의 진동수를 갖는 복사가 다량으로 방출된다. 게다가 복사를 자극한 광자의 진동수가 모두 같기 때문에, 모든 복사파는 마루와 골짜기가 정확하게 일치한다. 즉, 모든 파동이 '동시에' 마루에 도달했다가 '동시에' 골짜기에 도달하면서 극도로 순수한 빔이 생성되는 것이다. 이것을 '가간섭성 복사(加干涉性 輻射, coherent radiation)'라 한다.• 이런 복사에서는 모든 파동의 마루와 골이 일치하기 때문에, 원자에서 방출된 에너지가 하나도 상쇄되지 않은 채 알뜰하게 더해져서 아주 작은 영역에 집중될 수 있다.

일반적으로 한 무리의 원자나 분자에 열에너지를 가하면 다양한 상태로 들떴다가 바닥상태로 떨어진다. 이런 경우에 방출된 복사에너지는 원자마다 파장이 달라서 서로 간섭을 일으키기 때문에, 전체적인 복사에너지는 원자(또는 분자)에서 방출된 에너지를 모두 더한 양보다 훨씬 작다. 그러나 아주 좁은 영역의 에너지준위에 원자들을 집중시킨 후, 이들이 바닥상태로 돌아오도록 유도하면 효율이 매우 높은 복사에너지를 얻을 수 있다. 적절한 진동수의 복사를 아주 약하게 쪼이기만 하면, 같은 진동수의 빔이 훨씬 강하게 증폭된 상태로 방출된다. 이 기술은 1940년대 말에 미국과 소련에서 거의 동시에 개발되었으며, 개발자들은 파장이 1~30cm인 복사파를 사용하여 증폭에 성공함으로써 1954년에 노벨상을 받았다. 이 대역의 복사는 마이크로파(microwave)에 해당하고, 이들의 발명품은 1917년에 아인슈타인이 제안했던 유도방출복사를 증폭시키는 장치였기에 '유도방출복사를 이용한 마이크로파 증폭기(Microwave Amplification by Stimulated Emission of Radiation)' 또는 머리글자를 따서 '메이저(MASER)'로 명명되었다.

유도방출복사를 이용한 가시광선(빛) 증폭장치, 즉 레이저(Light Amplification by Stimulated Emission of Radiation, LASER)는 메이저보다

● 번역된 용어의 의미를 너무 깊이 파고들지 않기를 바란다. 여기서 'coherent'는 파동의 마루와 골이 일치한다는 뜻인데, 이것을 3~4개의 한자에 담다 보니 생소한 용어가 만들어진 것뿐이다.

10년쯤 늦은 1957년에 개발되었다. 주인공은 컬럼비아대학교의 대학원생이었던 고든 굴드(Gordon Gould)와 메이저 발명자 중 한 사람인 찰스 타운스(Charles Townes)인데, 아이디어를 먼저 떠올린 사람은 굴드로 알려져 있지만, 레이저로 1964년에 노벨상을 탄 사람은 타운스였다(그는 1954년도 노벨 물리학상 수상자 명단에 끼지 못했었다). 레이저는 엄청난 돈이 걸려있는 발명품이어서 최초 발명자를 가리기 위해 무려 30년 동안 법정 싸움이 벌어졌으나, 우리와는 무관한 일이므로 자세한 설명은 생략한다. 요즘은 용도에 따라 몇 종류의 레이저가 사용되고 있는데, 그중 가장 단순한 것은 광펌프 고체레이저(optically pumped solid laser)이다.

광펌프 고체레이저의 작동원리는 다음과 같다. 양끝이 매끈하게 연마된 고체 막대(주로 루비)의 주변에 광원 역할을 하는 기체방전관을 설치하고 전원의 on-off 상태 사이를 빠르게 오락가락하면 펄스 형태의 빛이 고체 막대 속의 원자를 들뜬상태로 만든다. 이때 기기의 온도를 차갑게 유지하여 막대의 원자들이 열에너지 때문에 들뜨는 경우를 최소화하고, 원자를 들뜬상태로 퍼 올리기 위해 밝은 램프를 사용한다(그래서 이름에 '펌프'라는 단어가 들어있다). 레이저가 작동되면 막대의 끝부분에서 수천 와트에 달하는 순수한 루비 빛(ruby light) 펄스가 방출된다.

그 외에 액체레이저와 형광색소레이저(fluorescent-dye laser), 기체레이저 등은 높은 에너지준위로 유도되는 재료의 상태가 다를 뿐, 기본적인 원리는 모두 동일하다(비간섭성 에너지를 투입하면 에너지가 큰 가간섭성 빛이 순수한 펄스 형태로 방출된다). 기체레이저를 포함한 일부

레이저는 직선 빔이 연속적으로 방출되기 때문에 측량용 장비나 광고, 또는 록밴드 공연장에서 분위기를 띄울 때 사용되고, 짧은 시간 동안 강력한 펄스를 방출하는 레이저는 단단한 재료에 구멍을 뚫을 때, 절단용 레이저는 의류산업과 미세수술에 사용된다(언젠가는 레이저 무기도 등장할 것이다). 또한 매 초당 저장 가능한 정보의 양은 복사파의 진동수에 비례하기 때문에, 레이저빔은 전파보다 많은 양의 정보를 실어 나를 수 있다. 슈퍼마켓의 각종 상품에 인쇄된 바코드(이 책에도 찍혀있음)는 레이저 스캐너로 읽고, 1980년대 초에 등장한 비디오디스크(VD)와 컴팩트디스크(CD)도 레이저를 통해 재생되며, '3차원 사진'으로 불리는 홀로그램(hologram)도 레이저로 촬영한 후 레이저를 통해 재생된다.

목록을 나열하자면 끝이 없다. 레이저의 전신인 메이저도 통신위성의 약한 신호를 증폭하고 레이더의 성능을 높이는 데 사용된다. 이 모든 장비는 양자 이론에 관한 논문이 아닌 첫 번째 버전의 양자역학에서 탄생했다. 60여 년 전에 아인슈타인과 보어가 유도방출의 원리를 알아낸 덕분에, 지금 우리는 마트에서 온갖 생필품을 구입하며 계산대를 빠르게 통과하고, 홀로그램 사진을 보며 감탄을 자아내고, 총천연색 레이저빔이 난무하는 콘서트장에서 신나게 노래를 따라 부르고, 그 콘서트를 지구 반대편에서 위성 TV로 시청하고, 그 밴드의 최신곡을 CD로 들을 수 있게 되었다.

마이크로 시대

우리가 양자역학 덕분에 누리는 대부분의 혜택은 고체물리학(solid state physics)이라는 분야를 통해 개발되었다. '고체(정확하게는 고체 상태)'라는 이름이 별로 낭만적으로 들리진 않지만, 비전공자들 중 이 분야를 양자역학과 관련지어 생각해본 사람은 거의 없을 것이다. 그러나 트랜지스터라디오와 소니 워크맨에서 디지털시계, 휴대용 계산기, 개인용 컴퓨터, 심지어 프로그램이 가능한 세탁기에 이르기까지, 우리의 일상생활을 지배해온 다양한 기기는 고체물리학이 낳은 발명품이다. 사람들이 고체물리학을 낯설게 느끼는 이유는 내용이 어렵기 때문이 아니라, 응용 분야가 너무 광범위하고 일상적이어서 당연하게 여기기 때문이다. 물리학자들이 양자조리법을 제대로 숙지하지 못했다면 이 모든 문명의 이기는 탄생하지 못했을 것이다.

방금 언급한 발명품들은 도체(conductor)와 부도체(insulator)의 중간에 해당하는 반도체(semiconductor)에 뿌리를 두고 있다. 반도체도 엄연한 고체이므로, 이와 관련된 모든 분야는 고체물리학에 속한다. 원자 내부의 전자들이 원자핵에 단단히 묶여있어서 전류가 흐르지 않는 물질을 부도체(또는 절연체)라 하는데, 그 이유는 양자역학으로 설명된다. 반면에 도체(주로 금속류)는 원자 내부의 전자 중 일부가 느슨하게 묶인 채 퍼텐셜 우물의 꼭대기 근처에 놓여있다. 원자들이 뭉쳐서 고체가 되면 특정 원자의 퍼텐셜 우물 꼭대기가 이웃한 원자의 우물 꼭대기와 이어져서 퍼텐셜 에너지 그래프가 전반적으로 평평해지고, 이곳에 있던 전자는 원자핵의 구속에서 벗어나 원자들 사이를 마음대로 이동할 수 있게 된다. 그런데 전자의 이동은 곧 전류를 의미하므로 도체 내부에 전류가 흐르는 것이다.

궁극적으로 물체의 전도성을 좌우하는 것은 페르미-디랙 통계이다. 이 통계 법칙에 의하면 원자의 퍼텐셜 우물 속은 단단하게 묶여있는 전자들로 가득 차 있으며, 느슨하게 묶인 전자는 우물에 빠질 수 없다. 금속을 빨래처럼 쥐어짜거나 압축할 수 없는 것은 파울리의 배타원리에 의하여 전자(페르미온)들이 더 이상 빽빽하게 들어설 수 없기 때문이다. 그래서 금속은 대체로 압력에 강하다.

고체 속 전자의 에너지준위는 양자역학의 파동방정식으로 계산할 수 있다. 원자핵에 단단히 묶여있는 전자들의 에너지영역을 '가전자대(價電子帶, valence band)'라 하고, 여러 원자핵 사이를 자유롭게 오가는 전자의 에너지영역을 '전도대(傳導帶, conduction band)'라 한다. 부도체의 모든 전자는 가전자대에만 존재하고, 도체에서는 가전자대의 전자들이 전도대로 유입될 수 있다.• 반도체의 경우에는 가전자대가 꽉 찬 상태에서 전도대와 가전자대 사이에 에너지 틈이 존재하지만 간격이 약 1eV에 불과하기 때문에, 가전자대에 있는 전자들은 전도대로 쉽게 뛰어넘으면서 전류를 흘릴 수 있다. 이런 경우 전자가 이탈한 전도대에는 '구멍(hole)'이 남게 되는데, 이것은 순수한 에너지에서 전자와 양전자가 생성된다는 디랙의 이론과 비슷하다. 음전하를 띤 전자의 부재 때문에 가전자대에 형성된 구멍은 전기적 관점에서 볼 때

• 도체 중에는 가전자대가 가득 차 있지 않아서, 전자가 가전자대 안에서 자유롭게 움직이는 경우도 있다.—원저자 주

양전하로 취급할 수 있다. 따라서 천연반도체는 전도대에 몇 개의 전자가 존재하고 가전자대에 양전하를 띤 몇 개의 구멍이 존재하여 전류가 흐르게 된다. 다른 전자들이 뒤를 이어 가전자대의 구멍으로 떨어지면 또 다른 구멍을 남기고, 또 다른 전자들이 구멍을 메우고…… 이런 과정이 반복된다고 생각할 수도 있고, 구멍 자체를 '양전하를 띤 채 반대 방향으로 움직이는 입자'로 간주할 수도 있다. 전류에 관한 한 어떤 식으로 간주해도 똑같은 결론이 얻어진다.

반도체가 특별한 관심을 끄는 이유도 전자-양전자 생성과정과 비슷한 논리로 설명할 수 있다. 반도체의 전기적 특성은 제어하기가 어렵지만, 바로 이 제어기술이 개발된 덕분에 현대인의 삶은 과거와 비교가 안 될 정도로 편리해졌다. 그 비결은 '자유전자가 많거나, 자유로운 구멍(양전하)이 많은 인공반도체의 제작'으로 요약된다.

인공반도체는 만들기가 쉽지 않지만 작동원리는 의외로 간단하다. 예를 들어 게르마늄(germanium, Ge)의 원자들은 제일 바깥 궤도에 4개의 전자를 갖고 있으며(우리의 양자조리법에서는 보어의 원자모형이 제일 적절하다), 이들을 이웃 원자와 공유하여 단단한 결정을 형성한다. 여기에 비소(As) 원자 몇 개를 투입하면 결정구조는 그대로 유지되지만, 비소 원자들이 그 틈을 비집고 들어가기 위해 안간힘을 쓴다. 화학적으로 게르마늄과 비소의 가장 큰 차이는 최외각전자의 수이다. 게르마늄과 달리 비소는 제일 바깥 궤도에 5개의 전자를 갖고 있다. 그러므로 비소 원자가 게르마늄 결정구조 안으로 비집고 들어가려면 전자 1개를 포기하고 4개만 남겨서 자신이 마치 게르마늄 원자인 척하는 것이 최선이다. 이렇게 비소 원자에서 떨어져 나온 여분의 전자는 반도체의 전도대를 배회하지만, 원래 게르마늄에 속한 전자가 아니기 때문에 구멍은 존재하지 않는다. 이런 결정을 n-형 반도체(n-type semiconductor)라 한다.

반면에 최외각전자가 3개인 갈륨(Ga)을 게르마늄에 주입하면 가전자대에 구멍이 생성되어 가전자•가 이곳으로 점프하면서 전류가 흐른다. 이것이 바로 p-형 반도체인데, 정작 재미있는 현상은 n-형과 p-형을 접촉시켰을 때 일어난다. 한쪽(p)에 있는 여분의 양전하와 다른 쪽(n)에 있는 음전하 사이에 전위차••가 형성되어 전자를 한쪽 방향으로 밀어내고, 반대쪽으로 이동하려는 전자를 저지한다. 이런 원리로 만들어진 회로소자를 다이오드(diode)라 하는데, 주로 전류를 한쪽 방향으로만 흐르게 하고 싶을 때 사용된다. 여기에 약간의 기능을 추가하여 전자가 n-형에서 p-형으로 점프할 때 빛이 방출되도록 만든 것이 발광다이오드(light emitting diode, LED)로, 휴대용 계산기와 손목시계 등 다양한 기기의 디스플레이 화면에 사용된다. 또한 다이오드를 역방향으로 연결하면 빛을 흡수하면서 홀에서 전자를 꺼내 이웃한 전도대로 퍼 올리는 포토다이오드(photodiode)가 된다. 이 회로소자는 빛을 비출 때만 전류가 흐르는 특성이 있어서, 사람이 빛 앞에서 움직일 때 스스로 열리는 자동문에 사용된다. 그러나 다이오드는 반도체 응용 분야의 극히 일부일 뿐이다.

반도체 3개를 샌드위치처럼 연결한 것(pnp 또는 npn)이 바로 그 유

• 價電子, valence electron, 원자의 최외각궤도에 있는 원자.

•• electric potential difference, 전기적 위치에너지의 차이.

명한 트랜지스터(transistor)이다(트랜지스터의 각 부위는 전기회로에 연결되어 있다. 라디오를 분해했을 때 금속이나 플라스틱 소자에서 다리 3개가 거미처럼 뻗어 나와 있는 것이 트랜지스터이며, 그 안에는 반도체가 들어있다). 여기에 적절한 불순물을 더하면 n-p 접합부에서 약하게 흐르던 전류가 p-n 접합부를 통과할 때 큰 전류로 바뀌도록 만들 수 있다. 즉, 트랜지스터는 증폭기의 역할을 한다. 음향기기 애호가들은 잘 알고 있겠지만, 다이오드와 증폭기는 모든 음향시스템의 핵심부품이다. 그러나 요즘(1984년) 트랜지스터는 한물간 부품이어서, 구식라디오가 아니면 내부를 아무리 훑어봐도 다리 3개가 뻗어 나온 소자를 찾기 어려울 것이다.

1950년대의 유흥산업계는 구식 무선기기가 대세였다. 이름은 '무선'이지만, 사실 기계장치의 내부는 엄청난 양의 전선과 반도체의 역할을 했던 진공관으로 가득 차 있었다. 그 후 1950년대 말에 트랜지스터 혁명이 전기산업계를 휩쓸면서 덩치 큰 진공관은 트랜지스터로 교체되고 거추장스러운 전선은 회로가 새겨진 보드로 바뀌었으며, 얼마 후에는 트랜지스터까지 보드에 새기기 시작했다. 여기서 탄생한 것이 바로 집적회로(集積回路, integrated circuit)이다. 여기에는 모든 회로와 반도체증폭기, 다이오드 등이 새겨져 있어서, 라디오나 카세트 플레이어 등 전자제품에 끼우기만 하면 된다. 이 시기에 컴퓨터산업에도 일대 혁명이 불어닥쳤다.

최초의 컴퓨터는 수많은 밸브와 몇 킬로미터나 되는 전선이 복잡하게 얽혀있어서, 구식 무선기기 못지않게 크고 거추장스러웠다. 요즘 컴퓨터의 크기는 타자기와 비슷하지만, 20년 전만 해도(1960년대) 이와 성능이 비슷한 컴퓨터는 '두뇌'에 해당하는 부분만 가뿐하게 집 한 채 크기였고, 냉각기 등 부속장치를 모두 연결하려면 격납고가 필요한 수준이었다. 이런 괴물을 책상 위에 올라가는 크기로 줄이고(트랜지스터를 칩에 새기면서 소형화가 가능해졌다) 가격도 수백 달러로 낮춘 것은 그 옛날 할아버지가 쓰던 탁상용 무선통신기를 담뱃갑만 한 무전기로 바꾼 것 못지않게 대단한 업적이다.

생물의 두뇌와 전자컴퓨터는 모든 것이 '스위치'에 의해 좌우된다. 우리의 뇌에는 무려 약 1000억 개의 스위치가 신경세포의 집합인 뉴런의 형태로 존재하며, 컴퓨터는 다이오드와 트랜지스터로 이루어진 스위치를 갖고 있다. 스위치 1000억 개가 달린 컴퓨터를 1950년에 만들었다면 맨해튼섬을 가득 채우고도 남았을 것이다. 그러나 지금은 마이크로칩(micro chips)을 이어 붙여서 사람의 뇌와 비슷한 크기로 만들 수 있다. 물론 배선까지 고려하면 두뇌보다 훨씬 커지겠지만, 이 정도만 해도 엄청난 발전이다.

요즘 표준 마이크로칩에 사용되는 반도체는 규산염(silicate)이다, 기본적으로는 평범한 모래와 비슷하지만, 적절한 환경을 조성하면 전류가 흐르게 만들 수 있다(전류가 흐르지 않는 규산염은 모래와 다를 것이 없다). 규산염 결정을 약 10cm 길이로 잘라서 면도날과 비슷한 두께의 웨이퍼(반도체기판)로 가공한 후 수백 개의 정사각형으로 자르면 한 조각이 성냥 머리보다 작아진다. 그 위에 그리스식 페이스트리처럼 초미세 회로를 겹겹이 쌓아서 압력을 가하면 트랜지스터와 다이오드, 집적회로 등이 집약된 칩이 완성된다. 기본적으로 하나의 칩은 컴퓨터 한 대의 역할을 할 수 있다. 그 외의 부속품은 칩에 정보를 입력하거나 칩에서 정보를 빼내는 장치들이다. 이 공정에는 목돈이 들지 않기 때문에(회로를 설계하고 생산시설을 짓는 데 들어가는 비용은 제외한다), 수백 번의 테스트를 거쳐서 불량품을 걸러내면 제품의 신뢰도를 크게 높일 수 있다. 칩 1개를 맨땅에서 만들려면 수백만 달러가 들어가겠지만, 이미 완성된 칩과 동일한 칩을 복제할 때에는 개당 몇 페니(우리 돈으로 수십 원)면 충분하다.

지금까지 언급한 것 외에도 양자역학에서 탄생한 일상용품은 주변에서 쉽게 찾을 수 있다. 양자요리책의 1장만 훑었을 뿐인데 디지털 시계와 가정용 컴퓨터, 우주왕복선을 궤도에 올리는 전자두뇌(이 두뇌는 매우 똑똑하여 사람이 위험한 명령을 내리면 말을 듣지 않는다), 휴대용 TV, 개인용 스테레오 시스템, 귀를 멍하게 만드는 고성능 hi-fi(음향재생장치)와 그 귀의 성능을 높여주는 초소형 보청기가 등장했다. 주머니에 들어가는 휴대용 컴퓨터는 머지않아 출시될 것이며,• 지능을 가진 기계는 아직 요원하지만 언젠가는 현실로 다가올 것이다. 바이킹호를 화성에 착륙시키고 보이저호를 태양계 바깥으로 인도했던 컴퓨터는 아케이드게임••에 사용된 칩의 첫 번째 사촌이었고, 이들 모두는 양자역학의 법칙을 따르는 전자의 거동에 뿌리를 두고 있다. 그러나 전지전능한 마이크로 세계의 이야기를 아무리 길게 늘어놓아도 고체물리학의 잠재력은 결코 고갈되지 않을 것이다.

• 그렇다. 요즘은 어린아이들도 스마트폰을 갖고 다닌다.

•• 전자오락실에 비치된 게임기의 통칭.

초전도체

반도체와 마찬가지로 '초전도체(superconductor)'라는 용어가 탄생한 데에도 그럴만한 이유가 있다. 전기저항이 0인 물질을 초전도체라 한다. 즉, 초전도체의 내부에는 전류의 흐름을 방해하는 요소가 전혀 없다. 언뜻 생각하면 이것으로 영구기관(perpetual motion machine)을 만들 수 있을 것 같지만, 안타깝게도 그렇지는 않다. 세상에 공짜는 없는 법이다. 초전도체는 우리가 자연에서 무언가를 얻고 대가를 치렀을 때, 거스름돈을 덜 받는 경우가 절대로 없음을 보여주는 대표적 사례이다. 초전도체의 작동원리는 전자가 짝을 지어 움직일 때 나타나는 변화로 설명할 수 있다. 개개의 전자는 스핀이 1/2이어서 페르미-디랙 통계와 파울리의 배타원리를 따르지만, 특별한 환경에서 한 쌍의 전자는 스핀이 1인 하나의 입자로 간주할 수 있다. 이런 입자는 배타원리에 제한을 받지 않으면서 보스-아인슈타인의 통계를 따르며, 거동방식도 광자와 비슷하다.

1911년에 네덜란드의 물리학자 카메를링 오너스(Kamerlingh Onnes)는 수은(Hg)을 절대온도 4.2K까지 냉각시키면 전기저항이 사라진다는 놀라운 사실을 알아냈다(K는 절대온도의 단위로, 4.2K는 약 -269℃에 해당한다. 절대온도에서 273.15를 빼면 섭씨온도가 된다). 그는 1913년에 노벨상을 받았으나, 수상 명목은 초전도체가 아니라 액체 헬륨을 직접 만들어서 극저온물질의 특성을 밝힌 공로였다. 초전도체에 관한 이론은 1957년에 존 바딘(John Bardeen)과 리언 쿠퍼(Leon Cooper) 그리고 로버트 슈리퍼(Robert Schrieffer)가 확립했으며, 이들은 1972년에 공동으로 노벨 물리학상을 받았다.• 초전도의 원리는 짝을 이룬 전자들이 결정체의 원자와 상호작용하는 방식과 밀접하게 관련되어 있다. 하나의 전자가 결정과 상호작용을 교환하면, 그 결과가 파트너 전자와 결정 사이의 상호작용에 중요한 변화를 일으킨다. 모든 전자는 전하가 같으므로 한 쌍의 전자는 전기적으로 밀어내야 정상이지만, 결정체 안에서 짝을 이룬 전자는 느슨한 결합 상태를 유지하여 페르미-디랙 통계 대신 보스-아인슈타인 통계를 따르게 된다. 물론 모든 물질이 초전도현상을 보이는 것은 아니다. 초전도체라 해도 결정 내부의 원자가 조금이라도 열진동••을 일으키면 전자쌍이 분리되어 더 이상 초전도를 일으키지 않는다. 초전도현상이 주로 1~10K의 극저온에서 일어나는 것은 바로 이런 이유 때문이다. 일부 물질은 임계온도 이하에서 초전도체가 되고, 온도가 높아지면 전자쌍이 분리되어 평범한 물체로 돌아온다(임계온도는 물질마다 다르지만, 동일한 물질에 대해서는 임계온도가 항상 일정하다).

실온에서 전도성이 높은 물체(실온전도체)라고 해서 가장 좋은 초전도체가 되는 것은 아니다. 실온전도체의 전자는 결정격자에 놓인 다른 원자와 상호작용을 거의 하지 않기 때문에 자유롭게, 그리고 빠르게 움직일 수 있다. 그러나 전자와 주변 원자 사이의 상호작용이 없으

• 바딘은 1948년에 윌리엄 쇼클리(William Shockley), 월터 브래튼(Walter Brattain)과 함께 트랜지스터를 발명하여 1956년에 이 세 사람은 공동으로 노벨 물리학상을 받았다. 그 후 1972년에 초전도체로 또다시 노벨상을 받음으로써, 그는 최초로 노벨 물리학상을 두 번 받은 주인공이 되었다.—원저자 주

•• thermal vibration, 진동형태로 나타나는 열운동.

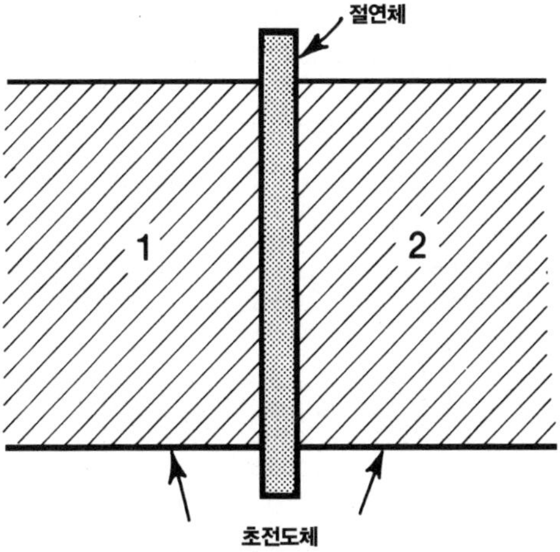

그림 7–2 2개의 초전도체 사이에 절연체를 삽입하고(이 부위를 조지프슨 접합부라 한다) 적절한 환경을 만들어주면 전자가 장벽(절연체)을 통과할 수 있다.

면 저온초전도현상의 근원인 전자쌍이 생성되지 않는다.

초전도체의 응용 분야는 실로 무궁무진하다. 예를 들어 초전도체를 송전선으로 사용하면 아무리 거리가 멀어도 아무런 손실 없이 전력을 공급할 수 있다. 그러나 앞서 말한 대로 초전도현상은 극저온에서만 일어나기 때문에 실생활에 적용하기가 쉽지 않다. 초전도체는 전기저항이 0이라는 것 외에 또 다른 특기를 갖고 있다. 평범한 도체는 자기장을 통과시키지만, 초전도체의 표면을 따라 전류가 흐르면 자기장을 밀어낸다. 이 특성을 이용하면 원치 않는 자기장을 막아주는 완벽한 차폐막을 만들 수 있다. 그러나 역시 문제는 이런 현상이 극저온에서만 나타난다는 것이다. 2개의 초전도체 사이에 부도체를 끼워 넣어서 격리하면 어떻게 될까? 언뜻 생각하면 전류가 흐르지 않을 것 같

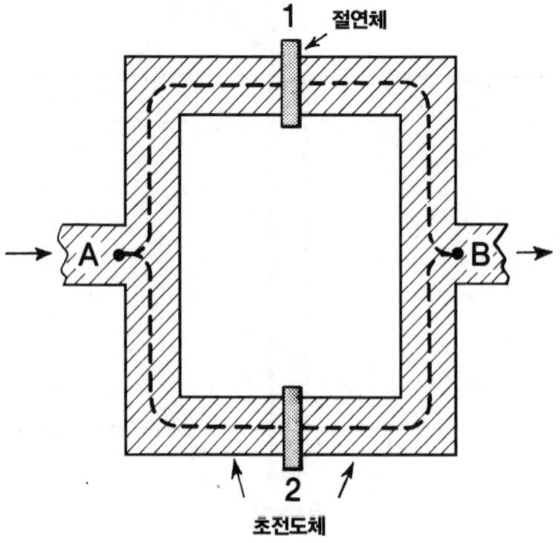

그림 7-3 소리굽쇠처럼 생긴 2개의 초전도체를 연결하고 접합부에 절연체를 삽입하면 양자역학의 이중슬릿실험을 실행할 수 있다. 이 실험에서 관측된 전자들 사이의 간섭은 전자가 파동임을 보여주는 강력한 증거이다.

다. 그러나 앞에서 설명한 바와 같이 양자적 입자는 퍼텐셜장벽을 관통할 수 있으며, 전자도 그들 중 하나이다. 장벽이 아주 얇으면 전자쌍이 틈새를 통과할 확률이 꽤 높아지는데, 그 결과는 우리의 상식을 초월한다. 초전도체와 절연체의 연결 부위를 '조지프슨 접합부(Josephson junction)'라 하는데, 절연체의 양단에 전위차가 있으면 전류가 흐르지 않지만, 전위차가 없으면 절연체를 관통하여 전류가 흐른다. 소리굽쇠 모양의 초전도체 2개를 그림 7-3과 같이 연결하고 접합부에 절연체를 삽입하면 전자의 이중슬릿실험(double slit experiment)을 비슷하게 재현할 수 있다. 이 실험은 양자역학의 기이한 특성을 보여주는 대표적 실험으로, 자세한 내용은 다음 장에서 다루기로 한다.

저온에서 페르미온이 짝을 이루어 물리법칙을 거스르고 보손처럼 행동하는 사례는 전자뿐만이 아니다. 흔히 '초유동체(superfluid)'라 불리는 액체 상태의 헬륨도 이와 비슷한 트릭을 부릴 수 있다. 다들 알다시피 잔에 든 커피를 티스푼으로 휘저으면 액체 소용돌이가 발생하고, 스푼을 뺀 후 그대로 두면 소용돌이가 점차 잦아들다가 결국은 멈춘다. 액체의 점성과 마찰력이 회전운동을 방해하기 때문이다. 그러나 2.17K로 냉각된 헬륨을 휘저으면 소용돌이가 멈추지 않고 영원히 지속된다. 게다가 액체 헬륨을 그릇에 담아두면 그릇의 내벽을 타고 올라와 넘치기도 하고, 흐르는 도중에 튜브를 만나면 튜브의 폭이 좁을수록 잘 통과한다(평범한 액체는 튜브의 폭이 넓을수록 잘 통과한다). 이 모든 현상은 보스-아인슈타인 통계로 설명할 수 있다. 물론 극저온에서 일어나는 현상이어서 실용성은 떨어지지만, 전자의 초전도성과 마찬가지로 양자적 과정을 눈으로 확인할 수 있는 몇 안 되는 사례 중 하나이다. 소량의 액체 헬륨을 조그만 용기에 넣고 용기를 통째로 회전시키면 처음에는 돌지 않고 가만히 있다가, 회전속도가 어떤 임계값에 도달하면 헬륨의 양자상태가 변하면서 회전형 흐름(angular flow)을 보이기 시작한다. 더욱 신기한 것은 정지 상태와 회전형 흐름의 중간 상태가 아예 존재하지 않는다는 것이다(따라서 중간에 해당하는 각운동량도 가질 수 없다). 이것은 수많은 헬륨 원자가 모인 액체 헬륨 덩어리가 마치 하나의 입자처럼 거동하면서 양자 규칙을 따르기 때문에 나타난 결과이다. 나중에 알게 되겠지만 초전도현상도 원자 세계가 아닌 일상적인 규모에 적용될 수 있다. 그러나 양자역학은 물리학의 전유물이 아니다. 화학자는 개개의 원자나 소립자보다 분자에 관심이 많다. 물론 여기에는 생명의 분자인 DNA도 포함된다. 그런데 가장 근본적인 단계로 가면 생명현상 자체도 양자 이론에 뿌리를 두고 있다.

생명

양자 이론과 생명의 관계가 주목받기 전에, 양자역학을 연구하던 물리학자가 생명의 분자인 DNA 이중나선을 발견하는 데 중요한 기여를 한 적이 있다. 제1차 세계대전이 일어나기 몇 년 전에 캐번디시 연구소의 로런스 브래그(William Lawrence Bragg)와 그의 부친 윌리엄 브래그(William Henry Bragg)는 고체 결정에서 X-선이 회절되는 현상을 이론적으로 규명하여 1915년에 노벨상을 공동 수상했다. 당시 25세의 청년이었던 로런스는 75세가 되던 해에 '노벨상 수상 50주년 기념식'에 참석하여 또 한 차례 축하를 받았다.• 윌리엄 브래그는 알파, 베타, 감마선에 관한 연구로 두각을 나타내기 시작하여 1900년대 말에 감마선과 X-선이 입자처럼 행동한다는 것을 증명했다. 그러나 고체의 결정구조를 파악하는 데 핵심적 역할을 했던 브래그의 회절법칙은 X-선이 파동이라는 가정에서 출발한다. 그는 회절된 X-선의 파장과 간섭무늬로부터 복잡한 결정의 원자 배열 간격을 역으로 추적하여 세부구조를 알아낼 수 있었다.

• 노벨상을 받은 후 50년 넘게 산 사람은 로런스가 처음이었다.

브래그의 법칙에 주로 공헌한 사람은 로런스였다. 그는 1912년에 X-선 회절법칙을 발견하여 1915년에 노벨상을 받았고, 1930년대 말에 케임브리지대학교 물리학과의 캐번디시 석좌교수로 부임하여 X-선에 관한 연구를 계속 이어나갔다(전임자인 러더퍼드는 1937년에 사망했다). 그 무렵 생물학계에서는 생물물리학(biophysics)이 화두로 떠오르고 있었는데, 이 분야의 선구자인 존 버널(John D. Bernal)은 X-선 회절실험을 이용하여 생물학적 분자의 구조를 알아냈고, 여기에 자극을 받은 생물학자들은 생명체에서 다양한 기능을 수행하는 단백질 분자의 복잡한 구조를 파고들기 시작했다. 제2차 세계대전이 발발하기 직전에 케임브리지대학교의 맥스 퍼루츠(Max Perutz)와 존 켄드루(John Kendrew)는 헤모글로빈과 미오글로빈의 분자구조를 규명하여 1962년에 노벨상을 공동 수상했다.

그러나 분자생물학 분야에서 가장 유명한 사람은 아마도 미국의 생물학자 프랜시스 크릭(Francis Crick)과 제임스 왓슨(James Watson)일 것이다. 이들은 1950년대 초에 DNA의 이중나선을 규명하여 1962년에 노벨 생리의학상을 받았다(영국의 물리학자 모리스 윌킨스Maurice Wilkins도 같이 받았다). 노벨위원회가 생물물리학의 세부 분야에서 공헌한 사람들을 함께 기리기 위해 '화학'과 '생리학'을 하나로 엮어서 상을 준 것은 바람직한 조치였지만, 이미 세상을 떠난 사람에게는 상을 주지 않는다는 원칙 때문에 안타깝게 제외된 사람도 있다. 윌킨스의 여성 동료였던 로절린드 프랭클린(Rosalind Franklin)은 DNA의 구조를 극명하게 보여주는 사진을 촬영하여 이 분야에서 가장 큰 공을 세웠으나, 1958년에 37세의 나이로 세상을 떠나는 바람에 노벨상을 받지 못했다. 왓슨은 자신의 저서인 《이중나선(*Double Helix*)》에서 프랭클린을 "극렬한 페미니스트"라고 표현했지만, 다른 동료들에 대한 서술에 사실과 다른 부분이 많아서 이 부분도 별로 신뢰가 가지 않는다.

왓슨과 크릭을 DNA 이중나선으로 이끌었던 연구는 로런스 브래그가 소장으로 재직하던 시기에 캐번디시연구소에서 처음으로 시작되었다. 그 무렵 인디애나주립대학교에서 박사과정을 마치고 유럽으로 건너가 박사후과정(postdoctoral)을 시작한 왓슨은 캐번디시연구소의 연구원 자리를 얻기 위해 브래그를 만났는데, 첫인상은 런던의 클럽에서 대부분의 시간을 보내는 60대 초반의 구세대 과학자, 그 이상도 이하도 아니었다(두 사람의 만남은 왓슨의 저서에 자세히 소개되어 있다). 그래도 처신을 잘 하여 좋은 인상을 남겼는지 왓슨은 연구소에 채용되었고, 얼마 후 브래그가 DNA 문제를 집중적으로 연구해왔다는 사실을 알고 그에 대한 편견을 철회했다. 왓슨보다 나이가 열두 살이나 많았던 프랜시스 크릭은 제2차 세계대전 동안 학업을 중단하는 바람에 아직 박사과정을 졸업하지 못한 상태였다. 그의 전공은 원래 물리학이었으나, 1940년대 말에 하이젠베르크의 책을 읽고 깊은 감명을 받아 생명과학 쪽으로 관심을 돌렸다고 한다. 슈뢰딩거는 1944년에 출간된 자신의 저서 《생명이란 무엇인가?(*What Is Life?*)》에서 분자의 생명활동은 물리법칙으로 이해할 수 있다고 주장했다(이 책은 지금도 인기리에 판매되고 있다). 그가 이 책을 집필하던 무렵에 생물학자들은 생명활동에 관여하는 다른 분자들처럼 유전자도 단백질로 이루어져 있다고 생각했으나, 얼마 후 생물의 유전적 특질은 살아있는 세포핵에서 발견된 '디옥시리보핵산(deoxyribonucleic acid, DNA)'을 통해 후대에 전달된다는 사실이 밝혀졌고,• 왓슨과 크릭은 윌킨스와 프랭클린이 얻은 X-선 데이터를 분석하여 DNA의 구조를 규명했다.

DNA의 구조와 역할은 내가 집필한 또 다른 책에 자세히 서술되어 있다.[4] 중요한 것은 DNA가 상대방을 나선처럼 휘감는 2개의 가닥으로 이루어져 있다는 점이다(이런 구조를 '이중나선'이라 한다). DNA의 척추에 해당하는 부위에 줄줄이 매달려있는 염기(base)의 순서에 따라 단백질의 분자구조가 결정되며, 복잡하기 그지없는 과정을 거쳐 생산된 여러 종의 단백질은 혈액에 산소를 공급하거나 근육을 작동시키는 등 자신에게 할당된 고유임무를 수행한다. DNA는 나선형 가닥을 부분적으로 풀어서 그곳에 달려 있는 염기서열을 원판으로 삼아 복사판을 찍어내거나, 가닥을 완전히 풀어서 모든 염기서열이 거울상처럼 정확하게 일치하는 또 하나의 가닥을 만드는 식으로 자신을 복제한다. 이것은 생명활동을 유지하기 위해 반드시 필요한 과정으로, 주원료는 세포 안에 있는 화학수프이다. 요즘은 단순한 생명체의 DNA에 담긴 정보를 부분적으로 수정하여, 원형에서 조금 벗어난 생명체를 만들어내는 수준까지 발전했다.

이것이 바로 유전공학의 기초이다. 화학과 생물학을 결합하면 유전물질(DNA)을 만들어낼 수 있고, 조작된 DNA를 박테리아 같은 미생물이 흡수하여 유전자코드에 변형이 일어나도록 유도할 수도 있다. 이런 식으로 박테리아에 인슐린(insulin) 제조정보를 주입하여 스스로

• 물리학에서 원자의 중심부를 뜻하는 '핵'은 원래 생물학 용어였다.—원저자 주

만들도록 유도하면, 당뇨병 환자에게 필요한 인슐린을 대량으로 생산할 수 있다. 물론 인간의 유전물질을 조작하여 당뇨병 같은 질환이 처음부터 발생하지 않도록 원천 봉쇄하는 것이 가장 바람직하다. 생명공학은 아직 이 단계에 이르지 못했지만, 이론적으로 불가능할 이유는 전혀 없다. 식용 동식물의 유전자를 조작하여 식품의 질을 개선하는 것은 지금의 기술로 실현 가능하다.

더 자세한 내용은 생명공학이나 유전자공학에 관한 책을 참고하기 바란다.[5] 유전자공학은 이미 대세로 굳어졌으며, 그 결과는 우리에게 득이 될 수도, 해가 될 수도 있다. 그러나 유전공학의 기초인 '살아있는 분자'를 이해하는 데 양자역학이 핵심 역할을 했다는 사실을 아는 사람은 그리 많지 않다. 양자역학이 없었다면 X-선 회절 데이터를 해석하지 못하여 분자의 구조를 알 수 없었을 것이고, DNA의 존재도 규명하지 못했을 것이다. 유전자가 생성되고 복제되는 원리를 이해하려면 원자들이 특정 거리에서 특정한 강도의 화학결합으로 연결되는 이유부터 알아야 한다. 이것이 바로 양자물리학이 화학과 분자생물학에 부여한 최고의 선물이다.

작년(1983년)에 나는 영국의 과학잡지 《뉴 사이언티스트》 3월호에 기사를 투고한 적이 있다. 그 기사에서 나는 양자역학에 관한 이야기를 풀어나가던 중 잠시 지나가는 말로 양자 이론이 없었다면 유전공학도, 고체물리학이 낳은 컴퓨터도, 핵발전소(또는 핵폭탄)도 없었을 것이라고 했다가 일부 독자들에게서 강렬한 항의를 받았다. 한 저명한 대학교수는 유전자공학을 과학의 새로운 유행어로 간주하는 사람들에게 진저리가 난다면서 존 그리빈은 자신의 무례한 발언에 책임을

져야 한다고 주장했다. 양자 이론과 유전학은 과연 어떤 관계일까? 이 기회에 다시 한번 생각해보자. 표면적으로 보면 프랜시스 크릭의 생물물리학은 슈뢰딩거의 영향을 받아 탄생했고, 생물학자들은 (썩 내키지 않았겠지만) 로런스 브래그의 연구방식을 따라가다가 DNA 이중나선을 발견했다. 여기서 더 깊은 내막을 들여다보면 브래그와 슈뢰딩거 같은 선구자들과 켄드루, 퍼루츠, 윌킨스, 프랭클린 등 차세대 물리학자들이 생물학에 관심을 갖게 된 이유는 생물학을 '여러 개의 원자로 이루어진 복잡한 분자'를 다루는 물리학의 한 분야로 간주했기 때문이다.

나는《뉴 사이언티스트》에 썼던 글을 철회할 생각이 전혀 없으며, 오히려 더욱 강조하고 싶다. 똑똑하고 박식하면서 전문과학자가 아닌 사람에게 "현대인의 풍족한 삶에 가장 큰 기여를 한 과학은 어떤 분야이며, 미래의 과학이 우리에게 가져다줄 득과 실은 무엇인가?"라고 물으면 아마도 십중팔구는 컴퓨터산업(자동화, 실업률 증가, 오락산업, 로봇 등)과 핵에너지(폭탄, 크루즈 미사일, 핵발전소, 스리마일섬 등), 유전공학(신약, 생명체 복제, 새로운 질병, 곡물 수확량 증가 등), 레이저(홀로그램, 죽음의 광선, 미세수술, 통신 등)를 언급할 것이다. 아마도 그들 중 대부분은 "상대성이론은 들어본 적이 있지만 일상생활에 아무런 영향도 미치지 않으며, 내가 언급한 분야들은 양자역학과 무관하다"고 생각할 것이다. 아니, 그들은 양자역학을 들어본 적이 한 번도 없거나, 들어봤다고 해도 내용을 거의 이해하지 못했을 것이다.

위에 언급한 분야뿐만이 아니다. 지금 우리가 누리고 있는 모든 문명의 이기는 양자조리실에서 '아무도 이해하지 못하는 법칙'에 따라 만들어졌다. 양자 이론이 탄생한 지 거의 60년이 지났지만, 양자조리법을 따라가면 왜 맛있는 요리가 만들어지는지(즉, 이론과 현실이 왜 일치하는지) 아는 사람은 아무도 없다. 이 책의 나머지 부분에서는 물리학자들조차 언급을 꺼리는 양자 이론의 깊은 미스터리와 역설을 살펴보기로 한다.

3부

양자역학을 넘어서

질문을 정해놓고 토론을 하지 않는 것보다
질문을 정하지 않은 채 토론부터 하는 것이 5만 배 더 낫다.

— 조제프 주베르(1754~1824)

8장 확률과 불확정성

오늘날 하이젠베르크의 불확정성원리는 양자 이론의 핵심(또는 유일한 핵심)으로 여겨지고 있다. 이 원리가 처음 발표된 1926년에는 의미를 이해하는 사람이 거의 없다가 10년이 지난 후에야 확고한 원리로 자리 잡게 된다. 그러나 1930년대부터 불확정성원리의 위상은 다소 과장된 면이 있었다.

이 개념은 슈뢰딩거가 1926년에 파동방정식을 유도하고, 같은 해 9월에 코펜하겐을 방문했을 무렵에 탄생했다(슈뢰딩거가 보어를 향해 "빌어먹을 양자점프"라며 직격탄을 날린 것도 이 무렵이었다). 하이젠베르크는 보어와 슈뢰딩거 사이에 논쟁이 잦은 이유가 개념상의 충돌 때문이라고 생각했다. 양자 이론에서 '위치'와 '속도'(또는 '스핀')는 우리가 일상적으로 사용해왔던 의미와 완전히 다른 뜻으로 사용된다. 그렇다면 이들의 진정한 의미는 무엇이며, 어떤 관계에 있다는 말인가? 하이젠베르크는 양자역학의 기본방정식 $pq-qp=\hbar/i$로 되돌아가서, 위치의 불확정성(Δq)과 운동량의 불확정성(Δp)을 곱한 값이 항상 $\hbar$보다 크다는 것을 증명했다. 2개의 물리량을 곱한 단위가 작용(action)의 단위와 같을 때, 두 양을 나타내는 한 쌍의 변수들은 '공액(共軛, conjugate) 관계에 있다'고 한다. 작용의 단위는 플랑크상수 *h*의 단위(에너지×시간)와 같으므로, 에너지(*E*)와 시간(*t*)도 공액관계에 있는 변수이다. 하이젠베르크는 "우리에게 친숙한 고전물리학의 개념들은 미시 세계에도 존재하지만, 그곳에서는 불확정성원리에 따라 한정된 의미로 받아들여야 한다"고 했다. 우리가 입자의 위치를 정확하게 알수록 운동량은 불확실해지며, 그 반대도 마찬가지다.

불확정성의 의미

이 놀라운 원리는 1927년에 독일 학술지 《물리학 잡지(*Zeitschrift für Physik*)》를 통해 발표되었다. 디랙과 보어처럼 양자역학의 새로운 방정식에 익숙한 이론물리학자들은 논문의 중요성을 한눈에 간파했지만, 대부분의 실험물리학자들은 "실험기기의 성능이나 실험자의 기술이 부족하여 위치와 운동량을 동시에 정확하게 측정할 수 없으며, 따라서 모든 실험은 부정확하다"는 뜻으로 해석하고, 하이젠베르크가 자신의 관측실력을 무시한다며 적대적인 반응을 보였다. 물론 하이젠베르크의 의도는 전혀 그런 것이 아니었다.

1927년에 실험물리학자들이 했던 오해는 지금도 완전히 해소되지 않았다. 아마도 불확정성원리를 가르치는 방식에 문제가 있기 때문일 것이다. 하이젠베르크는 이 개념을 설명할 때 전자의 관측을 예로 들었으니, 우리도 그의 논리를 따라가 보자. 전자를 관측하려면 일단 전자를 눈으로 봐야 하고,• 이를 위해서는 전자를 향해 광자를 쏴야 한다. 그래야 전자에 의해 산란된 광자가 우리 눈(또는 관측장비)으로 들어와 전자의 존재를 확인할 수 있기 때문이다. 집처럼 큰 물체는 광자가 날아와서 충돌해도 영향을 거의 받지 않으므로 집을 찍은 사진이 실제와 동일하다고 믿어도 상관없지만, 피사체가 전자라면 이야기가 달라진다. 전자는 아주 작아서, 그 존재를 (관측장비로) 확인하려면 파장이 짧은 전자기파를 쏴야 한다. 예를 들어 전자를 향해 감마선을 발사하면 감마선의 광자에 얻어맞은 전자는 위치와 운동량이 크게 달라진다. 만일 그것이 원자 안에 있는 전자였다면, 감마선 현미경으로 관측하는 행위 자체가 원자를 완전히 망가뜨릴 것이다.

이것은 결코 피할 수 없는 현실이며, 이로부터 위치와 운동량을 동시에 정확하게 측정할 수 없는 이유를 유추할 수 있다. 그러나 불확정성원리의 핵심은 '정확한 위치'와 '정확한 운동량'이라는 두 가지 속성을 모두 보유한 전자가 아예 존재하지 않는다는 것이다.

그 결과는 실로 의미심장하다. 하이젠베르크는《물리학 잡지》에 제출한 논문의 끝에 "관측대상의 현재 상태를 정확하게 파악하는 것은 원리적으로 불가능하다"고 적어놓았다. 바로 이 시점부터 양자 이론은 고전물리학의 결정론(determinism)과 영원한 작별을 고하게 된다. 과거에 뉴턴은 우주에 존재하는 모든 입자의 위치와 운동량을 알고 있으면 우주의 모든 미래를 정확하게 예측할 수 있다고 주장했다. 그

• 눈으로 직접 보지 않더라도, 어떤 방식으로든 관측장비를 들이대야 한다.

러나 현대의 물리학자는 입자 하나의 위치와 운동량도 정확하게 알 수 없기 때문에, '완벽한 예측'은 그저 상상 속에나 존재하는 허구일 뿐이다. 슈뢰딩거의 파동역학과 하이젠베르크-보른-요르단의 행렬역학, 그리고 q-수에 기초한 디랙의 양자역학도 한결같이 동일한 결론에 도달했다. 다만 디랙의 접근법은 미시 세계와 거시 세계의 물리적 비교를 신중하게 피해갔기 때문에 외관상 가장 적절하게 보이는 것뿐이다. 실제로 디랙은 하이젠베르크보다 먼저 불확정성원리에 거의 가깝게 다가갔다. 그는 1926년 12월에 《왕립협회 회보》에 제출한 논문에서 "q와 p 중 하나의 값과 관련된 질문에는 답을 제시할 수 있지만, 둘 다 관련된 질문에는 정확한 답을 제시할 수 없다"고 주장했다.

철학자들이 불확정성원리를 인과율이나 미래 예측에 관한 수수께끼로 받아들인 것은 1930년대뿐이었고, 그 후로는 별다른 관심을 두지 않았다. 불확정성원리는 양자역학의 기본방정식에서 유도되었지만, 일부 저명한 물리학자들은 양자역학을 학생들에게 가르치거나 대중에게 소개할 때 불확정성원리에서 시작하여 이야기를 풀어나갔다. 이런 교육법을 고착시킨 사람은 아마도 볼프강 파울리일 것이다. 그는 백과사전에 양자역학을 소개할 때 불확정성원리를 제일 먼저 언급했고, 그의 동료인 헤르만 바일(Herman Weyl)이 《군론(群論)과 양자역학(*The Theory of Groups and Quantum Mechanics*)》이라는 교과서를 집필할 때에도 불확정성원리에서 시작할 것을 강하게 권유했다(이 책은 1928년에 독일어로 먼저 출판된 후 1931년에 영어로 출판되었다). 그리하여 파울리와 바일의 책은 그 시대의 표준 교과서로 통용되었고, 이 책으로 양자역학을 배운 학생들이 세월이 흘러 교수가 된 후에도 똑같은 방식으로 학생들을 가르치면서 하나의 정형으로 굳어진 것이다. 지금도 물리학과 학생 대부분은 불확정성원리에서 시작하여 양자역학을 배우고 있다.•

이것은 과학교육에서 일어난 '매우 특별한 사고(事故)'이다. 양자역학의 기본방정식은 결국 불확정성원리로 이어지는데, 불확정성원리에서 시작하면 기본방정식을 배울 기회가 없다. 게다가 방정식 없이 불확정성원리를 소개하려면 '감마선 현미경으로 전자 관측하기' 같은 사례를 들 수밖에 없고, 이렇게 배운 학생들은 불확정성원리를 우주의 근본적 특성이 아닌 '관측의 한계'로 간주하게 된다. A를 배운 후 뒤로 돌아가 B를 배우고, 그제야 A의 의미를 깨닫는 것은 별로 효과적인 교육이 아니다. 과학은 항상 논리적이지 않으며. 누군가를 가르치는 기능 같은 것도 없다. 그 결과 불확정원리에 관한 오해가 세대를 거쳐 전수되고, 학생들은 예외 없이 혼란을 느끼면서 양자역학은 원래 어렵고 희한하다는 편견을 키워나간다. 그러나 복잡한 과학에 굴하지 않고 양자 세계에 깊이 빠져들고 싶다면, 가장 이상하고 놀라운

• 재미있는 이야기 한 토막: 불확정성원리에서 가장 중요한 변수는 운동량 p와 위치 q이다. 그런데 영어권 국가에서는 무례하게 구는 사람에게 예의를 갖추라고 경고할 때 "mind your p's and q's(p와 q를 조심해라)"라는 말을 자주 사용한다. 이 표현은 옛날에 아이들에게 글자를 가르칠 때 "p와 q가 비슷하게 생겼으니 신중하게 구별하라"는 뜻에서 유래했거나, 인쇄소에서 글자를 하나씩 심던 시절에 오타 방지용으로 자주 썼던 관용어일 수도 있다(*Brewer's Dictionary of Phrase and Fable*, Cassell, London, 1981). 그렇다면 불확정성원리의 p, q도 여기서 유래한 기호일까? 적어도 내가 알기로는 그렇지 않다. 운동량과 위치를 p와 q로 표기한 것은 물리학의 오랜 전통이며, 위의 관용어와 같은 것은 우연의 일치일 뿐이다.—원저자 주

사례부터 접하는 것이 바람직하다. 앞으로 언급될 내용에 비하면 불확정성원리는 가장 평범한 사례에 속한다.

코펜하겐 해석

불확정성원리는 과거와 미래에 똑같이 적용되지 않는다. 그동안 많은 사람이 이 사실을 간과해왔지만, 이것은 불확정성원리의 가장 중요한 특징 중 하나이다. 대부분의 물리법칙은 과거와 미래를 차별하지 않는다. 예를 들어 뉴턴의 운동방정식을 풀 때는 대부분 '미래로 흐르는 시간'에 대하여 답을 구하는 것이 목적이지만, 시간이 거꾸로 흐른다고 해도 방정식은 여전히 성립한다. 그런데 우리는 과거와 미래가 확연하게 구별되는 세상에 살고 있다. 우리가 느끼는 시간은 과거가 아닌 미래로만 흐르기 때문이다(이것을 '시간화살arrow of time'이라 한다). 시간은 왜 한쪽 방향으로만 흐르는가? 이것은 우주에 존재하는 가장 큰 미스터리이다. 불확정성원리에 의하면 우리는 물체의 위치와 운동량을 동시에 정확하게 알 수 없으므로 미래를 예측할 수도 없다. 미래는 본질적으로 예측 불가능하고 불확실하다. 그러나 전자의 과거를 추적하여 과거에 갖고 있었던 위치와 운동량을 정확하게 측정하는 것은 양자역학의 법칙에 위배되지 않는다. 미래는 불확실하지만(우리는 미래를 내다볼 수 없다), 과거는 매우 정확하게 정의되어 있다(우리가 지나온 길은 확실하게 알 수 있다). 하이젠베르크도 "우리는 원리적으로 과거의 모든 세부사항을 알 수 있다"고 했다. 이것은 우리가 일상적으로 느끼는 시간관념과 정확하게 일치한다. 우주 만물은 이미 알려진 과거에서 불확실한 미래를 향해 나아가고 있으며, 가장 근본적인 단계에서는 양자역학도 마찬가지다. 거시적으로 보면 이것은 우리가 느끼는 시간화살과 밀접하게 관련되어 있다. 여기서 더 깊이 파고들어 가면 더욱 희한한 특성이 모습을 드러내는데, 자세한 이야기는 뒤에서 다루기로 한다.

철학자들이 불확정성원리에 조금씩 관심을 갖기 시작할 무렵, 보어는 한동안 고심해왔던 문제의 실마리를 이 원리에서 찾았다. "양자시계를 이해하려면 물질의 파동성과 입자성을 모두 고려해야 한다(물론 전자는 파동도 아니고 입자도 아니다)"는 상보성원리를 불확정성원리와 결합하여, "위치와 운동량은 동시에 정확하게 알 수 없으며, 두 변수에는 상보적이면서 실체의 상호배타적인 성질이 반영되어 있다"는 결론에 도달했고, 이에 해당하는 적절한 수학적 표현을 찾은 것이다. 보어는 1925년 7월부터 1927년 9월 사이에 양자 이론에 관한 논문을 단 한 편도 발표하지 않았지만, 이 기간 동안 이탈리아의 코모를 방문하여 수많은 물리학자가 보는 앞에서 상보성원리와 '코펜하겐 해석'을 발표했다. 고전물리학에서 상호작용하는 입자들의 모임, 즉 입자계는 우리가 그것을 관측하건 안 하건 간에, 마치 태엽이 풀리는 시계처럼 관측자와 무관하게 스스로 알아서 작동한다. 그러나 양자적 규모에서 무언가를 관측하려면 필연적으로 관측대상을 교란시켜야 하기 때문에, 관측자와 입자계는 원리적으로 독립적인 관계일 수 없다. 입자의 위치를 정확하게 측정하면 관측 행위 자체가 입자를 교란시켜서 운동량의 불확정성이 커지고, 그 반대도 마찬가지다. 또 어떤 대상의 파동성을 관측하는 실험을 수행하면 입자성이 사라지고, 입자성을 관측하면 파동성이 사라진다. 고전적 시공간에서는 입자의 위치를 정확하게 지정하고 입자의 미래도 정확하게 예측할 수 있지만, 양자역학에서는 불가능하다. 이런 점에서 볼 때 아인슈타인의 상대성이론은 '고전이론'에 속한다.

이런 개념이 개발되어 물리학계에 수용될 때까지는 꽤 오랜 시간이 걸렸다. 오늘날 코펜하겐 해석의 핵심은 과학자가 실험을 수행할 때 일어나는 사건을 통해 쉽게 이해할 수 있다. 첫째, 모든 관측 행위는 관측대상을 교란시키기 때문에, 관측자는 관측 대상의 일부로 간주되어야 한다. '누군가의 시선에 아랑곳하지 않고 묵묵히 돌아가는 시계'란 이 세상에 존재하지 않는다. 우리가 무언가를 바라보는(또는 관측하는) 순간, 그 대상은 필연적으로 변화를 겪게 된다. 다만, 거시적인 세계에서는 그 변화가 너무 작아서 관측되지 않을 뿐이다. 둘째, 우리가 알 수 있는 것이라곤 실험으로 얻은 결과뿐이다. 예를 들어 당신이 임의의 시간에 원자를 관측하여 전자가 A라는 위치에 있음을 확인했는데, 잠시 후에 다시 관측했더니 전자가 B에서 발견되었다고 하자. 이런 경우 전자는 관측 행위 때문에 교란되어 A에서 B로 이동했을 수도 있고, 앞서 관측했던 전자가 아니라 엉뚱한 곳에서 이동해온 다른 전자일 수도 있다. 당신이 전자를 바라보지 않는 동안 그곳에서 무슨 일이 일어났는지는 절대로 알 수 없다. 우리가 양자역학의 방정식이나 실험을 통해 알 수 있는 것이라곤 처음 관측했을 때 A라는 결과를 얻었다가, 다음 관측에서 B가 얻어질 확률 뿐이다. 우리가 보고 있지 않을 때 그곳에서 무슨 일이 일어났는지, 관측대상이 어떤 과정을 거쳐 A에서 B로 이동했는지 알 수 있다면 더할 나위 없이 좋겠지만, 적어도 우리가 사는 우주에서는 절대로 불가능하다. 슈뢰딩거를 심란하게 만들었던 "빌어먹을 양자점프"는 동일한 실험에서 다른 결과가 얻어지는 이유를 순전히 '관측자의 관점'에서 해석한 것뿐이며, 결국 이 해석은 틀린 것으로 판명되었다. 전자는 A에서 발견될 때도 있고, B에서 발견될 때도 있다. A와 B 사이에는 무엇이 있는가? 전자는 어떤 과정을 거쳐 하나의 상태에서 다른 상태로 이동하는가? 이런 질문은 아무런 의미도 없다.

이것이 양자 세계의 근본적인 특성이다. 우리가 '보는 동안' 전자로부터 얻을 수 있는 정보에 한계가 있다는 사실도 흥미롭지만(불확정성 원리), '우리가 보지 않는 동안' 전자가 무슨 짓을 하는지 절대로 알 수 없다는 것은 정말 충격적이다.•

1930년대에 에딩턴은 《물리학의 철학(*The Philosophy of Physical Science*)》이라는 저서에서 코펜하겐 해석의 의미를 보여주는 몇 가지 사례를 소개했다. 그는 "우리가 인지하는 것과 실험으로 알 수 있는 것은 과거의 경험에 영향을 받을 수밖에 없다"고 지적한 후 인지의 실체를 밝히는 간단한 사례를 들었는데, 그중 하나를 소개하면 다음과 같다. 한 예술가가 "저 대리석 안에 사람의 두상(頭狀)이 숨어있다"고 주장한다. 당신의 반응은 썰렁하다. 그런데 예술가가 둔탁한 망치와

• 고전물리학에서는 야구공의 처음 위치와 처음 속도만 알면 날아가는 동안 굳이 바라보지 않아도 운동방정식을 풀어서 중간에 어떤 궤적을 그렸는지 100% 정확하게 알아낼 수 있다.

정으로 대리석을 쪼아내니 정말로 사람의 머리가 나타났다. 러더퍼드도 이런 식으로 원자핵을 발견했을까? 에딩턴은 말한다. "그 발견은 원자핵에 대하여 우리가 가진 지식의 한계를 넘지 못한다. 어느 누구도 원자핵을 실제로 본 적이 없기 때문이다." 우리가 본 것은 원자핵이라는 관점에서 해석한 실험 결과일 뿐이다. 디랙이 제안하기 전까지는 아무도 양전자를 발견하지 못했지만, 요즘 물리학자들은 주기율표에 있는 원소보다 훨씬 많은 종류의 입자를 알고 있다고 주장한다. 1930년대의 물리학자들은 일부 방사성원소에서 일어나는 미묘한 스핀 상호작용을 설명하기 위해 파울리가 도입한 뉴트리노에 당혹감을 감추지 못했다. 에딩턴의 주장은 계속된다. "나는 뉴트리노 이론에 별다른 흥미를 느끼지 못했다. 무엇보다 나는 뉴트리노의 존재를 믿지 않는다. 과연 실험물리학자들은 뉴트리노를 발견할 정도로 창의적인 실험을 수행할 수 있을까?"

그 후 뉴트리노는 무려 세 종류나 발견되었으며(각 뉴트리노에 대응되는 반입자도 발견되었다), 일부 입자물리학자들은 다른 종류의 뉴트리노가 아직 남아있을 것으로 믿고 있다. 그런데도 에딩턴의 의심을 액면 그대로 받아들여야 할까? 원자핵과 양전자 그리고 뉴트리노는 실험자가 적절한 망치와 정으로 물질을 쪼개서 그들을 발견하기 전에도 이 세상에 존재했을까?• 이것은 실체에 관한 개념을 넘어 '정신의 근원'을 파고드는 질문이다. 그러나 양자 세계에서는 이런 질문이 조

• "무엇이건 인간에게 발견되기 전에는 아예 존재하지 않았을 수도 있다"는 황당한 가능성을 논하는 중이다.

금도 이상하지 않다. 양자조리법의 지침을 제대로 따라가면 특정 입자의 존재로 해석할 수 있는 증거들이 속속 발견된다. 같은 실험을 아무리 여러 번 반복해도 결과는 항상 똑같다. 그러나 실험적 증거를 입자로 해석하는 것은 어디까지나 마음에 달린 문제이다. 그것은 '입자처럼 보이는 환영'일 수도 있다. 방정식을 아무리 열심히 풀어도 우리가 입자를 바라보지 않을 때 입자가 무슨 짓을 하는지 알 수 없다. 러더퍼드가 원자핵을 들여다보기 전에는 그 누구도 원자핵을 관측한 적이 없었고, 디랙이 양전자의 존재를 예측하기 전에는 양전자를 보기는커녕 상상해본 사람조차 없다. 우리가 입자를 보고 있지 않을 때 입자가 어떤 짓을 하는지 알 수 없다면, 입자를 보고 있지 않을 때에도 입자가 존재한다고 장담할 수 없다. 그보다는 "1900년 이전에는 원자핵과 양전자를 본 사람이 단 한 명도 없었으므로, 원자핵과 양전자는 1900년 이후부터 비로소 존재하기 시작했다"고 말하는 것이 더 타당하다. 양자 세계에서는 "보이는 것이 곧 얻는 것(what you see is what you get)"이며, 우리가 '진실'이라고 떠받들어온 것들은 아예 존재하지도 않는다. 우리가 기대할 수 있는 것이라곤 서로 모순 없이 일치하는 일련의 환영들뿐이다. 그런데 안타깝게도 이런 환영은 아주 단순한 실험에서도 여지없이 파괴되곤 한다. 빛이 파동임을 입증했던 이중슬릿실험을 기억하는가? 빛이 광자로 이루어져 있다고 가정하면 이 결과를 과연 어떻게 설명할 수 있을까?

이중슬릿실험

지난 20년 동안 양자역학 강의로 가장 높은 유명세를 떨친 사람은 단연 리처드 파인먼(Richard Feynman)이었다. 그가 캘리포니아공과대학교(Caltech)에서 1960년대 초에 학부생을 대상으로 진행했던 강의는 《파인만의 물리학 강의(*The Feynman Lectures on Physics*)》라는 세 권의 책으로 출판되어 전 세계 물리학과 학부생의 필독서로 널리 읽혔으며, 1965년에 BBC TV에서 일반인을 대상으로 진행했던 강연도 《물리법칙의 특성(*The Character of Physical Law*)》이라는 제목으로 출간되었다. 1918년생인 파인먼은 1940년대에 고전 전자기학의 양자역학 버전인 양자전기역학(quantum electrodynamics, QED)을 구축하여 이론 물리학자로서 전성기를 구가했고, 그 공로를 인정받아 1965년에 노벨 물리학상을 받았다. 또한 그는 양자역학의 기본 개념과 모든 법칙이 확립된 후 물리학계에 투신한 '양자역학 2세대'의 대표적 인물이기도 하다. 양자역학 1세대에 속하는 하이젠베르크와 디랙은 모든 것이 수시로 변하던 양자역학 탄생기에 물리학자가 되어, 아무런 순서 없이 중구난방으로 발견되는 새로운 사실들을 꿰맞추느라 무진 고생을 했지만(입자의 스핀이 대표적인 경우였다), 파인먼은 모든 도구와 재료가 구비된 양자조리실에서 솜씨를 발휘한 최초의 세대였다. 물론 당시에도 제자리를 찾지 못한 퍼즐 조각이 사방에 널려있었다. 하지만 발견되지 않은 조각은 거의 없었기에 약간의 상상력을 발휘하면 새로운 메뉴를 개발할 수 있었다. 1세대와 2세대의 차이는 바로 여기에 있다. 파울리와 그의 추종자들은 양자역학 태동기의 열기에 휩싸여 "양자역학을 가르칠 때는 반드시 불확정성원리에서 시작해야 한다"고 생각했던 반면, 파인먼 세대의 교수들은 과거의 아이디어를 재현하는 것보다 '논리적 전개'에 초점을 맞추었다. 파인먼은 양자역학을 주제로 한 《파인만의 물리학 강의 Vol. 3》의 첫 장에서 "양자역학의 가장 기본적인 요소는 이중슬릿실험"이라고 단언했다. 왜 그런가? 이중슬릿실험은 고전적인 논리로는 도저히 설명할 수 없는 대표적 현상이자 양자역학의 핵심을 보여주는 실험이기 때문이다. 여기에는 양자역학의 모든 신기한 특성이 고스란히 담겨있다.

지금까지 나는 이 책에서 양자역학을 가능한 한 일상적인 세계에 빗대어 설명하려고 노력해왔다. 다시 말해서 20세기 초에 양자역학의 산파 역할을 했던 1세대 물리학자들과 같은 방식을 택한 것이다. 그러나 이제 더는 그런 식으로 설명할 수 없는 단계에 도달했다. 앞으로는 되도록 고전적인 관념을 버리고, 철저하게 양자역학적 관점에서 진실을 설명해나갈 것이다. 양자적 현상 중에는 우리의 일상적인 경험으로 이해할 수 있는 부분이 하나도 없으며, 양자 세계의 거동방식은 하나같이 낯설기만 하다. 물론 그 이유를 아는 사람도 없다. 우리가 아는 것이라곤 "몹시 이상하지만, 어쨌거나 양자 세계는 그런 식으로 거동한다"는 사실뿐이다. 게다가 양자의 바다에 빠져 허우적거릴 때 우리가 잡을 수 있는 지푸라기라곤 단 두 개밖에 없다. 하나는 '입자'와 '파동'이 동일한 방식으로 거동한다는 것이고(이 규칙은 항상 적용된다), 두 번째는 파인먼이 말했던 것처럼 양자 세계의 미스터리가 단 하나뿐이라는 것이다. 이중슬릿실험 결과를 거부감 없이 받아들일 수 있다면 전투의 반은 끝난 셈이다. 왜냐하면 양자역학에 등장하는 모든 상황은 다음과 같은 말로 설명되기 때문이다. "이중슬릿실험을 기억하시나요? 지금 말하는 내용도 그것과 똑같습니다!"[1]

실험의 내용은 다음과 같다. 여기 조그만 '구멍 2개'가 뚫린 벽이 있다. 구멍은 토머스 영의 실험에서처럼 길고 좁게 나 있는 슬릿일 수도 있고, 작고 동그란 구멍이어도 상관없다. 벽 너머(그림상으로는 오른쪽)에는 스크린이 있는데, 여기에는 구멍을 통해 빠져나온 파동이나 입자를 감지하는 장치가 달려있다. 빛으로 실험을 한 경우에는 사진건판을 감지기로 사용하고, 전자와 같은 입자로 실험을 한 경우에는 전자감지기로 스크린 전체를 덮거나 바퀴가 달린 이동식 감지기를 설치하여 특정 지점에 도달한 전자의 수를 헤아리면 된다. 스크린에서 일어나는 사건을 기록할 수만 있다면 어떤 방법을 쓰건 상관없다. 2개의 구멍이 뚫린 벽의 앞쪽(그림상으로는 왼쪽)에는 광자나 전자를 발사하는 '총'이 설치되어 있다. 이것은 조명용 램프일 수도 있고, TV 스크린(브라운관)에 영상을 만드는 전자총일 수도 있다. 벽을 향해 파동이나 입자를 쏠 수 있다면 무엇이건 상관없다. 자, 이것으로 준비는 끝났다. 우리가 할 일은 총을 발사한 후 스크린에 생긴 변화를 관찰하는 것이다. 과연 스크린에는 어떤 무늬가 형성될까?

일단은 광자와 전자의 양자적 특성을 모두 잊고, 일상적인 세계에서 어떤 결과가 나올지 상상해보자. 다들 알다시피 물탱크에 물을 가득 담아놓고 수면파로 실험하면 스크린에 간섭무늬가 나타난다. 물론 이 경우에는 모든 실험장비를 물속에 담그고, 위아래로 빠르게 흔들리는 진동장치로 규칙적인 수면파를 만들면 된다. 여기서 발생한 파동이 2개의 구멍을 통과하면 2개의 파동이 넓게 퍼지면서 간섭을 일

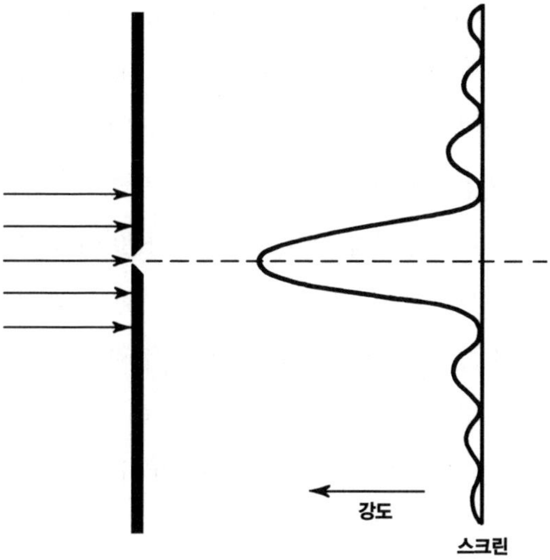

그림 8-1 전자빔이 하나의 슬릿(또는 구멍)을 통과하면 대부분의 전자는 스크린의 중앙(슬릿의 연장선)에 도달한다.

으키고, 그 결과 감지기에는 마루와 골이 번갈아 나타날 것이다. 벽에 나 있는 2개의 구멍 중 하나를 막으면 규칙적으로 변하는 단순한 파동이 스크린에 도달하게 된다. 이 경우, 스크린에서 구멍과 마주 보는 부위에 가장 높은 파도가 도달하고(벽과 스크린은 평행하게 설치되어 있다), 옆으로 벗어날수록 파고가 감소한다(그림 8-1 참조). 이 구멍을 막고 다른 구멍을 열어도 스크린의 분포상황은 두 구멍의 간격만큼 옆으로 이동할 뿐, 전체적인 결과는 달라지지 않는다. 파동에 실린 에너지의 척도인 파동의 강도(intensity)는 진폭 H의 제곱, 즉 H^2에 비례하며, 스크린에 도달하는 강도의 분포는 구멍을 하나만 열어놓는 한 개개의 구멍에 대하여 동일한 패턴으로 나타난다. 그러나 구멍 2개를 모두 열어놓으면 스크린의 패턴이 복잡해진다. 스크린에서 두 구멍과 마주 보는 두 지점에는 커다란 피크가 형성되지만, 이 피크의 양옆에 강도가 0인 지점이 존재하는 것이다. 독자들도 짐작하듯이, 이것은 구멍을 통과한 2개의 파동이 상쇄간섭을 일으키면서 나타난 결과이다. 여기서 더 옆으로 가면 점차 작아지는 피크와 '0'이 번갈아 반복되다가, 중심에서 충분히 벗어나면 모두 0으로 사라진다. 두 파동의 진폭을 각각 H, J라 했을 때, 구멍을 통과한 후 스크린에 도달하는 최종파동의 강도(I)는 각 파동의 강도(H^2과 J^2)를 단순히 더한 값이 아니라, 진폭의 합을 제곱한 값과 같다. 즉, I는 H^2+J^2이 아니라

$$I = (H + J)^2$$

이며, 우변을 전개하면

$$I = H^2 + J^2 + 2HJ$$

가 된다. 우변의 마지막 항은 두 파동의 간섭에 의한 기여분인데, H와 J는 양수와 음수가 모두 가능하므로(파동에는 마루와 골이 존재한다) 스크린에 마루와 골이 번갈아 등장하는 간섭무늬가 형성되는 것이다.

물 대신 일상적인 입자(예: 총알)를 사용하여 똑같은 실험을 반복하면 어떤 결과가 얻어질까?(파인먼은 그의 책《파인만의 물리학 강의》에서 "스크린에 모래주머니를 쌓아놓고 벽 왼쪽에서 구멍을 향해 총을 난사한 후 모래주머니를 뒤져서 특정 지점에 도달한 총알의 수를 헤아린다"는 기발한

아이디어를 제안했다.) 다른 건 몰라도, 스크린에 간섭무늬는 생기지 않을 것 같다. 구멍을 향해 충분히 많은 총알을 발사한 후 탄착점을 확인해보면, 스크린의 각 위치마다 도달한 총알의 수가 다를 것이다. 구멍을 하나만 열어놓은 경우, 총알이 구멍을 통과한 후 흩어지는 패턴은 구멍을 하나만 열어놓고 파동을 통과시켰을 때 스크린에 나타난 강도의 패턴과 거의 비슷하다. 그러나 구멍 2개(A, B라 하자)를 모두 열어놓고 총을 난사하면 스크린의 한 지점에 도달한 총알의 수는 구멍 A를 통과한 후 도달한 총알과 B를 통과한 후 도달한 총알의 합과 같다. 그리하여 총에서 발사된 총알 대부분은 구멍 A, B와 마주 보는 스크린 부분에 집중적으로 도달하고, 양쪽 끝으로 멀어질수록 총알의 수가 감소한다. 총알의 수를 위치에 따른 그래프로 그려보면 가운데 부분이 제일 높고 양쪽 끝으로 갈수록 감소하는 매끄러운 그래프가 얻어질 것이다.• 또한 물결파를 이용한 실험과 달리, 스크린의 중앙에서 총알의 수(강도)가 0인 부위는 존재하지 않는다. 총알의 에너지가 모두 같다는 가정하에 스크린의 각 부위에 도달한 에너지를 I라 하고, 그중에서 구멍 1을 통과하여 스크린에 도달한 에너지를 I_1, 구멍 2를 통과하여 스크린에 도달한 에너지를 I_2라 하면

$$I = I_1 + I_2$$

• 이 장에 제시된 모든 이중슬릿실험 그림은 '위에서 내려다본 그림'으로 이해해주기 바란다.

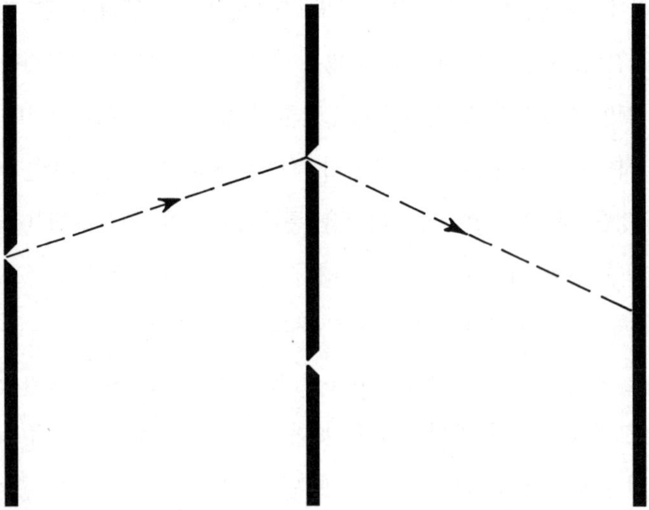

그림 8-2 전자 또는 광자 '1개'가 구멍이 2개 뚫린 벽을 통과했을 때 나타나는 결과는 구멍이 하나인 벽을 통과한 경우와 완전히 동일하다.

의 관계가 성립한다. 여기서 I_1은 파동의 H^2에 해당하고, I_2는 J^2에 해당한다. 즉, $I = H^2 + J^2$이다. 보다시피 총알을 사용한 경우에는 간섭항이 존재하지 않는다.

자, 지금부터가 본론이다. 독자들도 내가 무슨 이야기를 하려는지 짐작할 것이다. 총알을 빛과 전자로 바꿔서 지금까지 했던 실험을 똑같이 반복해보자. 빛을 이용한 이중슬릿실험은 18세기 말부터 지금까지 엄청나게 많이 실행되었고, 스크린에는 예외 없이 간섭무늬가 형성되었다. 그렇다면 남은 것은 전자인데, 전자빔을 발사하는 것은 별로 어렵지 않지만 스크린에 도달한 전자를 기록하는 것이 문제다. 왜냐고? 총알과 달리 전자는 엄청나게 작기 때문이다! 이중슬릿 대신

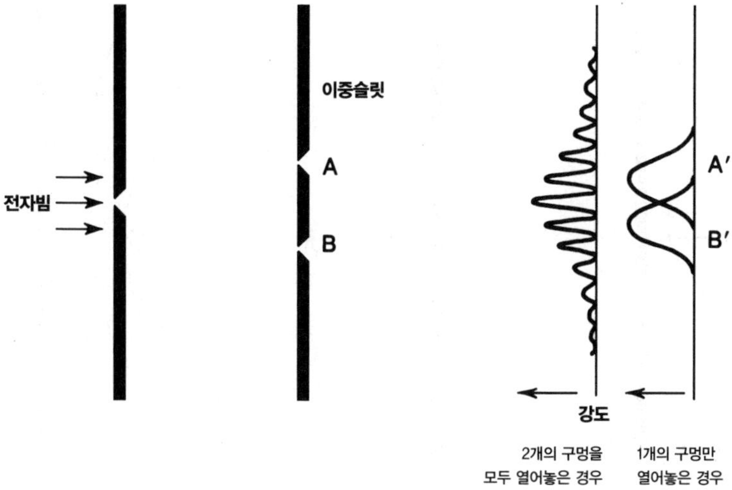

그림 8-3 전자 또는 광자 '여러 개'가 이중슬릿을 통과했을 때 스크린의 특정 부위에 도달한 개수는 '구멍 A만 열어놓았을 때'와 '구멍 B만 열어놓았을 때' 도달한 개수를 더한 값과 같지 않다.

고체 결정의 원자에 전자를 쏴서 산란시키는 실험은 실행된 적이 있다. 그러나 이야기가 복잡해지는 것은 독자들도 원치 않을 것이므로, 이중슬릿실험의 기본 설정은 그대로 두고 스케일만 엄청나게 줄였다고 상상해보자. 전자를 이용한 실험 결과는 이미 알려져 있으므로, 그것을 이중슬릿실험에 맞게 해석하면 된다. 어떤 결과가 나왔을까? 그렇다. 전자는 빛과 마찬가지로 스크린에 간섭무늬를 만든다.

그래서 어쨌다는 말인가? 전자가 파동성과 입자성을 동시에 갖고 있다는 말은 앞에서도 여러 번 반복했는데, 그 이야기를 또 하려고 이중슬릿실험 이야기를 이토록 장황하게 늘어놓았다는 말인가? 물론 아니다. 양자조리법으로 요리를 하려면 전자의 파동성에 익숙해져야

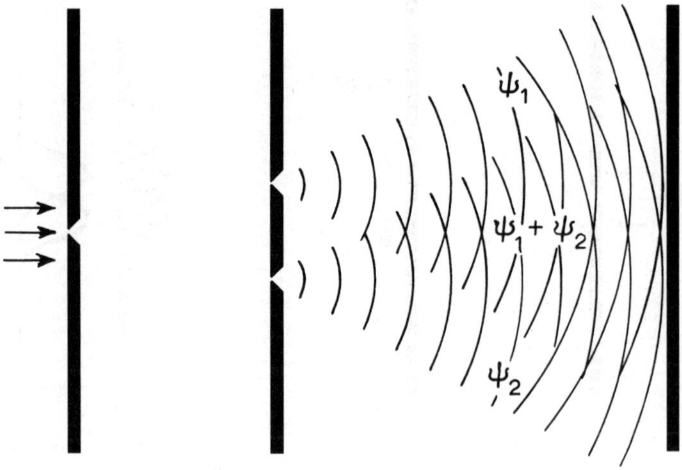

그림 8-4 '확률파동'은 빔에 들어있는 각 입자의 거동을 결정하며, 물결파처럼 간섭을 일으킨다(그림 1-6 참조).

하지만, 이 책에서는 아직 그 의미를 깊게 파고들지 않았다. 이제 때가 되었으니 소매를 걷어붙이고 본격적으로 들어가 보자. 슈뢰딩거의 파동방정식에 등장하는 파동함수 Ψ는 전자(또는 방정식이 서술하는 입자)와 밀접하게 관련되어 있다. Ψ가 파동이라면 슬릿을 통과한 2개의 파동이 간섭을 일으켜 스크린에 간섭무늬를 만드는 것은 당연한 결과이다. 이 경우 Ψ를 진폭으로 해석하면 Ψ^2은 스크린에 도달한 강도에 해당하고, 이 값은 전자가 만든 간섭무늬와 일치한다. 빔 속에 전자의 수가 충분히 많으면 해석이 더욱 간단해진다. 즉, Ψ^2은 스크린의 특정 위치에서 전자가 발견될 확률을 의미한다. 수천 개의 전자가 슬릿을 향해 발사되었을 때, 이들의 최종 도착지는 파동함수 Ψ를 이용하여

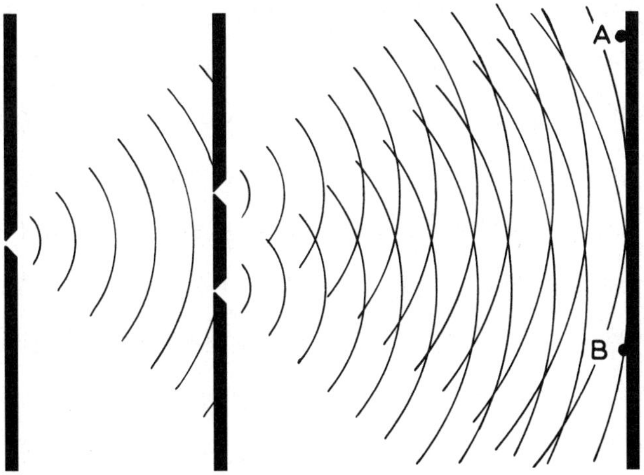

그림 8-5 전자가 A 또는 B에 도달할 확률을 계산하려면 전자를 파동으로 간주해야 한다. 그러나 A 또는 B를 집중적으로 바라보면 전자는 그곳에 '도달했거나', '도달하지 않았거나' 둘 중 하나이며, 파동성은 전혀 보이지 않는다. 전자가 스크린에 도달할 때까지 어떤 일을 겪었는지 몹시 궁금하지만, 우리가 알 수 있는 것은 하나도 없다.

확률적으로 예측할 수 있다. 이것이 바로 막스 보른이 양자역학에 남긴 최고의 업적이다. 그렇다면 개개의 전자에는 어떤 일이 일어난 것일까?

수면파 같은 파동은 2개의 슬릿을 '동시에' 통과할 수 있다. 넓게 펴져나가는 것이 파동의 특성이기 때문이다. 그러나 전자는 제아무리 파동성을 갖고 있다 해도, 입자라는 느낌을 떨쳐버리기 어렵다. 벽을 향해 날아가는 전자는 어떻게든 2개의 슬릿 중 하나를 선택해서 통과해야 할 것 같다. 멀쩡하던 전자가 2개로 쪼개질 수는 없지 않은가? 이 점을 확인하기 위해 슬릿 하나를 막아보자. 그러면 전자는 선택의 여지없이 하나의 슬릿을 통과하는 수밖에 없고, 스크린에는 커다란 총알을 쏘았을 때처럼 매끈한 분포가 형성된다. 그러나 2개의 슬릿을 모두 열어놓으면 구멍 A만 열어놓았을 때 얻은 분포와 B만 열어놓았을 때 얻은 분포의 합이 아니라, 눈에 익은 간섭패턴이 나타난다. 전자총의 발사 간격을 왕창 늘려서 전자를 1분에 하나씩 쏘면 어떨까? 이 정도로 뜸하게 쏘면 모든 전자는 한 번에 하나의 슬릿을 통과할 테니 간섭무늬가 없어지지 않을까? 발사 간격을 길게 늘리면 첫 번째 전자가 2개의 슬릿 중 하나를 통과한 후 스크린(감지기)에 도달하고, 한참 있다가 두 번째 전자가 둘 중 하나의 슬릿을 통과한 후 감지기에 도달하고…… 이런 식으로 계속될 것이다. 그러나 기다리기 지루해진 당신은 전자총이 자동으로 발사되도록 설정해놓고 집으로 돌아갔다. 밤새도록 전자에 쫓기는 꿈을 꾸다가 다음 날 아침에 실험실로 출근하여 스크린을 바라본다. 그사이에 1분 간격으로 수천 개의 전자가 발사되었는데, 스크린에는 여전히 간섭무늬가 또렷하게 새겨져 있지 않은가! 승부 근성이 발동한 당신은 전 세계 1,000개의 연구실에 일일이 전화를 걸어서 당신과 '똑같은' 실험장치를 설치하고 전자를 '단 1개만' 쏴서 스크린에 도달한 위치를 알려달라고 부탁했다. 번거로운 중간과정을 거친 후 1,000개의 데이터를 취합하여 그래프를 그려보니…… 이럴 수가! 이번에도 간섭무늬가 모습을 드러낸다. 정말이지 환장할 노릇이다. 그렇다면 이로부터 내릴 수 있는 결론은 하나뿐이다. 하나의 전자(또는 광자)는 2개의 슬릿 중 하나를 골라 통과하지만, 나머지 슬릿의 개폐 여부를 '알고 있다'. 나머지 슬릿이 열려있으면 간섭무늬를 만들고, 닫혀있으면 총알실험처럼 정규분포를 따른다. 이것이야말로 양자역학의 가장 큰 미스터리이다.

잘하면 전자를 속일 수 있을 것 같기도 하다. 전자가 총에서 발사된 후 벽으로 날아오는 동안 열려있던 슬릿을 잽싸게 닫거나, 닫혀있던 슬릿을 열면 전자가 혼란을 일으켜 의외의 결과가 나오지 않을까? 아쉽지만 답은 'NO'다. 우리가 실험장치에 어떤 조작을 가하건, 전자는 자신이 슬릿을 통과하는 순간에 다른 슬릿의 개폐 상태를 귀신같이 알아채고 그에 걸맞은 분포를 찾아간다. 전자가 어느 쪽 슬릿을 통과하는지 '들여다보면' 어떻게 될까? 각종 도구를 총동원하여 이런 장치를 구현하면 결과는 더욱 이상해진다. 전자가 어느 슬릿을 통과했는지 확인은 할 수 있는데, 이때부터 전자는 파동성을 포기하고 일상적인 입자처럼 행동하는 것이다. 즉, 모든 전자는 A, B 중 하나의 슬릿만 통과할 뿐, 두 슬릿을 동시에 통과하는 경우는 절대로 없으며, 스크린에는 간섭무늬가 감쪽같이 사라지고 총알을 쏘았을 때처럼 정규분포가 나타난다. 그러니까 전자는 다른 슬릿의 개폐 상태뿐만 아니라, 누군가가 자신을 보고 있는지(자신이 통과하는 슬릿을 확인하고 있는지)도 알고 있어서, 그에 걸맞은 분포를 찾아간다는 뜻이다. 관측자와 실험의 상호작용을 보여주는 명확한 사례 같은 것은 없다. 실험자가 넓게 퍼진 전자파동을 관측하려 하면 파동이 순식간에 붕괴되어 입자로 변신하고, 관측하지 않으면 가능성을 열어둔다. 보른의 확률해석의 관점에서 보면 전자는 여러 가지 가능성을 갖고 있지만, 관측 행위에 의해 그중 하나를 선택하도록 강요받는다. 전자는 슬릿 A를 통과할 확률도 있고 B를 통과할 확률도 있으며, 이 확률이 서로 간섭을 일으켜 스크린에 간섭무늬를 만드는 것이다. 실험자가 전자를 관측하면 넓게 퍼져있던 전자파동이 붕괴되어 하나의 명확한 위치에서 발견되고, 이것 때문에 전자의 미래가 달라진다. 이중슬릿실험의 경우에는 전자가 통과한 슬릿이 명확하게 알려지는 대신 간섭무늬가 사라진다. 그러나 전자를 들여다보지 않으면 어느 쪽 슬릿을 통과했는지 알 길이 없다. 실험자만 모르는 것이 아니라, '전자의 운명을 관장하는 자연 자체'도 모르고 있다. 다시 말해서 우리가 전자의 어떤 속성을 관측하지 않는 한, 전자에는 그런 속성이 아예 존재하지 않는다는 뜻이다.

붕괴되는 파동

우리는 눈에 보이는 것(관측되는 것)만 알 수 있다. 실험적 관측은 실험의 범주 안에서 유효할 뿐, 관측되지 않은 세부사항까지 알아낼 수는 없다. 실험자는 이중슬릿실험 결과에 입각하여 "우리는 파동을 다루었다"고 말할 수 있으며, 스크린에 나타난 간섭무늬로부터 "벽에는 슬릿이 2개 뚫려있다"고 유추할 수도 있다. 관측장비와 전자 그리고 관측자는 모두 실험의 일부이며, 이들이 모여서 하나의 실험이 정의된다. 우리는 슬릿을 들여다보지 않는 한 전자가 어느 쪽 슬릿을 통과했는지 알 수 없다(이것은 또 다른 실험이다). 총에서 발사되어 슬릿을 통과한 후 스크린에 도달한 전자는 모든 실험장비를 거쳤으니, 관측자를 포함하여 실험과 관련된 모든 정보를 간직하고 있을 것 같다. 파인먼이 1965년에 BBC TV의 한 과학프로그램에서 말했던 것처럼, 이중슬릿실험에서 전자가 어느 쪽 슬릿을 통과했는지 확인하는 장치를 추가하면 실험자는 전자가 둘 중 하나의 슬릿을 통과했다고 자신있게 주장할 수 있지만, 그런 장치가 없으면 위와 같은 주장을 펼칠 수 없다. 파인먼은 "전자를 보지 않았으면서 둘 중 하나의 슬릿을 통과했다고 결론짓는 것은 명백한 오류"라고 지적했다. 나는 '전체론적(holistic)'이라는 용어를 별로 좋아하지 않지만(이 단어를 오용하거나 남용하는 사람이 너무 많다), 양자 세계를 서술할 때에는 이보다 적합한 단어를 찾기 힘들다. 양자 세계는 완전히 전체론적이어서, 모든 부분이 전체와 미묘하게 얽혀있다. 여기서 말하는 '전체'란 실험장비만 뜻하는 것이 아니다. 양자 세계에서는 모든 선택사항과 모든 가능성이 가능한 한 오래 열려있는 것처럼 보인다. 코펜하겐 해석에서 가장 이상한 것은 다양한 가능성 중 하나를 선택하여 현실로 구현하는 것이 바로 '관측 행위'라는 점이다.

이중슬릿실험에서 확률의 간섭은 "총에서 발사된 전자가 잠시 시야에서 사라졌다가 수많은 유령전자로 대치되어, 각자 자신만의 길을 따라 스크린에 도달하는 현상"으로 해석할 수 있다. 유령전자들은 서로 간섭을 일으키며, 전자가 스크린에 감지되는 순간을 누군가 들여다보면 '실제' 전자가 눈에 보이는데도 간섭의 흔적(간섭무늬)이 남아있다. 그러나 유령전자들이 서술하는 것은 '우리가 보고 있지 않을 때 발생하는 일'뿐이다. 실험자가 유령전자를 보려고 하면 실존하는 하나의 전자만 남기고 나머지는 순식간에 사라진다. 슈뢰딩거의 파동함수 버전으로 설명하면 개개의 유령전자는 파동이나 파동다발•에 대

• wave packet, 여러 개의 파동이 합쳐진 파동.

응되며, 보른의 해석에 따르면 이 파동은 전자가 특정 위치에서 발견될 확률과 관련되어 있다. 다양한 가능성을 품고 있던 유령전자가 관측 행위를 통해 하나의 전자로 구체화되는 것은 파동역학의 관점에서 볼 때 다양한 확률파동이 진행하다가 실제 전자를 서술하는 하나의 파동만 남기고 일제히 사라지는 것과 같다. 이것이 바로 파동역학에서 말하는 '파동함수의 붕괴(collapse of the wave function)'로서, 양자조리법의 기초가 되었던 코펜하겐 해석의 핵심이다. 그러나 양자조리법에 따라 수많은 현상을 설명하고 다양한 발명품을 만들어냈던 물리학자와 공학자 들이 이런 황당한 해석을 과연 액면 그대로 믿었을까? 그들이 과연 "레이저와 컴퓨터를 설계하거나 유전물질을 연구할 때 더없이 요긴하게 사용해왔던 일련의 법칙들은 유령입자의 간섭에서 기인한 것이며, 이 유령들은 관측을 통해 파동함수가 붕괴되었을 때에만 실존하는 하나의 입자로 모습을 드러낸다"고 생각했을까? 별로 그랬을 것 같지는 않다. 더욱 이상한 것은 관측자가 바라보기를 멈추는 순간, 입자는 다시 수많은 유령입자로 분신하여 자신에게 할당된 확률경로를 따라간다는 것이다. 우리가 바라보지 않는 동안에는 아무것도 실존하지 않으며, 전자를 바라보다가 시선을 딴 곳으로 돌리면 그 순간부터 전자는 더 이상 실존하지 않는다.

양자조리법의 덕을 본 사람들은 수학방정식이 눈에 익다는 점에서 나름대로 위안을 찾았을 것이다. 파인먼은 양자조리법의 기본재료를 다음과 같이 간결하게 설명했다. "양자역학에서 '사건'이란 일련의 초기조건과 최종조건, 그 이상도 이하도 아니다." 이중슬릿실험세트의 한쪽 끝에서 전자가 발사되고, 반대쪽 끝에서 스크린에 도달한다. 이것이 사건의 전부이며, 하나의 사건이 발생할 확률은 슈뢰딩거의 파동함수 Ψ의 제곱으로 주어진다. 사건이 두 가지 이상의 방법으로 일어날 수 있다면(이중슬릿실험에서 2개의 슬릿을 모두 열어놓은 경우), 각각의 경우가 발생할 확률(전자가 각기 다른 지점에 도달할 확률)은 'Ψ의 합의 제곱'으로 주어지고, 확률들 사이에는 특정한 규칙에 따라 간섭이 발생한다. 그러나 둘 중 어떤 확률이 현실로 나타났는지 확인하기 위해 관측을 실시하면(전자가 둘 중 어느 슬릿을 통과했는지 확인하려고 하면) 확률분포가 'Ψ의 제곱의 합'으로 변하면서 간섭항은 사라진다. 다시 말해서 파동함수가 붕괴된 것이다.

이 모든 상황을 물리학으로 속 시원하게 이해하는 것은 불가능하지만, 수학은 단순하고 명쾌하면서 물리학자들에게 매우 익숙하여 의미를 깊이 파고들지만 않으면 아무런 문제가 없다. 그러나 파인먼을 포함한 당대 최고의 물리학자들에게 "세상은 왜 이토록 희한한 방식으로 운영되고 있습니까?"라고 묻는다면, 돌아올 답은 한 가지뿐이다. "저도 모르겠는데요?" 중간과정을 머릿속에 그리기 위해 계속 파고들면 물리적 그림은 유령으로 가득 찬 세계로 분해된다. 입자는 누군가가 자신을 바라볼 때만 존재하고, 위치와 운동량은 관측자의 편의를 위해 도입한 인공물에 불과하다. 어느 누가 이런 세상을 선뜻 받아들일 수 있겠는가? 아인슈타인을 비롯한 최고의 물리학자들이 양자역학의 기괴한 해석을 피해가기 위해 수십 년 동안 골머리를 앓은 것도 결코 무리가 아니었다. 그러나 이들의 노력은 모두 실패로 끝났고(이 내용은 다음 장에서 다룰 예정이다), 새로운 실패 사례가 알려질 때마다 코펜하겐 해석의 입지가 더욱 확고해지면서 양자역학을 넘어 '총체적

우주'라는 새로운 그림을 그리기 시작했다. 이것은 상보성원리에 기초한 양자역학적 우주관인데, 자세한 내용으로 들어가기 전에 마지막으로 알아야 할 것이 하나 남아있다.

상보성 규칙

일반상대성이론과 양자역학은 20세기 과학이 이루어낸 최고의 업적이며, 두 이론을 하나로 통일하는 것은 모든 물리학자가 꿈꾸는 궁극의 성배(聖杯)이다. 이제 곧 알게 되겠지만, 두 이론이 통일되면 우주에 대한 이해는 이전과 비교할 수 없을 정도로 깊어질 것이다. 그러나 엄밀히 말해서 일반상대성이론과 양자역학은 물과 기름처럼 도저히 섞일 수 없는 상반된 이론이다.

1927년, 보어는 코펜하겐 해석을 처음으로 발표하는 자리에서 일반상대성이론과 양자역학이 서로 모순된다는 점을 유난히 강조했다. 일반상대성이론은 4차원 시공간좌표와 절대적 인과율에 기초한 반면, 양자역학은 관측자와 관측대상을 분리할 수 없다고 주장하기 때문이다. 시공간좌표는 관측대상의 위치를 나타내고, 인과율은 관측대상이 어디로 가고 있는지 알고 있다는 가정하에 성립한다. 즉, 관측대상의 운동량을 정확하게 알아야 인과율을 논할 수 있다. 고전이론에서는 위치와 운동량을 모두 정확하게 알 수 있다고 가정하고 있지만• 양자 세계에서는 시공간좌표(위치)를 정확하게 알면 운동량이 불확실해지므로 인과율을 포기해야 한다. 이런 점에서 일반상대성이론은 양자역학처럼 근본적인 단계에서 우주를 서술하는 이론이 될 수 없다. 즉, 일반 상대성이론은 고전물리학의 범주에 속한다. 그러므로 만일 둘 사이에 충돌이 일어난다면 양자역학을 택하는 것이 최선이다.

그렇다면 우리가 사는 세상은 대체 어떤 곳인가? 보어는 '하나뿐인 세상'에 오해의 소지가 있음을 지적하면서 이중슬릿실험의 또 다른 해석을 제안했다. 이 실험은 매우 단순하지만, 전자(또는 광자)가 총에서 발사된 후 스크린에 도달할 때까지 취할 수 있는 경로는 무수히 많다. 그러나 문제가 쓸데없이 복잡해지는 것을 막기 위해, 전자에게는 A를 통과하거나 B를 통과하는 두 가지 선택만 주어졌다고 가정해보자. 보어는 이 두 가지 가능성이 '2개의 서로 다른 세상'을 의미할 수도 있다고 생각했다. 하나는 전자가 슬릿 A를 통과한 세상이고, 다른 하나는 전자가 슬릿 B를 통과한 세상이다. 그러나 우리가 사는 세상은 이런 단순한 세상이 아니라 입자의 경로에 따른 두 가지 가능성이 조합된 세상이며, 이들은 서로 간섭을 일으키고 있다. 단, 누군가 나서서 입자가 어느 쪽 슬릿을 통과했는지 확인하면 그 즉시 다른 하나의 가능성이 제거되고 간섭도 사라진다. 보어가 양자 세계에서 불러낸 것은 유령 같은 전자가 아니라, 우리가 바라보지 않을 때만 존재하는 '유령 같은 세상'이었다. 가능성이 두 가지밖에 없는 단순한 세상을 확장하여, 무수히 많은 유령 실체가 존재하는 무수히 많은 양자 세계를 상상해보라. 우리의 우주가 바로 그런 곳이다. 모든 입자가 가질

• 사실 고전역학에는 이런 가정이 없다. 너무나 당연한 사실이어서 언급할 필요조차 없었기 때문이다.

수 있는 모든 가능한 파동함수와 디랙의 q-수가 가질 수 있는 모든 가능한 값이 복잡하게 얽혀있고, 누군가 그들 중 하나만 관측하여 파동함수를 붕괴시켜도 우주 전체가 달라진다. 그러므로 슬릿 A를 통과하는 전자가 슬릿 B의 개폐 상태를 '알고 있다면', 그 전자는 원리적으로 우주 전체의 양자상태를 알고 있는 셈이다. 이쯤 되면 독자들도 당대의 석학들이 코펜하겐 해석을 그토록 강렬하게 반대했던 이유를 이해할 수 있을 것이다. 그러나 깊은 의미를 굳이 파고들지 않은 채 양자 조리법을 착실하게 실행해온 물리학자들은 실험실에서 수많은 파동함수를 붕괴시키며 우리가 사는 세상을 완전히 바꿔놓았다.

9장 역설과 확률

코펜하겐 해석은 반대론자들로부터 공격받을 때마다 자신의 입지를 더욱 굳건하게 다져왔다. 아인슈타인을 비롯한 당대 최고의 석학들은 양자역학의 오류를 찾기 위해 무진 애를 썼지만, 옹호자들은 오히려 반론의 오류를 지적하면서 반대론자들의 공격을 성공적으로 막아냈다. 코펜하겐 해석은 모든 실험 결과를 올바르게 설명한다는 점에서 분명히 옳은 해석이다. 앞으로 양자역학에 대한 해석이 더 좋은 쪽으로 개선된다 해도, (적어도 통계적인 의미에서) 실험 결과를 정확하게 예측하고 레이저와 컴퓨터 등 첨단 문명의 이기를 낳은 코펜하겐 해석만은 끝까지 살아남을 것이다. 코펜하겐 해석의 지지자들이 다른 물리학자들의 공격을 어떤 논리로 방어했는지 일일이 나열하자면 끝도 한도 없을 것이므로 이 책에서는 생략하고, 1958년에 출간된 하이젠베르크의《물리와 철학》에 언급된 내용만 짚고 넘어가자. 이 책에서 하이젠베르크는 다음과 같이 주장했다. "코펜하겐 해석에 반론을 제기한 사람들은 양자 이론의 근본적 대칭(파동과 입자의 대칭, 위치와 운동량의 대칭 등)을 포기할 것을 강요하고 있다. 그러므로 대칭이 자연의 진정한 특성이라면 …… 코펜하겐 해석을 절대로 포기하면 안 된다. 그리고 지금까지 실행된 모든 실험은 이런 관점을 강하게 지지하고 있다."

그 후에 등장한 코펜하겐 해석 개정판(기존의 내용에 반하는 제안이나 반증이 아님)에도 '근본적 대칭'이 포함되어 있는데, 자세한 내용은 11장에서 다룰 예정이다. 하이젠베르크는 1958년에 출간한 책에 새로운 해석을 한마디도 언급하지 않았다. 당시 이 내용은 미국에서 박사과정을 밟고 있던 한 학생이 제안했을 뿐, 학계의 중론이 전혀 아니었기 때문이다. 우리도 새로운 해석으로 넘어가기 전에, 양자 이론의 태동기부터 1982년까지 얻은 실험 결과들을 코펜하겐 해석이 얼마나 정확하게 설명했는지 알아둘 필요가 있다. 아인슈타인에게서 시작되어 50여 년이 지난 후 프랑스의 한 실험실에서 막을 내린 이 이야기는 과학 역사상 가장 극적이고 위대한 사례로 남을 것이다.

상자 속의 시계

양자역학의 해석을 놓고 아인슈타인과 보어가 벌였던 세기적 논쟁은 1927년에 개최된 제5회 솔베이학회에서 시작되어 아인슈타인이 세상을 떠난 1955년까지 계속되었다. 아인슈타인은 이 문제에 대하여 막스 보른과도 오랫동안 편지를 주고받으며 의견을 나눴는데, 자세한 내용은 보른이 저술한 《보른과 아인슈타인의 편지》에 잘 정리되어 있

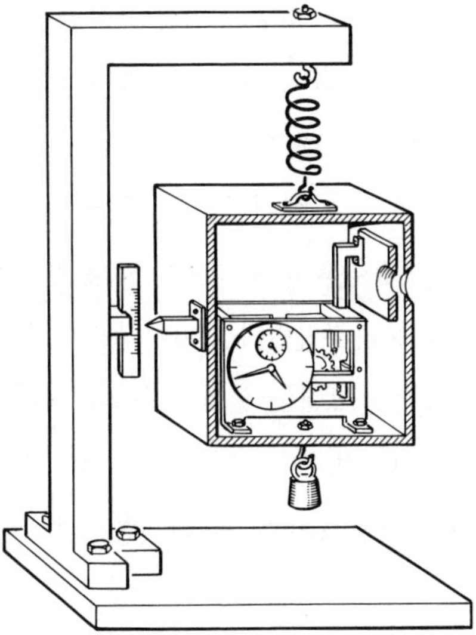

그림 9-1 '상자 속의 시계' 사고실험의 개요도. 아인슈타인은 에너지와 시간을 동시에 정확하게 측정하는 방법으로 이 실험을 제안했으나, 보어를 비롯한 양자 이론 옹호자들은 "실험에 반드시 필요한 장치들(추, 용수철 등) 때문에 불확정성이 야기된다"고 결론지었다(본문 참조).

다. 아인슈타인과 보어의 논쟁은 주로 '사고실험'이라는 형태로 진행되었다. 아인슈타인이 입자의 위치와 운동량, 또는 에너지와 시간 등 상보적 관계에 있는 한 쌍의 물리량을 동시에 정확하게 측정할 수 있는 가상의 실험을 제안하면, 보어와 보른이 실험의 오류를 지적하면서 양자 이론을 방어하는 식이었다. 그중 가장 대표적 사고실험이었던 '상자 속의 시계'를 예로 들어보자.

아인슈타인은 양자역학에 대한 반론으로 정밀한 시계가 들어있는 상자를 떠올렸다. 상자 옆면에는 작은 구멍이 뚫려있고 구멍을 여닫는 셔터는 시계에 의해 작동되며, 상자 내부는 복사에너지로 가득 차 있다. 특정 시간이 되면 닫혀있던 셔터가 열리면서 광자 1개가 상자 밖으로 방출되고, 두 번째 광자가 방출되기 전에 셔터가 닫히도록 설정되어 있다. 또한 상자는 용수철저울에 매달려있어서 광자가 방출되기 전과 후의 무게를 측정할 수 있다. 질량과 에너지는 아인슈타인의 $E=mc^2$을 통해 서로 연관되어 있으므로, 방출 전후의 무게 차이로 방출된 광자의 에너지를 알 수 있다.• 이 실험장치가 예상대로 작동한다면 '방출된 광자의 에너지'와 '방출된 시간'을 정확하게 알 수 있으므로 불확정성원리는 치명상을 입게 된다.

그러나 보어는 실험이 수행되는 과정을 치밀하게 검토한 끝에 아인슈타인의 반론을 성공적으로 막아냈다. 예를 들어 상자의 무게를 측정하기 위해 중력장 안에서 상자 전체를 용수철에 매달았다고 하자.•• 그러면 실험자는 광자가 방출되기 전에 상자 옆에 달린 바늘이 가리키는 위치(지지대에 그려진 눈금)를 정확하게 읽고, 광자가 방출된 후에는 상자 밑에 가벼운 추를 매달아서 바늘이 가리키는 위치가 이전과 같아지도록 만들 것이다. 그러나 이런 실험은 필연적으로 불확정성을 유발한다. 바늘의 위치는 하이젠베르크가 지적했던 위치-운동량 불확정성의 한계 안에서만 관측이 가능하므로, 바늘의 위치와 상자의 운동량을 동시에 정확하게 측정할 수 없다. 즉, 상자의 무게(바늘의 위치)를 정확하게 측정할수록 운동량에 관한 정보는 불확실해진다. 상자에 작은 추를 매달아서 바늘을 원래 위치로 되돌린 후 추의 무게를 측정하여 광자의 에너지를 계산한다 해도, 에너지의 오차 ΔE와 시

• 질량과 무게는 단위가 다르지만, 지구의 중력을 고려하면 같은 양으로 취급해도 상관없다.

•• 또는 용수철 위에 올려놓거나 양팔 저울을 사용할 수도 있지만, 어떤 경우에도 논리의 취지는 달라지지 않는다.

간의 오차 Δt는 에너지-시간 불확정성의 한계인 $\Delta E \cdot \Delta t > \hbar$를 극복할 수 없다.

그 외에 다른 사고실험과 관련된 아인슈타인-보어의 논쟁은 아브라함 파이스의《미묘한 신(*Subtle is the Lord*)》에 잘 정리되어 있다. 이 책에서 파이스는 사고실험에 대한 보어의 구체적인 반론에 비현실적인 면이 전혀 없음을 강조했다. 상자실험의 경우 보어는 상자를 매다는 무거운 지지대와 고정용 볼트 그리고 상자의 무게를 측정하는 용수철 등 일상적인 도구와 고전적인 논리만으로 아인슈타인의 반론을 방어해냈다. 위치에 불확정성이 발생하지 않도록 상자를 단단히 고정할 수도 있지만, 상자가 움직이지 않으면 질량의 변화를 측정할 수 없다. 양자적 불확정성을 논할 때 양자 이론의 개념을 일상적인 용어로 표현하다 보면 어쩔 수 없이 딜레마에 빠지게 된다. 보어가 실험의 세세한 내용보다 기본적인 핵심을 강조한 것도 바로 이런 이유 때문이었다.

EPR 역설

아인슈타인은 몇 가지 사고실험에 대한 보어의 반론을 모두 수용하고 1930년대 초부터 양자역학의 법칙을 검증하는 새로운 연구에 착수했는데, 기본 아이디어는 한 입자에 대한 실험 정보를 이용하여 다른 입자의 위치와 운동량을 예측하는 것이었다. 이 시기에 벌어진 보어와의 2차 논쟁은 아인슈타인이 죽는 날까지 결론을 내리지 못했지만, 후대의 물리학자들은 개선된 사고실험과 실제 실험을 통해 다시 한번 보어의 손을 들어주었다.

1930년대 초에 아인슈타인의 삶은 고난의 연속이었다. 그는 독일 나치당의 유대인 박해정책을 피해 1935년에 미국 프린스턴으로 이주했고, 1936년 12월에 두 번째 부인인 엘사(Elsa)가 지병으로 세상을 떠났다. 그러나 이 와중에도 아인슈타인은 코펜하겐 해석을 대체할 새로운 해석을 찾고 있었다. "태생적으로 불확실하면서 인과율까지 결여된 양자역학은 결코 현실 세계를 서술하는 최후의 이론이 될 수 없다"고 굳게 믿었던 것이다. 독일 태생의 이스라엘 물리학자 막스 야머가 집필한 《양자역학의 철학(*The Philosophy of Quantum Mechanics*)》에는 아인슈타인이 이 문제를 어떻게 생각했는지 매우 자세히 소개되어 있다. 1934~1935년에 아인슈타인은 프린스턴고등과학원(Princeton Institute for Advanced Study)에서 보리스 포돌스키(Boris Podolsky), 네이선 로젠(Nathan Rosen)과 함께 양자역학의 대안을 찾다가 그 유명한 'EPR 역설(EPR Paradox)'에 도달하게 된다(물론 이들은 자신의 논리를 전혀 역설이라고 생각하지 않았다).[1]

아인슈타인과 그의 동료들(줄여서 EPR이라 한다)이 펼쳤던 논리의 핵심은 코펜하겐 해석이 불완전하다는 것이었다. 이들은 "우주를 운영하는 법칙은 더욱 깊은 곳에 숨어있고, 양자역학에는 그 법칙이 완전히 반영되지 않았기 때문에 확률적인 답밖에 얻을 수 없다"고 주장했다. 가까운 거리에서 상호작용을 교환하는 2개의 입자 A, B를 상상해보자. 어느 순간부터 이들은 각자의 길을 가기 시작했고, 관측자가 둘 중 하나를 관측하기 전까지 다른 어떤 물체와도 상호작용을 교환하지 않았다. 이들은 매 순간 특정한 값의 운동량과 위치를 갖고 있으며, 양자역학의 법칙을 적용한다 해도 두 입자가 가까이 붙어있을 때의 총 운동량(두 입자의 운동량의 합, p_A+p_B)과 둘 사이의 거리(두 입자의 위치의 차이, q_A-q_B)는 불확정성원리와 상관없이 정확하게 알 수 있다. 그런데 두 입자의 총 운동량은 변하지 않으므로, 시간이 한참 흐른 후에 A의 운동량을 측정하면 B의 운동량은 자동으로 결정된다. 또는 A의 위치를 정확하게 측정하면 (위와 같은 이유로) B의 위치가 자동으로 결정된다. 한 입자의 운동량을 정확하게 측정하면 불확정성원리에 의해 그 입자의 위치가 불확실해지고, 입자의 위치를 정확하게 측정하면 운동량이 불확실해진다. 그러나 EPR은 입자 A에서 어떤 물리량을 측정하느냐에 따라 B의 상태가 달라질 수는 없다고 생각했다. 입자 B가 무슨 수로 자신이 정확한 운동량을 가져야 할지, 아니면 정확한 위치를 가져야 할지 판단한다는 말인가? 그럼에도 양자 세계에서 '이곳'에 있는 입자를 관측하면, 그 영향이 '저곳'에 있는 파트너입자에 즉각적으로 전달되는 것처럼 보인다. 다시 말해서 정보가 전달되는 데 시간이 전혀 걸리지 않는다는 뜻이다. EPR은 이것을 '원거리 작용(action at a distance)'이라 불렀다.

이로부터 EPR은 다음과 같이 결론지었다. "코펜하겐 해석을 받아들이면 두 번째 입자의 위치와 운동량이 첫 번째 입자를 대상으로 실행된 관측의 영향을 받는다는 것도 사실로 받아들여야 한다. 다시 말해서, 두 입자가 아무리 멀리 떨어져 있어도 첫 번째 입자를 관측하는 행위가 두 번째 입자에 즉각적으로 영향을 준다는 뜻이다. 실체를 합당하게 정의한 이론이라면 결코 이런 결과를 낳을 수 없다."[2] 물리학자들은 EPR의 논지에 대부분 동의했지만, 실체의 합당한 정의에 대해서는 논란의 여지가 많았다. 보어와 그의 추종자들은 첫 번째 입자의 관측 여부와 상관없이 실험자에게 관측되지 않는 한, 두 번째 입자의 위치와 운동량은 객관적 의미를 갖지 않는다고 주장했다. 이로써 물리학자들은 '굳이 관측을 하지 않아도 객관적 실체가 존재하는 세상'과 '관측을 하지 않는 한 객관적 실체가 무의미한 세상' 중 하나를 선택해야 했고, 대부분의 물리학자는 후자를 택했다. 그러나 객관적 실체를 포기할 수 없었던 아인슈타인과 몇몇 추종자는 코펜하겐 해석을 거부함으로써 물리학계의 비주류로 밀려나게 된다.

아인슈타인은 명백한 실험 증거를 단 한 번도 거부한 적 없는 정직한 사람이었다. 만일 그가 지금까지 생존하여 최근에 알려진 실험 결과를 접했다면, 자신이 틀렸음을 솔직하게 인정했을 것이다. 가장 근본적인 단계에서 우주를 서술하는 지금의 이론에는 객관적 실체가 발붙일 곳이 없지만, '원거리 작용'이나 '비인과율(acausality)'은 허용된다. 이 실험은 너무도 중요하여 10장 전체에 걸쳐 다룰 예정이다. 단, 이 장의 제목이 〈역설과 확률〉이고 이 책의 제목은 《슈뢰딩거의 고양이를 찾아서》이니, 완전한 마무리를 위해 양자 이론에 내재된 다른 역설('과거로 거슬러 가는 입자'와 '슈뢰딩거의 고양이')을 살펴보기로 하자.

시간 여행

물리학자들은 시간과 공간에서 이동하는 입자를 종이나 칠판에 표현할 때 시간의 흐름을 세로축에, 공간이동을 가로축에 대응시킨 독특한 표기법을 사용한다. 물론 공간은 3차원이지만 이것을 1차원으로 단순화하면 1차원 시간과 1차원 공간으로 이루어진 2차원 평면을 상상할 수 있다. 이것이 이른바 '2차원 시공간 다이어그램'으로, 독자들이 학창 시절에 배웠던 2차원 좌표계(가로축을 x, 세로축을 y로 표기했던 추억의 좌표계)와 수학적으로 동등하다. 시공간 다이어그램은 상대성이론에 처음으로 도입되어 아인슈타인 방정식의 기이한 특성을 시각적으로 표현하는 데 사용되다가 1940년대에 입자물리학자 파인먼에게 전수되어 '파인먼 다이어그램(Feynman diagram)'으로 재탄생했다. 입자들의 무대인 양자 세계에서 시간과 공간은 운동량과 에너지로 대치될 수 있다. 특히 입자의 충돌을 다룰 때는 후자가 훨씬 편리하다. 그러나 이 책에서는 (운동량과 별로 친하지 않은 독자들을 위해) 시간과 공간으로 이루어진 다이어그램을 사용할 것이다.

파인먼 다이어그램에서 전자의 궤적은 선으로 표현된다. 한 지점에 고정되어 움직이지 않는 전자는 시간축(세로축)과 평행한 직선을 따라 위로 진행하고, 공간에서 느린 속도로 이동하는 전자는 수직선에서 조금 기울어진 사선을 따라가며, 속도가 빠른 전자는 수직선에서 많이 기울어진 사선을 따라간다. 이런 식으로 시공간에 표현한 입자의 궤적을 '세계선(world line)'이라 한다. 공간이동은 왼쪽과 오른쪽, 두 가지 방향으로 일어날 수 있으며, 전자가 다른 입자와 충돌하여 진행 방향이 바뀌면 세계선은 '꺾어진 선'이 된다.• 그러나 우리가 살고 있는 일상적인 세계나 상대성이론의 시공간 다이어그램에서 세계선이 아래쪽으로 향하는 경우는 없다. 아래쪽은 시간이 과거로 흐르는

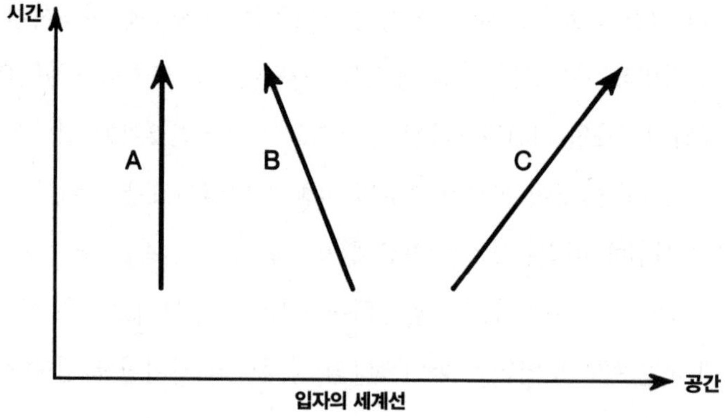

그림 9-2 시간과 공간에서 움직이는 입자는 시공간 다이어그램에서 '세계선'으로 표현된다.

방향이기 때문이다.

이 규칙만 잘 따르면 전자가 시간과 공간을 이동하다가 광자(γ-선)와 충돌하여 방향을 바꾼 후, 광자를 방출하면서 방향이 바뀌는 사건을 파인먼 다이어그램으로 나타낼 수 있다. 이 사건에서 광자는 전기력을 매개하는 입자이기 때문에 중요하게 취급된다. 2개의 전자 a, b가 서로 가까이 다가오면 전기적 척력이 작용하여 다시 멀어진다. 이 상황을 파인먼 다이어그램으로 표현하고 싶으면 전자를 나타내는 두 가닥의 세계선이 한 점을 향해 수렴하다가 a에서 광자가 방출되고(그 결과 a는 방향이 바뀐다), 이 광자가 b에 흡수되는 그림을 그리면 된다

• 지금 우리는 3차원 공간을 1차원으로 줄였기 때문에, 물체가 이동할 수 있는 방향은 오른쪽과 왼쪽뿐이다. 세계선이 비스듬하게 기울어졌다 해도, 입자가 공간에서 그 방향으로 진행한다는 뜻이 아님을 기억하기 바란다.

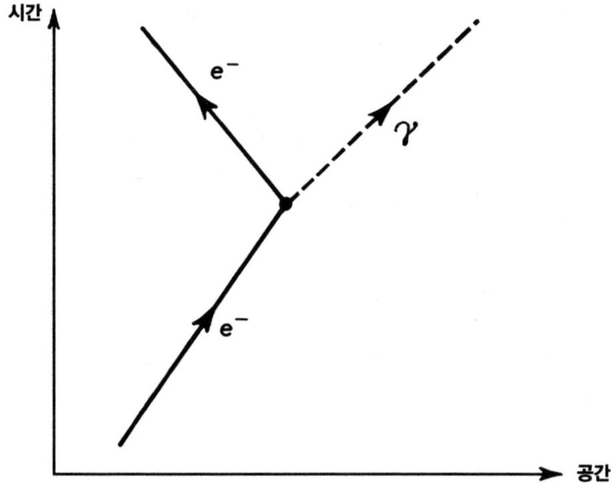

그림 9-3 공간을 가로질러 나아가던 전자가 광자(γ-선)를 방출하고 방향을 바꾼 경우를 나타내는 다이어그램.

(b도 광자를 흡수한 후 방향이 바뀐다).• 광자는 전기장을 운반하는 매개체지만, 실제로는 그보다 훨씬 많은 일을 할 수 있다. 디랙은 에너지가 큰 광자가 진공 중에서 전자와 양전자를 생성할 수 있음을 증명했다. $E=mc^2$에 따라 에너지가 질량으로 변한 것이다. 양전자(음에너지를 갖는 '전자구멍')는 전자를 만나는 즉시 복사에너지(단순하게 광자로 표현함)를 방출하면서 사라지기 때문에 수명이 짧다.

이 모든 상호작용도 파인먼 다이어그램으로 표현할 수 있다. 시공

• 물론 이것은 실제상황을 극도로 단순화한 그림이다. 실제로 2개의 전자가 전기력을 주고받을 때는 수많은 광자가 교환된다. 본문에서는 "하나의 광자에서 전자와 양전자가 생성된다"고 했지만, 현실 세계에서는 2개 이상의 전자 또는 한 쌍의 γ-선이 충돌하거나 이보다 훨씬 복잡한 사건이 수시로 일어나고 있다.—원저자 주

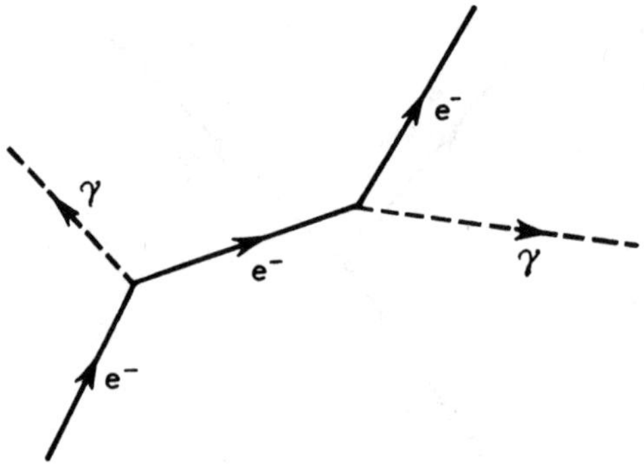

그림 9-4 광자 2개와 상호작용을 교환한 전자의 다이어그램.

간을 가로지르는 광자가 자발적으로 전자-양전자 쌍을 만들어낸다. 이때 탄생한 전자는 자신의 길을 가고, 양전자는 다른 전자를 만나 사라지면서 또 다른 광자를 방출한다. 1949년에 파인먼은 놀라운 사실을 발견했다. 그가 창안한 파인먼 다이어그램에서 미래로 진행하는 양전자와 (동일한 길을 따라) 과거로 거슬러 가는 전자가 수학적으로 완전히 똑같던 것이다. 또한 광자는 자기 자신의 반입자이기 때문에 미래로 가는 광자와 과거로 가는 광자는 아무런 차이가 없다. 그래서 편의상 광자의 경로에는 화살표를 그리지 않고, 양전자를 나타내는 선의 화살표를 반대 방향으로 바꾸면 전자가 된다. 그러므로 하나의 파인먼 다이어그램은 다양한 의미로 해석될 수 있다. 예를 들어 전자가 공간을 가로질러 나아가다가 어느 순간 고에너지 광자를 만나 흡수한 후 시간을 뒤집어 과거로 거슬러 가다가, 고에너지 광자를 방출하고 다시 미래를 향해 나아갔다고 하자. 이 과정에서는 3개의 입자(전자 2개와 양전자 1개)가 복잡한 춤을 추었지만, 전자 1개만으로도 동

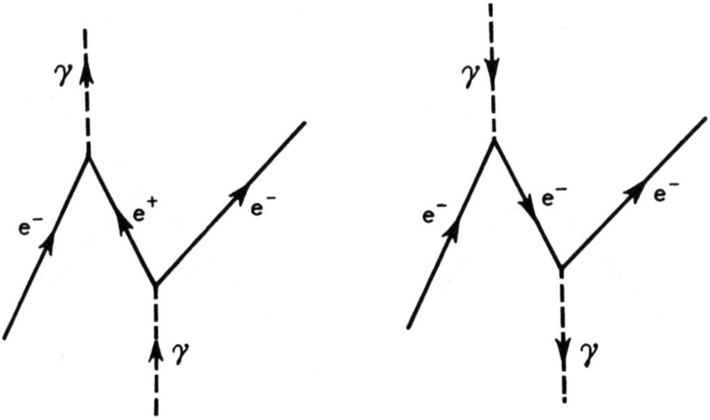

그림 9-5 γ-선에서 전자-양전자 쌍이 생성된 후 양전자가 다른 전자를 만나 소멸되면서 광자로 변한 다이어그램(왼쪽). 하나의 전자가 시공간에서 갈지자(之)로 진행하면서 2개의 광자와 상호작용을 교환하는 다이어그램(오른쪽). 기본적인 형태는 그림 9-4와 비슷하지만 이 경우에 전자는 과거로 이동한다. 그러나 위의 두 다이어그램은 수학적으로 완전히 동일하다.

일한 과정을 서술할 수 있다. 즉, 전자 1개가 이동 중에 광자와 연속적으로 충돌하면서 갈지자로 나아갔다고 생각하면 된다.•

다이어그램을 살펴보면 전자가 저에너지 광자를 흡수하고 경로가 조금 바뀌었다가 광자를 방출하고 다시 경로가 바뀐 사건은 전자가 광자와 격렬한 상호작용을 교환하고 잠시 동안 과거로 거슬러 가다가 다시 광자와 상호작용을 하면서 미래로 진로를 바꾼 사건과 매우 비슷하다. 두 경우 모두 다이어그램은 3개의 직선으로 이루어진 갈지자 경로와 2개의 모서리로 이루어져 있다. 다른 점이라곤 후자의 모서

• 그림 9-5 참조. 이 그림에는 광자의 '방출'과 '흡수'를 구별하기 위해 광자를 나타내는 점선에도 화살표가 그려져 있다.

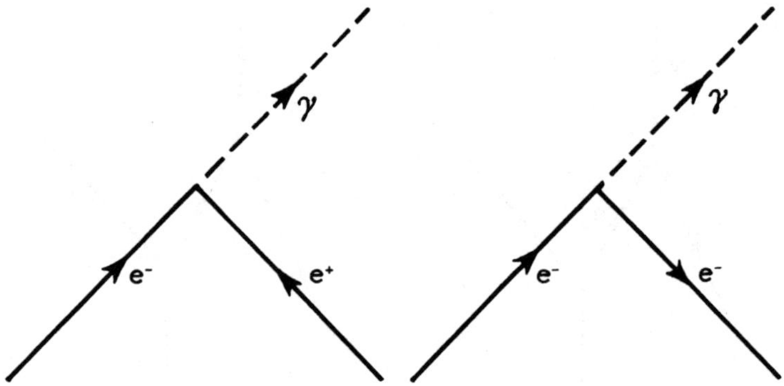

그림 9-6 일반적으로 입자-반입자 쌍소멸은 '미래로 가던 입자가 과거로 진행을 바꾸는' 산란사건으로 해석될 수도 있다.

리가 전자의 모서리보다 더 뾰족하다는 것뿐이다. 2개의 다이어그램이 외관상 비슷하다는 사실을 처음으로 간파한 사람은 존 휠러(John Wheeler)였고, 이들이 수학적으로 동등하다는 것을 증명한 사람은 파인먼이었다.

이 과정에는 눈에 보이는 것보다 훨씬 많은 정보가 숨어있다. 지금부터 단계별로 자세히 들여다보자.

첫째, 광자는 자기 자신의 반입자이므로 화살표를 그리지 않는다는 점을 기억하기 바란다. 미래로 가는 광자는 과거로 가는 반광자(antiphoton, 광자의 반입자)와 동일하다. 그런데 광자와 반광자는 같은 입자이므로 미래로 가는 광자와 과거로 가는 광자는 같다. 이상하게 들리는가? 당연히 그럴 것이다. 만일 당신이 들뜬상태에 있던 원자(A라 하자)가 에너지를 방출하고 바닥상태로 떨어지는 사건을 목격했다면, "과거로 진행하는 전자기파 에너지가 원자에 도달하여 상태변화

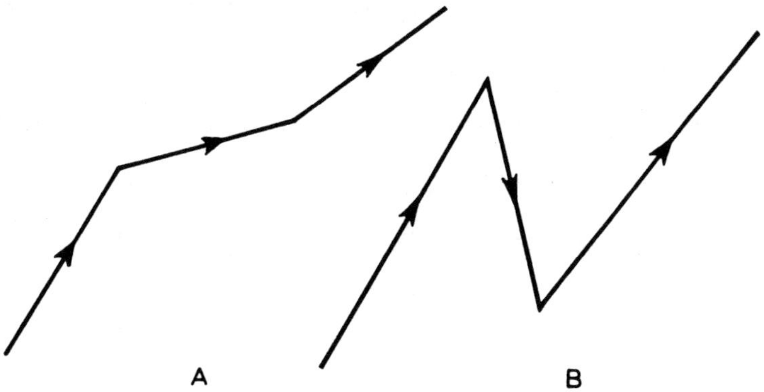

그림 9-7 리처드 파인먼은 '두 번 꺾어진' 시공간 다이어그램들이 수학적으로 같다는 것을 입증했다.

를 일으켰다"고 말할 수도 있다. 이것은 다소 교묘한 발상이다. 지금 우리가 다루는 것은 공간을 가로지르는 개개의 광자가 아니라, A에서 출발하여 모든 방향으로 퍼져나가다가 변형되거나 산란되는 구면파(spherical wave)이기 때문이다. 이 상황을 거꾸로 되돌리면 일련의 산란과정에서 A를 중심으로 완벽한 구면파가 생성되어 A를 향해 수렴하는 기이한 상황이 연출된다.

여기서 더 깊이 파고들면 양자역학의 세계를 떠나 우주론(cosmology)으로 접어들기 때문에 더 이상의 설명은 생략하겠지만, 사실 이것은 시간의 본질 및 방향성과 밀접하게 관련된 문제이다. 지금 원자 A에서 방출된 복사는 얼마 후 다른 원자 B에 흡수되고, 여기서 방출된 복사는 다시 원자 C에 흡수되고…… 이런 식으로 반복된다. 그러나 방출 또는 흡수가 계속되려면 대부분의 원자가 바닥상태에 있어야 하고, 이는 곧 미래의 우주가 차갑다는 의미이다. 그러므로 시간화살(시간이 한쪽 방향으로만 흐르는 특성)에서 명백하게 드러나는 비대칭은 '뜨거운 우주'와 '차가운 우주' 사이의 비대칭으로 이해할 수 있다. 우주가 팽창하고 있다면 시간이 흐를수록 차가워진다는 논리는 나름대로 설득력이 있다. 일반적으로 부피가 커지면 온도가 내려가는데, 우리의 우주는 실제로 팽창하고 있기 때문이다. 짐작건대, 시간의 특성은 팽창하는 우주와 어떻게든 관련된 듯하다.[3]

아인슈타인의 시간

광자는 시간화살에서 무엇을 보고 있을까? 아인슈타인의 특수상대성이론에 의하면 움직이는 시계에서는 시간이 느리게 흐르고, 속도가 빠를수록 더욱 느려지다가 광속에 도달하면 시간이 완전히 멈춘다. 그런데 광자는 광속으로 내달리고 있으므로 광자에게 시간은 아무런 의미가 없다. 지구로부터 1,000광년 떨어진 별에서 방출된 광자가 지구에 도달하려면 1,000년이 걸린다. 하지만 그것은 어디까지나 지구에서 측정한 시간일 뿐이고, 광자는 시간의 흐름을 전혀 느끼지 않는다. 우리의 관점에서 볼 때 우주배경복사•의 광자는 우주의 출발점인 빅뱅이 일어난 후 거의 140억 년 동안 공간을 가로질러 지금의 위치에 도달했지만, 광자의 입장에서는 빅뱅이나 지금이나 똑같은 시

• cosmic background radiation, 우주 전역에 거의 균일하게 분포하는 전파 형태의 복사에너지. 빅뱅의 증거로 알려져 있음.

간이다.• 파인먼 다이어그램에서 광자의 궤적에 화살표를 그리지 않는 이유는 (1) 광자는 자기 자신의 반입자이기 때문이고, (2) 광자의 운동은 '흐르는 시간에 따라 진행되는 운동'이 아니기 때문이다(이것은 광자가 자기 자신의 반입자인 이유이기도 하다).

동양철학과 현대 물리학을 동일시하는 일부 신비주의자와 대중작가들은 이 점을 간과한 듯하다. 과거, 현재, 미래와 우주 만물은 '모든 것을 한꺼번에 바라보는' 전자기복사의 복잡한 그물망을 통해 서로 연결되어 있다. 물론 광자가 생성되거나 소멸되면 그물망의 일부가 달라지겠지만, 시공간에서 나의 눈과 (예를 들어) 북극성은 광자의 궤적을 통해 서로 연결되어 있다. 광자가 이 연결 관계를 구축하는 데에는 시간이 전혀 소요되지 않으며, 북극성에서 방출된 빛이 지구에 도달하는 데 걸리는 470년은 우리의 관점에서 형성된 인식(認識)의 결과일 뿐이다. 또는 광자의 궤적을 변하는 우주의 영원한 특성으로 간주할 수도 있다. 이 관점에 의하면 당신이 북극성을 바라볼 때 당신의 눈과 북극성이 '우연히' 궤적의 양 끝에 놓인 것도 변화의 일부에 해당한다.

파인먼 다이어그램에서 입자의 궤적은 얼마나 '현실적'일까? 여기서도 위와 비슷한 논리를 펼칠 수 있다. 우주의 시공간 전체에 존재하는 모든 입자를 궤적으로 연결한 초대형 파인먼 다이어그램을 상상해보자. 그리고 우리는 아주 좁은 구멍을 통해 시공간의 일부만 볼 수 있으며, 그 틈이 일정한 속도로 우리가 말하는 '미래'를 향해 움직인다

• 우주의 나이는 2020년 현재 약 137억 7,000만 년으로 알려져 있다.

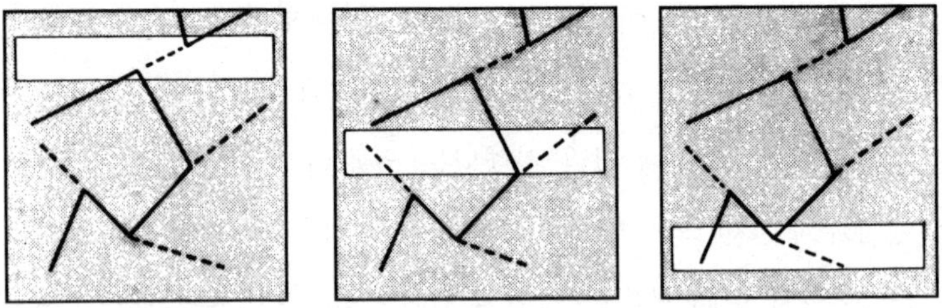

그림 9-8 시공간에서 모든 입자의 궤적이 어떻게든 고정되어 있다면, 우리는 시간을 따라 (그림의 왼쪽에서 오른쪽으로) 이동하면서 입자의 '운동'과 '상호작용'이라는 환영을 보게 될 것이다. 그렇다면 춤추는 입자들은 '시간을 따라 미래로 가차 없이 떠밀려가고 있는' 우리의 눈에만 보이는 환상이 아닐까?

고 가정해보자. 그렇다면 우리 눈앞에는 춤추는 입자들과 쌍생성, 쌍소멸, 또는 이보다 훨씬 복잡하고 변화무쌍한 사건들이 파노라마처럼 펼쳐질 것이다. 그러나 사실 우리가 한 일이라곤 고정된 시공간에서 한 방향으로 시간을 따라가며 둘러본 것뿐이다. 변한 것은 우리의 인식일 뿐, 우주의 저변에 깔려 있는 진실은 조금도 변하지 않았다. 우리는 꾸준히 이동하는 '엿보기 구멍'에 묶인 신세여서 과거로 가는 전자 대신 미래로 가는 양전자를 볼 수밖에 없지만, 두 해석은 똑같이 옳다. 존 휠러는 여기서 한 걸음 더 나아가 "우주에 존재하는 모든 전자는 시공간에서 엄청나게 복잡한 지그재그형 궤적(과거와 미래를 오가는 궤적)을 그리는 상호작용을 통해 서로 연결되어 있다"고 주장했다. 파인먼은 이 아이디어를 이어받아 "전자 1개가 과거와 미래를 끊임없이 왕복하면서 모든 전자와 양전자가 포함된 현란한 양탄자를 직조(織造)하는" 그림을 떠올렸다.[4] 이 그림에 의하면 우주에 존재하는 모든 전자는 실존하는 하나의 전자가 만들어낸 세계선의 각기 다른 부분에 해당한다.

파인먼의 그림은 우리의 우주에 적용되지 않는다. 제대로 적용되려면 과거로 가는 세계선(양전자)이 미래로 가는 세계선(전자)만큼 많아야 하는데, 우리의 우주는 그렇지 않다. 이런 단순한 수준에서는 '진실은 이미 정해져 있고, 변하는 것은 우리의 관점뿐'이라는 가설도 적용되기 어려우며, 불확정성원리와 조화롭게 연결 짓는 것도 문제이다.• 그러나 이 아이디어에는 시간의 본질에 대한 깊은 의미가 담겨있다. 일상적인 세상에서 시간이 흐르는 것은 통계적 효과이며, 주된 원인은 우주가 뜨거운 상태에서 차가운 상태를 향해 팽창하고 있기 때문이다. 그러나 이 수준에서도 상대성이론은 시간 여행을 허용하고 있으며, 시공간 다이어그램을 이용하면 기본 개념을 매우 쉽게 이해할 수 있다.[5]

공간에서 일어나는 운동은 임의의 방향으로 진행되었다가 다시 출발점으로 돌아올 수 있지만, 시간은 오직 한쪽 방향, 즉 미래로만 흐른다. 입자 규모에서 어떤 사건이 벌어지건 간에 거시적 세계의 시간은 언제나 일방통행이다. 4개의 좌표축이 직교하는 4차원 시공간을 시각적으로 표현할 수는 없지만, 공간 차원 하나를 생략하면 이 엄격한 법칙의 의미를 어느 정도 이해할 수 있다. 위-아래와 앞-뒤로 자유롭게 움직일 수 있으면서 측면으로는 왼쪽으로만 갈 수 있는 공간을 상상해보자. 즉, 이 공간에서 오른쪽으로 가는 것은 엄격하게 금지되어 있

• 물론 파인먼의 이론은 본문에 언급된 것보다 훨씬 자세하고 체계적이다. 파인먼은 확률을 포함한 세계선 취급법을 개발했고, 프리먼 다이슨은 여기에 기초하여 새로운 버전의 양자역학을 구축했다. 자세한 내용은 뒤에서 다룰 예정이다.—원저자 주

다. 이 규칙을 응용하여 게임을 만들어보자. "위-아래와 앞-뒤, 그리고 왼쪽으로만 이동할 수 있다"는 조건을 걸어놓고, 게임 참가자의 오른쪽에 값진 보물을 놓아둔다. 과연 참가자는 보물을 손에 넣을 수 있을까? 어린아이들에게 이 게임을 시키면 금세 보물을 움켜쥐고 뛸 듯이 기뻐한다. 규칙을 어겼냐고? 아니다. 게임을 시작한 위치에서 몸을 180° 돌리면 좌-우가 바뀌고, 그 상태에서 왼쪽으로 몇 걸음 걸어가 보물을 취하면 된다. 또는 보물이 있는 쪽을 향해 바닥에 엎드린 후 '위로' 기어가서 보물을 취하고, 다시 '아래'로 기어와 똑바로 서면 손에 보물을 쥐고 있다는 것만 빼고 처음 상태와 똑같아진다.• 상대성이론에서 말하는 시간 여행의 원리도 이와 비슷하다. 시공간의 특정 지역에 변형을 가하여 시간축의 방향이 변형되지 않은 지역의 세 공간축 중 하나와 일치하도록 만든다. 그러면 나머지 공간축 중 하나가 시간의 역할을 하게 되면서(즉, 시간과 공간의 역할이 바뀌면서) 시간 여행이 가능해진다. 공간에서 특정 지점으로 갔다가 출발점으로 되돌아오는 것처럼, 시간에 대해서도 왕복 여행이 가능해지는 것이다.

미국의 수학자 프랭크 티플러(Frank Tipler)는 위와 같은 트릭이 실제로 가능하다는 것을 수학적으로 증명했다. 그는 중력이 시공간을 왜곡시킨다는•• 아인슈타인의 일반상대성이론에 착안하여 질량이

• 나는 어린아이와 어른 들에게 이 게임을 시켜본 적이 있다. 아이들의 절반은 금세 보물을 찾았지만 대부분의 어른은 성공하지 못했고, 나중에 답을 알려주면 "게임에 함정이 있다"며 투덜대곤 했다. 그러나 아인슈타인의 방정식에 의하면 원래 자연은 이와 비슷한 방식으로 우리를 속여왔다.—원저자 주

•• 시공간의 의미를 호도한다는 뜻이 아니라, 문자 그대로 휘어지게 만든다는 뜻이다.

태양보다 크면서 길이 100km, 반지름 10km인 원통형 물체(밀도가 원자핵과 비슷하다)를 1초당 200만 번 회전시키면 주변의 시공간이 심하게 왜곡되어 시간 여행이 가능해진다고 주장했다. 이 정도면 원통 표면의 회전속도는 초속 126,000km로, 광속의 절반에 가깝다. 제아무리 미친 발명가라 해도 뒷마당에서 이런 물건을 만들지는 않겠지만, 티플러의 타임머신이 어떤 물리법칙에도 위배되지 않는다는 점이 중요하다. 실제로 우주에는 질량이 태양과 비슷하고 밀도는 원자핵과 비슷하면서 1초당 약 67만 번 회전하는 천체가 존재하는데(회전속도는 티플러의 타임머신보다 세 배쯤 느리다), 이것이 바로 1982년에 발견된 '밀리세컨드 펄서(millisecond pulsar)'이다. 물론 이 천체가 원통형일 가능성은 거의 없다. 그토록 무지막지한 속도로 회전하면 원래 모양이 어떻건 간에 팬케이크처럼 납작해진다. 그래도 주변의 시공간이 이상하게 왜곡되어 시간이 정상적으로 흐르지는 않을 것이다. 물리법칙에 타임머신을 금지하는 조항은 없지만 실제로 만들기는 엄청나게 어렵고, 제대로 작동할 가능성도 거의 없다. 그러나 거대한 쐐기 모양의 가느다란 끝부분에서는 양자 수준의 시간 여행이 가능할 수도 있다. 어쨌거나 양자 이론과 상대성이론은 시간 여행을 허용하고 있으며, 이론적으로 가능하다면 아무리 역설처럼 보여도 심각하게 받아들일 필요가 있다. 실제로 시간 여행은 입자 세계에 신기한 특성을 부여하는 핵심요소이며, 이런 곳에서 몸을 재빠르게 놀리면 무에서 유를 창조할 수 있다.

세상에 공짜는 '있다'

1935년, 일본 오사카대학교 물리학과 시간강사였던 28세의 유카와 히데키(湯川秀樹)는 원자핵 속의 양성자와 중성자가 전기적 척력을 극복하고 단단하게 결합하는 이유를 추적하다가 한 가지 가설을 떠올렸다. 핵자들이 지금처럼 강한 결합 상태를 유지하려면 어떤 특별한 환경에서 전기력보다 훨씬 강한 힘이 작용해야 한다. 유카와는 전기력의 매개입자가 광자라는 사실에 착안하여 핵자들을 묶어주는 강한 핵력도 입자를 통해 매개된다고 가정한 후, 원자핵에 양자역학을 적용하여 매개입자의 특성을 알아냈다. 훗날 이 매개입자는 전자와 양성자의 중간에 해당하는 입자라는 의미에서 중간자(meson)로 불리게 된다. 중간자는 광자와 함께 보손에 속하지만 스핀은 0이 아닌 1이며, 광자와 달리 수명이 아주 짧기 때문에 원자핵 외부에서 발견되려면 매우 까다로운 조건이 만족되어야 한다. 그 후 다양한 중간자가 연이어 발견되었는데, 유카와의 예측과 정확하게 일치하지는 않았지만 핵자들이 중간자를 교환하면서 강하게 결합한다는 기본 아이디어를 입증하기에 충분했고, 유카와는 이 공로를 인정받아 1949년에 노벨 물리학상을 받았다.

이로써 핵력도 전자기력처럼 입자들 사이의 상호작용을 통해 발생한다는 가설은 사실로 확인되었으며, 그 후로 모든 힘을 상호작용으로 설명하는 것이 입자물리학의 정공법으로 자리 잡았다. 그런데 상호작용을 매개하는 입자는 대체 어디서 나타난 것일까? 알고 보니 그들은 명확한 출처 없이 불확정성원리에 의해 무(無)에서 탄생한 입자

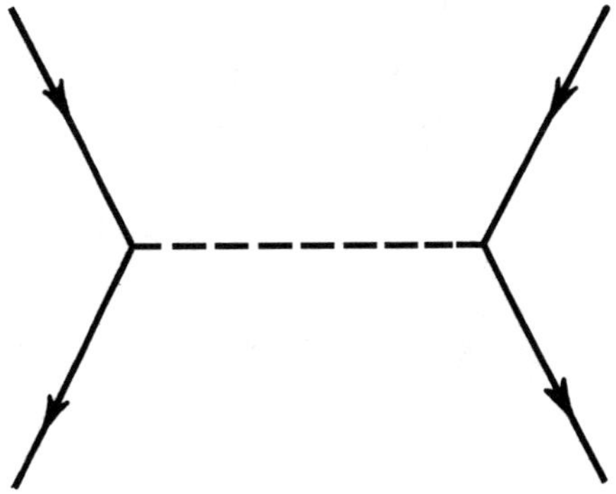

그림 9-9 2개의 입자가 제3의 입자를 교환하면서 상호작용하는 과정을 표현한 파인먼 다이어그램. 이 경우 2개의 입자는 전자이며, 광자를 교환하면서 상대방을 밀어낸다.

들이었다.

불확정성원리는 '시간과 에너지' 또는 '위치와 운동량'처럼 서로 상보적 관계에 있는 한 쌍의 물리량에 적용되는 원리이다. 입자 규모에서 발생한 임의의 사건에서 에너지의 불확정성이 작을수록 시간의 불확정성이 커지고, 그 반대도 마찬가지다. 전자는 완전히 고립된 채 홀로 존재하지 않는다. 왜냐하면 전자는 불확정성원리에 따라 아주 짧은 시간 동안 에너지를 빌려서 광자를 만들어내고 있기 때문이다. 이것을 가상광자(virtual photon)라 하는데, 문제는 에너지보존법칙에 위배되었다는 것을 자연이 눈치채기 전에 재빨리 전자에 흡수되어야 한다는 점이다. 가상광자는 수명이 10^{-15}초에 불과하지만, 전자의 주변에서 생성과 소멸을 끊임없이 반복하고 있다. 전자는 이렇게 가상광자의 구름으로 에워싸여 있으며, 외부에서 약간의 에너지가 주입되면 가상광자는 전자를 탈출하여 실제 광자(real photon)가 된다. 원자 내

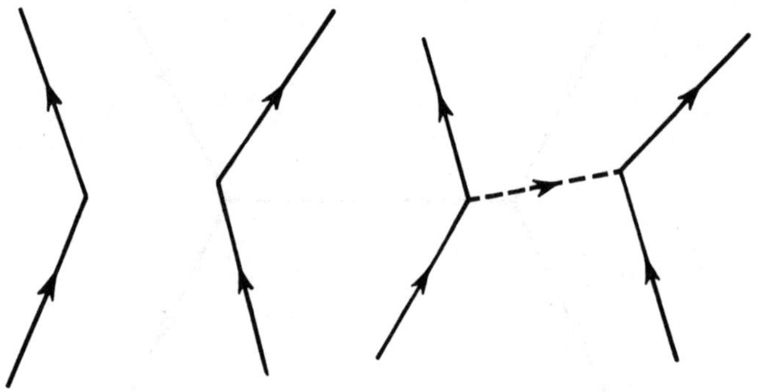

그림 9-10 '원거리 작용'이라는 구식 개념(왼쪽 그림)은 '힘 전달 입자'라는 새로운 개념으로 대치되었다.

부에서 높은 에너지준위에 있다가 낮은 준위로 떨어지는 전자는 여분의 에너지를 가상광자 중 하나에 건네주어 자유를 선사하고, 에너지를 흡수하는 전자는 자유광자 하나를 포획한다. 원자핵 속의 양성자와 중성자 들도 이와 비슷한 과정(가상입자의 교환)을 통해 단단한 결합 상태를 유지하고 있다.

그 원리를 대충 설명하면 다음과 같다. 질량과 에너지는 $E=mc^2$을 통해 서로 호환 가능한 양이어서, 힘이 전달되는 '범위'는 매개입자(매개입자가 여러 개라면 가장 가벼운 매개입자)의 질량에 반비례한다. 전자기력이 무한히 먼 거리까지 작용하는 이유는 매개입자인 광자의 질량이 0이기 때문이다. 거리가 멀면 전자기력의 세기가 거의 0에 가까워지지만, 아무리 멀어도 0은 아니다. 유카와가 제안했던 중간자는 활동범위가 엄청나게 짧고 질량은 전자의 200~300배에 달한다. 중간자 중에서 강한 핵력을 매개하는 입자는 1946년에 우주선에서 발견되어 파이중간자(pi meson) 또는 파이온(pion, π)으로 명명되었는데, 전하가 없는 중성 파이온(π^0)의 질량은 전자의 264배이고, 양전하와 음전하를 띤 파이온(π^+, π^-)의 질량은 전자의 273배쯤 된다. 그러나 원자핵 내부의 핵자들은 이렇게 '무거운' 파이온을 끊임없이 교환하면서도 자신의 질량을 잃지 않는다. 핵자도 전자처럼 불확정성원리를 십분 활용하고 있기 때문이다. 양성자 주변에서 생성된 파이온은 불확정성원리에서 허용된 시간 안에 다른 양성자에 힘을 매개한 후 잽싸게 사라진다. 그래서 양성자와 중성자가 파이온을 교환하려면 아주 가까운 거리를 유지해야 한다. 거시적 관점에서 보면 거의 '접촉 상태'나 다름없다. 그렇지 않으면 가상파이온(virtual pion)은 불확정성원리에서 허용된 시간 안에 다른 핵자에 도달할 수 없다. 원자핵 바깥에 있는 핵자에 핵력이 작용하지 않는 것은 바로 이런 이유 때문이다. 그러나 원자핵 안에 있는 핵자들은 엄청나게 강한 힘으로 결합되어 있다.•

그러므로 양성자는 주변에 가상입자 구름을 거느리고 전자보다 훨씬 심하게 주인행세를 하고 있다(수시로 빌렸다가 갚는 에너지 거래량도 전자보다 훨씬 많다). 자유양성자••는 공간을 배회하면서 가상입자와 가상광자를 수시로 방출 또는 흡수하는데, 이 현상은 다른 방식으로 설명될 수 있다. 예를 들어 하나의 양성자가 파이온 하나를 방출했다가 곧바로 흡수하는 과정을 조금 다른 관점에서 이해해보자. 처음에는 양성자 1개만 존재하다가 잠시 후 양성자와 파이온이 공존하고,

• 유카와는 핵력의 작용 거리를 이미 알고 있는 상태에서 불확정성원리에서 주어진 시간의 한계로부터 매개입자의 에너지와 질량을 계산했다. 본문에서 설명한 논리를 반대 방향으로 적용한 셈이다.—원저자 주

•• free proton, 원자핵에 구속되지 않고 자유롭게 돌아다니는 양성자.

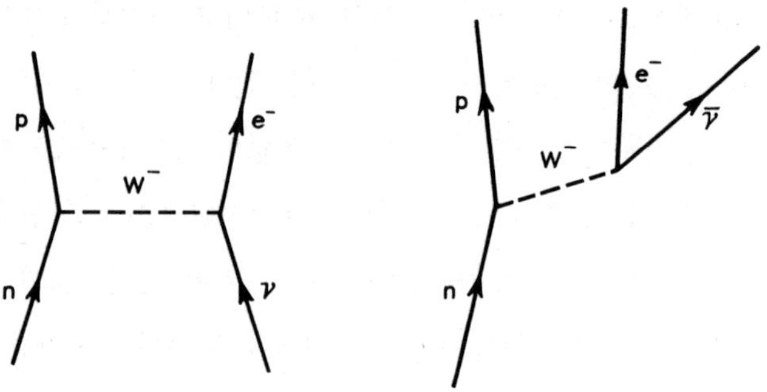

그림 9-11 하나의 상호작용을 두 가지 방법으로 해석한 사례. 왼쪽 다이어그램에서 '입사된 뉴트리노'를 오른쪽 다이어그램의 '방출된 반뉴트리노'로 바꿔도 전체적인 상호작용은 달라지지 않는다. 이 과정은 중성자가 양성자로 변하면서 전자와 반뉴트리노를 방출하는 베타붕괴에 해당한다.

다시 양성자가 홀로 남는다. 양성자끼리는 구별이 불가능하기 때문에 첫 번째 양성자는 에너지로 사라지고, 여기에 불확정성 계좌에서 약간의 에너지를 빌려 파이온과 새로운 양성자가 생성되었다고 말할 수도 있다. 이제 아주 짧은 시간이 흐른 후 두 입자는 서로 충돌하여 사라지고, 세 번째 양성자가 생성되어 우주의 에너지균형을 맞춘다. 그렇다면 처음에 양성자가 에너지로 변환된 후 불확정성 계좌로부터 에너지를 조금 빌려서 전하가 없는 중성자와 양전하를 띤 파이온(π^+)이 생성되었다고 생각해도 되지 않을까? 물론 된다. 그러면 양성자가 중성자와 π^+를 교환하여 중성자가 되고, 중성자는 양성자가 되었다고 생각할 수도 있을까? 이것도 가능하다. 또한 중성자가 양성자와 π^-로 변할 수도 있다.

이런 식의 논리는 얼마든지 계속될 수 있다. 단, 진도를 나갈수록 상황은 점점 더 복잡해진다. 파이온은 아주 짧은 시간 동안 중성자와 반

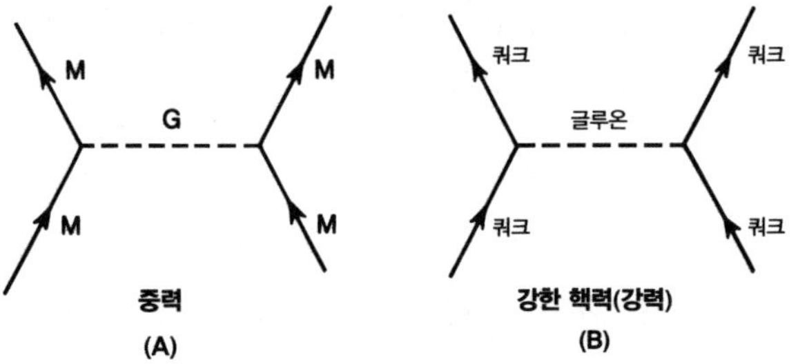

그림 9-12 자연에 작용하는 모든 기본 힘은 입자의 상호작용으로 설명된다. **(A)** 2개의 무거운 입자(M)가 중력자(G)를 교환하면서 상호작용하는 다이어그램. **(B)** 2개의 쿼크가 글루온을 교환하면서 상호작용하는 다이어그램.

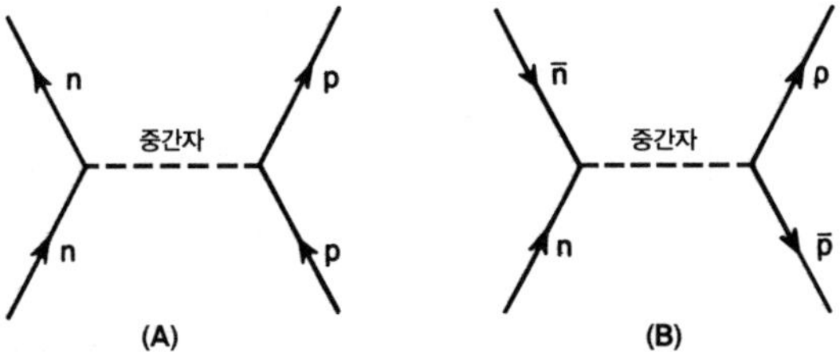

그림 9-13 위의 다이어그램에서 시간은 임의의 방향으로 선택할 수 있다. **(A)** 중성자와 양성자가 아래에서 위로 이동하다가 중간자를 교환한다. **(B)** 중성자와 반중성자가 왼쪽에서 오른쪽으로 이동하다가 서로 만나 사라지면서 중간자가 생성되고, 이 중성자가 오른쪽으로 계속 이동하다가 붕괴되어 양성자와 반양성자가 생성된다. 그러나 미래로 가는 입자는 과거로 가는 반입자와 같으므로 A와 B는 같은 다이어그램이며, 이로부터 '힘'과 '입자'의 개념이 원리적으로 같다는 것을 알 수 있다.

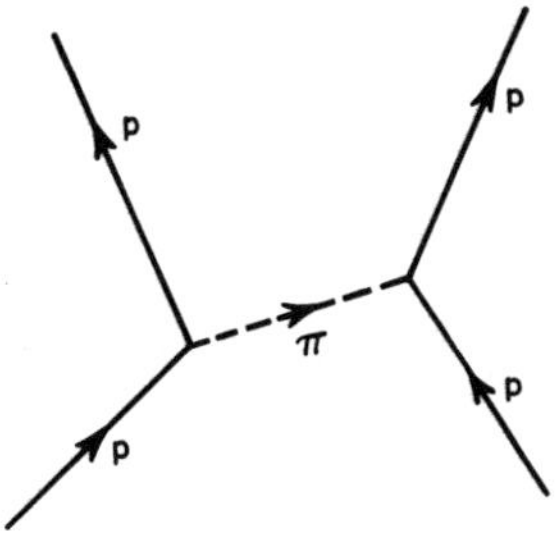

그림 9-14 2개의 광자가 파이온을 교환하면서 서로 밀어내는 다이어그램.

양성자로 분해되었다가 원래대로 돌아올 수 있으며, 가상파이온도 마찬가지다. 이것은 양성자와 중성자를 표현한 파인먼 다이어그램에서 종종 마주치는 사건이다. 조용히 제 갈 길을 가던 양성자가 갑자기 폭발하면서 수많은 가상입자가 생성되고, 이들이 복잡한 네트워크를 통해 상호작용을 교환하다가 다시 양성자로 돌아온다. 그래서 모든 입자는 다른 입자의 조합으로 간주할 수 있다. 프리초프 카프라는 이 정신없는 상황을 '우주의 춤(cosmic dance)'이라고 표현했다. 이것으로 끝이 아니다. 앞에서 다룬 것은 소량의 에너지를 투입하여 큰 에너지를 얻는 과정일 뿐, 완전한 무(無)에서 무언가를 얻는 과정은 아직 언급되지 않았다. 이제 극단적인 상황으로 넘어가 보자.

입자가 아주 짧은 시간 동안 쓸 수 있는 에너지에 불확정성이 존재한다면, 짧은 시간 동안 입자의 존재 여부에도 불확정성이 존재한다. 전하량이 보존되고 입자-반입자의 균형이 유지되는 한, 완전한 무(無)에서 입자가 갑자기 나타나 이리저리 섞이다가 사라지는 사건은 우주가 그 차이를 인지하지 못하는 범위 안에서 언제까지나 반복될 수 있다. 전자와 양전자, 또는 양성자와 반양성자는 무에서 생성될 수 있다. 불확정성원리에 위배되지 않도록 빨리 사라지기만 하면 된다. 단, 전자가 이런 트릭을 발휘하려면 광자의 도움을 받아야 하고, 양성자는 중간자의 도움을 받아야 한다. 존재하지 않는 광자가 전자-양전자 쌍을 만들어내고, 이들이 다시 소멸되면서 처음에 이들을 만들었던 광자가 생성된다(광자에게는 과거와 미래가 동일하다는 사실을 기억하기 바란다). 또는 전자가 자신의 꼬리를 추적하면서 시간의 소용돌이를 맴돈다고 생각할 수도 있다. 처음에 전자는 마술사의 모자에서 튀

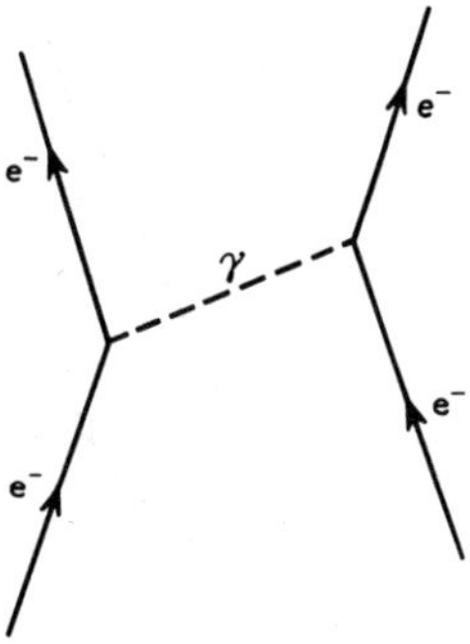

그림 9-15 광자를 교환하는 2개의 전자.

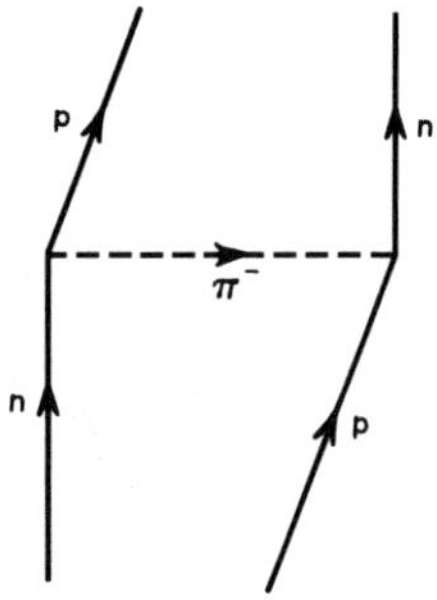

그림 9-16 중성자는 전하를 띤 파이온의 도움을 받아 양성자와 상호작용하여 양성자로 바뀔 수 있다. 이 과정에서 양성자는 중성자로 바뀐다.

어나오는 토끼처럼 진공 중에서 갑자기 나타나 시간의 순방향(미래로 가는 방향)을 따라 짧은 거리를 이동하다가 "아차! 나는 원래 존재하지 않았었지!"라며 과거의 출발점으로 되돌아가고, 거기서 광자의 도움으로 다시 방향을 바꿔 똑같은 과정을 되풀이한다(닫힌 궤적이 한 번 끝날 때마다 전자와 광자는 고에너지 산란을 일으킨다).

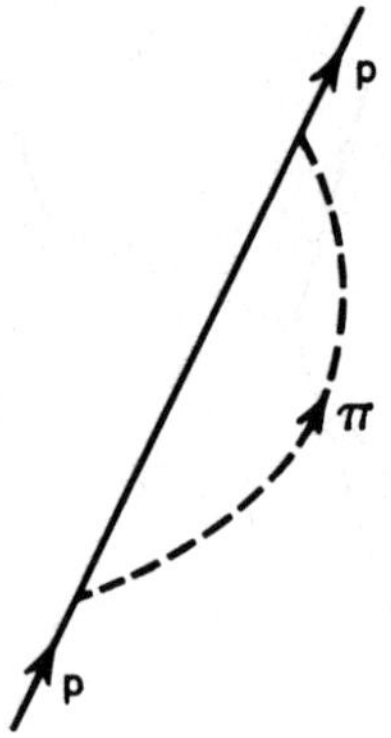

그림 9-17 양성자는 '가상파이온'을 만들어낼 수 있다. 한 번 생성했다가 빠른 시간 안에 다시 흡수하기만 하면 된다.

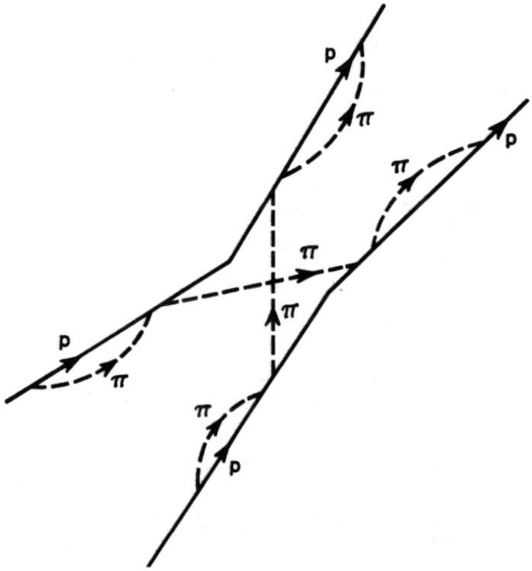

그림 9-18 2개의 양성자가 파이온을 교환하면서 서로 밀어내는 과정은 그림 9-14보다 훨씬 복잡하다.

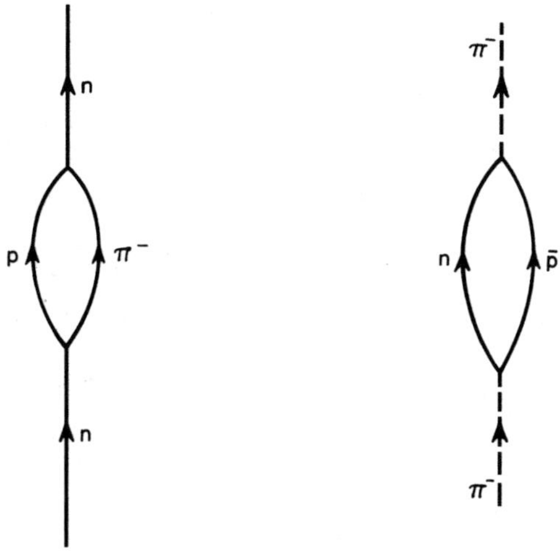

그림 9–19 중성자는 아주 짧은 시간 동안 양성자와 음의 파이온(π^-)으로 붕괴되었다가 원래대로 돌아올 수 있다(왼쪽 그림). 파이온도 아주 짧은 시간 동안 가상중성자와 가상반양성자를 생성할 수 있다(오른쪽 그림).

입자의 거동을 서술하는 최신이론에 의하면 '실제 입자'가 전혀 없는 진공 중에서도 수많은 가상입자가 우글거리며 출몰을 반복하고 있다. 이것은 방정식을 갖고 놀다가 우연히 발견한 가상의 시나리오가 결코 아니다. 이러한 진공요동(vacuum fluctuation)을 허용하지 않으면 입자의 산란을 비롯한 여러 가지 현상을 설명할 길이 없다. 이것은 불확정성원리에 기초한 이론들이 옳다는 것을 보여주는 강력한 증거이기도 하다. 가상입자와 진공요동은 양자 이론의 나머지 부분들(파동-입자 이중성, 불확정성원리, 원거리 작용 등)만큼이나 현실적이다. 이토록 기이한 세상에서 유독 '슈뢰딩거의 고양이'만 역설로 불리는 것은 그다지 공평한 처사가 아닌 것 같다.

슈뢰딩거의 고양이

누구나 한 번쯤은 들어봤을 '슈뢰딩거의 고양이' 역설은 EPR 논문 발표와 같은 해인 1935년에 독일의 학술지《자연과학》을 통해 처음으로 제기되었다(vol. 23, p. 812). 아인슈타인은 슈뢰딩거의 논문이 '물질을 파동으로 서술하는 이론의 불완전함을 보여주는 가장 훌륭한 논리'라고 평가했고,[6] 이 역설은 물리학자들 사이에서 EPR의 논리와 함께 지금까지 회자되고 있다. 그러나 EPR 역설과 달리 슈뢰딩거의 고양이는 누구나 만족할만한 답을 아직 찾지 못한 상태이다.

슈뢰딩거가 제안한 사고실험은 방사성물질과 방사성입자의 존재 여부를 판단하는 감지기(가이거계수기), 청산가리 같은 독극물이 들어 있는 병, 살아있는 고양이 한 마리, 그리고 이 모든 것들이 들어있는 상자에서 시작된다. 감지기의 스위치는 충분히 오랜 시간 동안 켜져 있어서, 방사성물질이 붕괴되어 감지기에 입자가 검출될 확률은 50%이다. 또한 감지기에 입자가 도달하면 자동으로 병이 깨지면서 독가스가 배출되도록 설정되어 있다(망치 같은 도구가 작동한다고 생각하면 된다). 즉, 방사성물질이 입자를 하나라도 방출하면 고양이는 죽고, 그러지 않으면 고양이는 산다. 실험이 끝난 후 고양이는 과연 어떤 상태일까? 상자를 열어보기 전에는 절대로 알 수 없다. 방사성붕괴는 오직 확률에 의해 결정되므로 우리가 알 수 있는 것은 통계적 수치뿐이다. 코펜하겐 해석에 의하면 전자가 슬릿 a, b를 통과할 확률이 각각 50%인 이중슬릿실험에서 두 가지 가능성이 중첩되어 스크린에 간섭무늬를 만드는 것처럼, 슈뢰딩거의 실험에서도 방사성붕괴가 일어날 확률과 일어나지 않을 확률이 각각 50%이므로 상자 속의 고양이는 살아있는 상태와 죽은 상태가 중첩된 채로 존재한다. 코펜하겐 해석이 옳다면, 상자를 열지 않는 한 고양이의 상태를 서술하는 파동함수는 '죽은 고양이의 파동함수'와 '살아있는 고양이의 파동함수'가 실제로 중첩되어 있다가 실험자가 상자를 여는 순간 파동함수가 붕괴되면서 둘 중 하나로 결정된다. 상자를 열어보지 않는 한, 방사성물질은 붕괴되었으면서 붕괴되지 않았고, 독극물이 든 병은 멀쩡하지도 깨지지도 않았으며, 고양이는 살지도 죽지도 않았다.

전자 같은 소립자가 이곳에 있지 않고 저곳에 있지도 않으면서, 두 상태가 중첩된 상태에 존재한다고 하면 이상하게 들리긴한다. 그래도 유명한 물리학자들이 다들 그렇다고 하니 눈을 질끈 감고 수용할 수도 있다. 그러나 우리에게 친숙한 고양이가 가사 상태도 아닌 중첩 상태에 있다니, 아무리 상상력을 발휘해도 머릿속에 쉽게 그려지지 않는다. 슈뢰딩거는 코펜하겐 해석에 오류가 있음을 지적하기 위해 이런 실험을 제안했다. 이 세상 어떤 고양이도 생존 상태와 사망 상태에 '동시에' 놓일 수 없기 때문이다. 그러나 이것이 전자는 파동이면서 동시에 입자일 수 없다는 사실보다 더 명백하다고 할 수 있을까? 우리의 상식이 양자 세계에서 통하지 않는다는 것은 이미 실험을 통해 확인되었다. 우리가 양자 세계를 연구하면서 분명하게 깨달은 사실 중 하나는 기존의 상식을 깨끗하게 포기하고 '직접 보거나 도구를 통해 관측된 사실'만 믿어야 한다는 것이다. 상자의 내부를 들여다보기 전에는 그 안에서 무슨 일이 벌어지고 있는지 절대로 알 수 없다.

슈뢰딩거의 고양이에 관한 논쟁은 50년이 지난 지금까지 계속되고 있다. 일부 물리학자는 이 역설에 아무런 문제가 없다고 주장한다. 고양이의 신체는 자신이 살 것인지 죽을 것인지 스스로 결정할 수 있기 때문에• 고양이의 의식이 파동함수를 이미 붕괴시켜서 상자를 열지 않아도 애매한 상황이 발생하지 않는다는 것이다. 그렇다면 파동함수를 붕괴시킬 수 있는 주체는 어디까지인가? 개미나 박테리아도 파동함수를 붕괴시킬 수 있는가? 상황을 조금 바꿔서 상자 안에 고양이 대신 사람이 들어갔다고 가정해보자(물리학자들은 이 용감한 지원자를 "위그너의 친구Wigner's friend"라 불렀다. 이 이름의 원조인 유진 위그너Eugene Wigner는 상자 속의 고양이 실험을 집중적으로 연구한 물리학자로, 디랙과 처남-매부지간이었다). 일정 시간이 지난 후 상자의 뚜껑을 열었는데 피실험자가 살아있다면, 그는 이렇게 증언할 것이다. "신기한 일은 전혀 없었어요. 방사성물질에서 입자가 하나도 방출되지 않았거든요." 그러나 상자 안을 들여다보지 않는 한, 바깥에 있는 우리들은 내부 상황을 "모든 가능한 상태의 중첩"으로 서술할 수밖에 없다.

이런 상황은 끝없이 반복된다. 예를 들어 우리가 이런 실험을 한다고 세상에 알린 후, 언론의 간섭을 피하려고 외부와 완벽하게 차단된 밀실에서 실험하는 상황을 가정해보자. 이런 경우 실험자들은 상자를 열어서 살아있는 피실험자와 반갑게 인사를 나누거나 침울한 심정으로 시체를 수습하겠지만, 문밖에 있는 기자들은 내부 상황을 전혀 모

• 생물학적으로 죽어야 할 상황에서 자신의 의지로 살아날 수 있다는 뜻이 아니라, 생물학적 생사 여부를 고양이의 신체가 알아서 결정한다는 뜻이다.

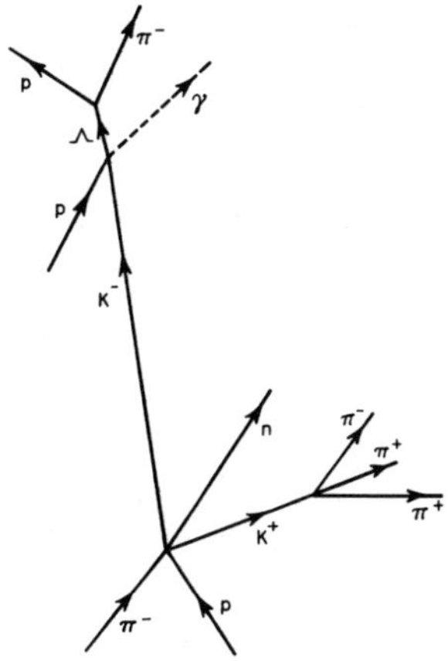

그림 9-20 프리초프 카프라의 《현대 물리학과 동양사상》에 게재된 안개상자 사진(입자들의 복잡한 상호작용)을 도식으로 표현한 파인먼의 시공간 다이어그램.

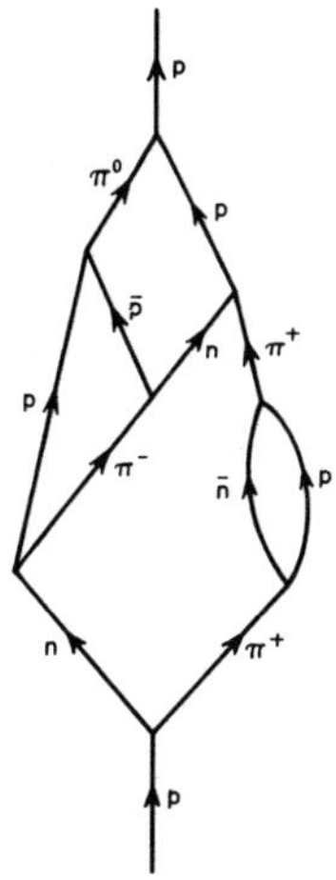

그림 9-21 위의 그림처럼 복잡한 상호작용도 양성자 1개에서 시작될 수 있다. 이런 상호작용은 끝없이 계속된다. 다이어그램을 보면 이 세상에 홀로 존재하는 입자는 없는 것 같다.(K. Ford, *The World of Elementary Particles*, Blaisdell, New York, 1963)

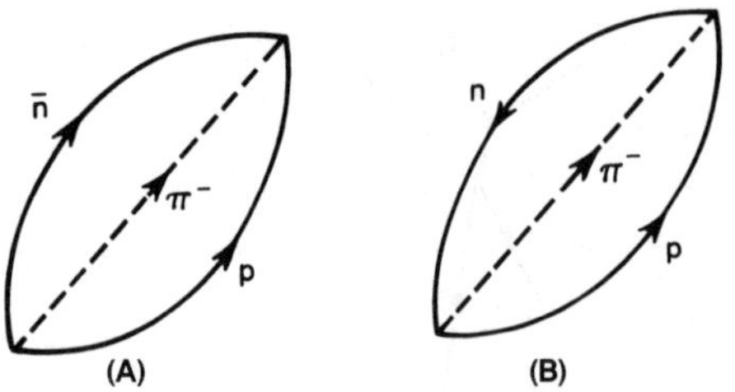

그림 9-22 (A) 양성자와 반중성자 그리고 파이온은 진공요동에 의해 무에서 탄생할 수 있다. 물론 이들은 아주 짧은 시간 동안 존재하다가 소멸된다. (B) 상호작용 A는 시간을 따라 돌아가는 '닫힌 고리'로 표현할 수도 있다. 이 그림에서는 양성자와 중성자가 시간을 따라 서로의 뒤를 쫓고 있으며, 시간고리는 파이온을 통해 연결되어 있다.

르고 있다. 그들에게는 실험이 진행된 밀실 전체가 여전히 중첩된 상태로 존재한다. 설령 기자들이 가느다란 문틈으로 내부 상황을 엿보면서 밀실의 파동함수를 붕괴시켰다 해도,• 건물 바깥에 있는 사람들에게는 기자와 실험자 그리고 피실험자의 상태가 중첩된 상태로 존재한다. 이런 식으로 범위를 넓혀나가면 위의 논리는 우주 전체가 포함될 때까지 계속될 수 있다.

위그너의 친구(피실험자)를 컴퓨터로 대치하면 어떻게 될까? 컴퓨터에는 방사성붕괴의 발생 여부를 인지하고 기록하는 장치가 설치되어 있다. 그렇다면 컴퓨터는 상자 내부의 파동함수를 붕괴시킬 수 있을까? 안 될 이유가 어디 있는가? 양자역학을 해석하는 또 하나의 관점에 의하면, 사람이나 생명체의 의식만 파동함수를 붕괴시킬 수 있는 것은 아니다. 파동함수는 양자 수준에서 발생한 사건의 결과가 어

• 이 파동함수에는 피실험자뿐만 아니라 실험자들의 상태도 함께 중첩되어 있다.

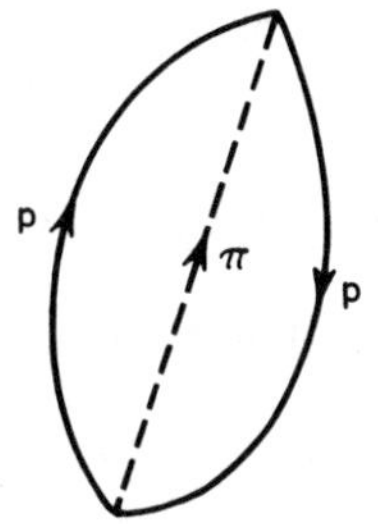

그림 9-23 광자도 그림 9-22처럼 닫힌 시간고리를 따라가며 자신의 꼬리를 추적할 수 있다.

떤 식으로든 기록되거나 거시 세계에 작은 영향을 주기만 해도 붕괴된다. 방사성원소는 붕괴된 상태와 붕괴되지 않은 상태가 중첩되어 있다. 그러나 가이거계수기가 입자를 감지하는 순간, 방사성원소는 붕괴되었거나 붕괴되지 않았거나 둘 중 하나의 상태로 결정된다.

EPR의 사고실험과 달리, 상자 속의 고양이 실험은 다분히 역설적이다. 이런 사례에도 불구하고 코펜하겐 해석을 받아들인다는 것은 '살아있으면서 죽은 고양이'를 실존하는 상태로 인정한다는 뜻이다. 위그너와 휠러는 상자 바깥의 상자 바깥의 상자……로 반복되는 논리를 추적한 끝에 우주가 실질적인 형태로 존재할 수 있는 것은 지적 존재가 우주를 관측하고 있기 때문이라는 결론에 도달했다. 슈뢰딩거의 고양이는 훗날 휠러의 손을 거치면서 더욱 난해한 역설로 발전했다. 미래의 행위가 과거에 영향을 준다는 '지연된 선택(delayed choice)'이 바로 그것이다.

참여 우주

휠러는 지난 40년 동안 양자역학의 의미를 다룬 책을 여러 권 집필하면서 수천 개의 관련 용어를 만들어낸 사람이다.• 그가 창안한 '참여 우주(participatory universe)'의 개념은 아인슈타인 탄생 100주년 기념 회보에 수록된 《어느 정도의 야릇함(*Some Strangeness in the Proportion*)》(해리 울프Harry Woolf 편저, 제22장)에 가장 분명하게 드러나 있다. 이 글에서 휠러는 어느 날 지인들과의 모임에서 스무고개를 하다가 겪은 일화를 소개했는데, 내용은 대충 다음과 같다. 휠러가 답을 알아맞힐 순서가 되자 일행이 문제를 정하는 동안 휠러는 문밖으로 나가서 기다렸는데, 아무리 기다려도 소식이 없었다. "이 친구들, 혹시 무슨 장난이라도 치려는 걸까?" 불안한 마음을 애써 진정시키던 중 드디어 입실 허가가 떨어졌고, 휠러는 늘 하던 대로 평범한 질문에서 시작했다. "동물입니까?" "아니요." "초록색입니까?" "아니요." 처음에는 모든 것이 순조로웠다(모든 질문은 휠러가 하되, 답은 돌아가면서 하게 되어있었다). 그런데 뒤로 갈수록 사람들의 표정이 일그러지면서 오랜 시간 뜸을 들이다가 힘겹게 답을 내놓곤 했다. 이상하지 않은

• 1911년에 태어난 휠러는 양자역학이 한창 개발되던 격동의 1920년대를 온몸으로 겪은 세대였다. 그 후에 태어난 세대는 이미 완성된 양자역학을 별 고민 없이 받아들인 후 양자조리법에 따라 게임을 진행하면 그만이었고, 기성세대는 올바른 이론이 구축되었음에 안도하면서 더 이상 문젯거리를 만들지 않는 추세였다. 휠러(1911~2008)와 파인먼(1918~1988)은 양자역학의 의미를 놓고 가장 깊이 고민한 세대였으며, 아인슈타인(1879~1955)은 양자역학 1세대이면서도 죽는 날까지 양자역학의 의미를 탐구했다는 점에서 매우 예외적이다. 사실 아인슈타인은 모든 면에서 예외적인 인물이었다.—원저자 주

가? 그들은 이미 답을 정해놓았으니 휠러가 무슨 질문을 하건 "네" 아니면 "아니오"라고 한마디만 하면 되는데, 왜들 그렇게 힘들어하는 걸까? 아무튼 이상한 분위기 속에서 스무고개는 계속되었고, 마지막 하나의 질문이 남았을 때 휠러가 최후의 배팅을 시도했다. "혹시 구름인가요?" 그러자 "네!"라는 답과 함께 좌중에 폭소가 터져 나왔고, 휠러 혼자 어리둥절한 표정으로 사람들을 둘러보았다.

알고 보니 휠러의 친구들도 나름대로 게임을 하고 있었다. 그들은 스무고개의 답을 미리 정하지 않고, 휠러가 질문을 하면 "이전의 모든 질문에 부합되는 대상을 나름대로 머릿속에 떠올린 후" 답을 하기로 약속했다. 그러니 처음에는 별문제 없다가 뒤로 갈수록 제한조건이 많아져서 답을 하기가 어려웠던 것이다.•

이 변칙 스무고개가 양자 이론과 무슨 관계가 있다는 것일까? 현실 세계는 우리가 보고 있지 않아도 존재하듯이, 휠러는 스무고개의 해답이 이미 존재한다고 생각했으나 사실은 그렇지 않았다. 양자 세계에서 우리가 알 수 있는 것이라곤 실험 결과뿐인 것처럼, 휠러가 알 수 있는 것이라곤 자신이 던진 질문에 대한 답뿐이었다. '구름'은 처음부터 정해진 답이 아니라 질문을 하는 과정에서 만들어진 것이다. 이와 비슷하게 전자는 실험하는 과정에서 생성될 수도 있다. 휠러의 일화에는 어떤 현상도 관측되기 전에는 현상이 아니라는 양자 이론의 기본공리(公理)가 담겨있다. 그리고 모든 결과를 기록하는 과정에서 '현실'에 대한 우리의 일상적인 개념이 탄생한다.

• 질문할 때마다 답이 달라졌을 것이다.

휠러는 논지를 분명히 하기 위해 다음과 같은 '개량형 이중슬릿실험'을 제안했다. 기본적인 설정은 앞에서 말했던 이중슬릿실험과 비슷하다. 단, 이번에는 슬릿을 통과한 빛이 한 점으로 수렴하도록 슬릿 바로 앞에 렌즈를 설치하고(이것을 렌즈-1이라 하자), 스크린이 있던 자리에는 또 다른 렌즈를 설치하여(이것을 렌즈-2라 하자) 두 슬릿과 렌즈-1을 통과한 빛이 발산하도록 만든다. 그리하여 둘 중 하나의 슬릿과 렌즈-1을 통과한 광자가 렌즈-2에 도달하면 경로가 변하면서 왼쪽 감지기에 도달하고(그림 9-24 참조), 다른 슬릿을 통과한 광자는 오른쪽 감지기에 도달한다. 이 실험에서는 광자가 둘 중 어느 슬릿을 통과했는지 명백하게 알 수 있다. 그림 9-24에서 왼쪽 슬릿을 통과한 광자는 오른쪽 감지기에 도달하고, 오른쪽 슬릿을 통과한 광자는 왼쪽 감지기에 도달한다. 이것은 슬릿 근처에 감지기를 설치하여 광자가 통과한 슬릿을 확인하는 실험과 원리적으로 동일하다. 한 번에 광자가 1개씩 방출되도록 광원을 아주 약하게 조절하면 광자의 경로를 추적할 수 있으며, 상태가 중첩되지 않기 때문에 간섭무늬는 나타나지 않는다.

이제 실험장비를 약간 변형해보자. 베네치아 블라인드•처럼 생긴 사진 건판으로 렌즈-2를 덮는다. 이 건판은 진짜 블라인드처럼 열고 닫을 수 있어서, 블라인드를 닫으면 광자가 렌즈-2에 도달하기 전에 사진 건판에 도달하여 흔적을 남기고, 광자의 여정은 이것으로 끝난다(건판이 스크린 역할을 한다). 그러나 블라인드를 열면 광자는 이전처

• Venetian blind, 여러 개의 가로대를 엮어서 창문을 가리는 도구.

그림 9-24 휠러의 '지연된 선택 이중슬릿실험' 개요도.

럼 렌즈-2를 통과하여 감지기에 도달할 것이다. 블라인드를 닫았을 때 스크린에 도달한 광자는 전통적인 이중슬릿실험에서 그랬던 것처럼 간섭무늬를 만든다. 실험자는 광자가 어느 슬릿을 통과했는지 알 길이 없으니, 광자 자신도 두 슬릿을 동시에 통과한 '척'을 하는 것이다. 자, 재미있는 부분은 지금부터다. 실험장비의 구조상, 블라인드를 열 것인지 또는 닫을 것인지는 광자가 슬릿을 통과한 후에 결정해도 된다. 다시 말해서 '광자가 슬릿 하나를 통과하는 실험'을 할 것인지, 아니면 '광자가 두 슬릿을 동시에 통과하는 실험'을 할 것인지는 광자가 슬릿을 통과한 후에 결정해도 된다는 뜻이다. 이것이 바로 휠러가 제안했던 '지연된 선택' 실험으로, 지금 한 행동이 과거에 영향을 미치는 대표적 사례이다.

예전부터 철학자들은 '과거'라는 개념을 정의하지 못하여 긴 세월 동안 골머리를 앓아왔다. 과거는 현재에 기록되어야 비로소 의미가 있는 것인가? 휠러의 실험은 이 추상적인 개념에 구체적이고 실용적인 살을 붙였다. "변칙 스무고개에서 마지막 질문이 끝나기 전까지는 답이 존재하지 않는 것처럼, 광자가 (스크린에) 기록되기 전에는 광자에 대하여 아무것도 알 수 없다."(*Some Strangeness*, p. 358)

이 개념을 어디까지 밀어붙일 수 있을까? 양자조리법에 만족하면서 컴퓨터와 유전물질을 조작하는 사람들은 "지연된 선택이란 철학적 상상일 뿐이며, 일상적인 거시 세계에서는 아무런 의미도 없다"고 주장할 것이다. 그러나 거시 세계의 모든 물체는 양자역학의 법칙을 따르는 작은 입자들로 이루어져 있으며, 우리가 실체라고 부르는 것은 실체로 간주되지 않는 것들로 구성되어 있다. 만물은 '관측자가 관련된' 수십 억×수십 억 가지 거동의 통계에서 탄생한다. 그 외에 어떤 말을 할 수 있겠는가?

직관에 의존한 사고의 도약을 전혀 두려워하지 않았던 휠러는(우주에 존재하는 모든 전자가 시공간에서 과거와 미래를 오가는 상호작용을 통해 서로 연결되어 있다던 그의 주장을 떠올려보라) 우주 전체를 참여적인 '자기-자극형 회로(self-excited circuit)'로 간주했다. 우주는 빅뱅으로 태어나 지금까지 쉬지 않고 팽창하면서 식어가는 중이다. 앞으로 수십 억 년이 지난 후에도 우주는 자신을 관측해줄 존재를 창조할 것이며, (지연된 선택 실험을 통한) 관측자의 참여행위가 지금(1984년)과 빅뱅을 포함한 모든 과거를 '현실'로 만들어줄 것이다. 우리는 빅뱅의 메아리에 해당하는 우주배경복사의 광자를 관측함으로써 빅뱅을 창조

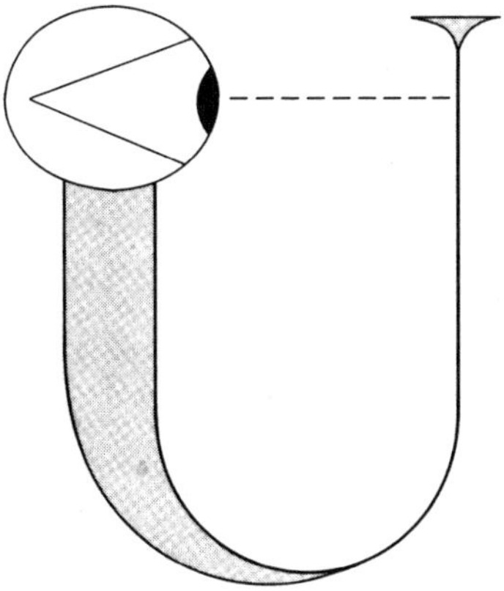

그림 9-25 우주는 '지연된 선택 실험'이 진행되는 거대한 무대일 수도 있다. 관측자는 현재 진행 중인 사건을 바라보면서 만물의 기원에 명확한 현실성을 부여하고 있다.

하고 있는지도 모른다. 휠러의 생각이 옳다면, 파인먼은 자신이 생각했던 것보다 진실에 훨씬 가까이 다가갔던 셈이다.

휠러 이후로 우리는 형이상학의 세계에서 길을 잃고 방황해왔다. 아마도 대부분의 독자는 이 모든 것이 상상 속에서 진행되는 사고실험이므로 자신이 원하는 어떤 게임도 할 수 있고, 어떤 해석을 택하건 대세에 큰 지장이 없다고 생각할 것이다. 우리에게 필요한 것은 눈앞에 펼쳐진 다양한 형이상학적 가능성 중에서 최선의 답을 골라내는 실험적 증거인데, 그 해답을 제시한 것이 바로 1980년대에 실행된 '아스페의 실험(Aspect experiment)'이었다. 이 실험이 성공하면서 그동안 말 많고 탈도 많았던 양자적 기이함은 '현실적이면서 관측 가능한 실체'로 확고한 입지를 굳히게 된다.

10장 벨의 부등식

양자 세계의 역설적 실체에 대한 최초의 증거는 현대식 EPR 사고실험을 통해 제시되었다. 이 실험에서 측정대상은 입자의 위치와 운동량이 아니라 스핀과 편광(물질입자의 스핀과 비슷한 광자의 특성)이다. 런던 버크벡대학의 데이비드 봄(David Bohm)은 1952년에 새로운 버전의 EPR 사고실험에서 스핀을 측정하자고 제안했으나, 이미 양자 조리법으로 톡톡한 재미를 본 물리학자들은 양자 이론의 깊은 의미를 파고드는 데 별다른 관심을 보이지 않았다. 그 후 1964년에 제네바 근처에 있는 유럽입자물리연구소(CERN)의 물리학자 존 벨(John Bell)의 머릿속에 기발한 아이디어가 떠올랐다.[1] 그러나 벨의 실험을 이해하려면 잠시 옆길로 빠져서 '스핀'과 '편광'의 의미부터 알아둘 필요가 있다.

스핀 역설

다행히도 이 실험에서는 전자 같은 입자가 갖고 있는 스핀의 희한한 특성을 일일이 고려할 필요가 없다. 입자의 스핀이 1/2이라는 것은 '두 바퀴를 돌아야 원위치로 되돌아온다'는 뜻인데, 벨의 실험에서는 이런 골치 아픈 상황을 굳이 머릿속에 그리려고 애쓰지 않아도 된다. 중요한 것은 지구의 자전축처럼 입자의 스핀도 하나의 축을 중심으로 진행된다는 점이다. 균일한 자기장 안에서 전자의 스핀은 자기장과 나란한 방향으로 정렬될 수도 있고, 자기장과 반대 방향으로 정렬될 수도 있다. 앞의 경우에 스핀은 '업'이고, 뒤의 경우는 '다운'이라 한다. 봄이 제안한 '변형된 EPR 논리'는 단일항상태(singlet state, 일중항상태라고도 함)에 놓인 한 쌍의 양성자에서 시작된다. 이런 양성자쌍의 총 각운동량은 항상 0이다. 2개의 양성자는 서로 멀어지면서 개별적으로 각운동량과 스핀을 가질 수도 있지만, 크기가 같고 방향이 반대이기 때문에 총합은 항상 0이다.[2]

이것은 양자역학과 고전역학 모두 동의하는 내용이다. 두 입자 중 하나의 스핀을 알면 총합이 0이라는 조건으로부터 나머지 하나의 스핀도 알 수 있다. 그런데 첫 번째 입자의 스핀을 어떻게 알 수 있을까? 고전물리학에서는 아주 간단하다. 입자의 무대는 3차원 공간이므로, 세 가지 방향의 스핀 성분을 측정하여 모두 더하면 최종 스핀이 얻어진다(이 계산은 벡터의 덧셈 규칙을 따라야 하는데, 자세한 설명은 생략한다). 그러나 양자역학적 스핀은 완전히 딴판이다. 첫째, 스핀의 한 성분을 측정하면 이 측정행위로 인해 다른 스핀 성분이 달라진다. 입자의 위치와 운동량을 동시에 정확하게 측정할 수 없는 것처럼, 입자의 스핀 벡터들(3개의 성분)도 서로 상보적인 양이어서 동시에 정확하게 측정할 수 없다. 둘째, 전자나 양성자와 같은 입자의 스핀은 그 자체로 양자화되어 있다. 스핀의 어떤 성분을 측정하건 간에, 우리가 얻는 결과는 항상 'up(+1)' 아니면 'down(-1)'이다. 예를 들어 관측자가 z-축 방향의 스핀 성분을 측정하여 +1이라는 값을 얻었다고 하자(가능한 결과는 +1과 -1, 두 가지뿐이므로 +1이 나올 확률은 50%이다). 이제 z-축이 아닌 다른 방향, 예를 들어 y-축 방향의 스핀 성분을 측정하고, 여기서 어떤 결과가 나오건 간에 처음으로 돌아가 '이미 알고 있는' z-축 방향 스핀을 다시 측정했다고 하자. 이런 과정을 여러 번 반복한 후 결과를 분석해보면, 처음에 z-축 스핀을 관측하여 어떤 값을 얻었건 y-축 스핀을 측정한 후 다시 z-축 스핀을 관측하면 이미 알고 있는 값이 나오지 않고, 마치 처음 관측하는 것처럼 up일 확률이 항상 50%이다. 상보적 관계에 있는 스핀(y 성분)을 측정함으로써 이미 측정했던 스핀(z 성분)의 불확정성이 복원되는 것이다.•

단일항상태에 있다가 분리된 두 입자 중 하나의 스핀을 관측하면 어떻게 될까? 이들을 개별적인 입자로 간주하면 스핀 성분을 관측할 때마다 +1과 -1이 무작위로 출현하여 한 입자의 총 스핀을 결정할 수 없을 것이다. 그러나 이들은 처음에 단일항상태에 있었으므로 스핀의

• "불확정성은 $\hbar$가 되어야 하는 거 아닌가?"라고 의문을 품는 독자들도 있을 것이다. 디랙이 알아낸 스핀의 기본단위는 $\frac{1}{2}\hbar$이며, 스핀이 '+1'이라는 것은 $+\frac{1}{2}\hbar$라는 뜻이다. 그러므로 up(+1)과 down(-1)의 차이는 당연히 $\frac{1}{2}\hbar-(-\frac{1}{2}\hbar)=\hbar$이다. 그러나 지금 우리에게 중요한 것은 스핀의 값이 아니라 '방향'이다.—원저자 주

합이 0이라는 사실은 변하지 않으며, 따라서 두 입자의 스핀은 항상 크기가 같고 부호만 반대여야 한다. 즉, 서로 멀리 떨어진 두 입자의 스핀은 관측할 때마다 무작위로 변하겠지만, 두 스핀의 합은 항상 0이 되도록 균형을 유지한다. EPR의 논리에 의하면 두 입자는 원거리 작용으로 연결되어 있고, 아인슈타인은 이 '유령 같은 비국소성•'이 양자역학의 결정적 결함이라고 주장했었다. 그러나 존 벨은 유령 같은 비국소성을 관측함으로써 양자역학의 타당성을 입증하는 기발한 실험을 고안했다.

편광의 수수께끼

벨의 제안에 따라 지금까지 실행된 대부분의 실험은 물질입자의 스핀이 아닌 광자의 편광을 측정했지만, 기본 원리는 같다. 입자의 스핀이 공간에서 입자의 특성과 관련된 하나의 방향을 정의하는 것처럼, 편광은 공간에서 광자(또는 광자빔)의 특성과 관련된 하나의 방향을 정의한다. 바닷가에서 편광판이 장착된 폴라로이드 선글라스를 쓰면 특정 편광을 갖지 않은(즉, 특정 방향으로 편광되지 않은) 모든 광자를 차단하여 풍경이 전체적으로 어둡게 보인다. 베네치아 블라인드처럼 가로막이 촘촘하게 쳐있는 선글라스를 향해 한 무리의 광자가 기병대

• nonlocality, 한쪽에서 일어난 변화가 다른 쪽에 즉각적으로 영향을 주는 현상. '양자적 얽힘(quantum entanglement)'이라고도 한다.

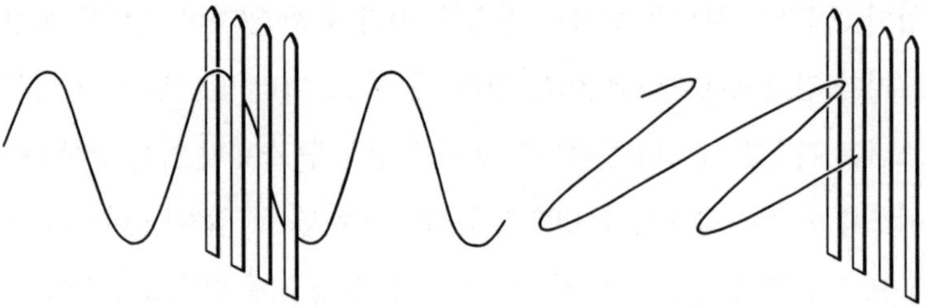

그림 10-1 수직으로 편광된 파동은 말뚝형 울타리를 통과할 수 있다(왼쪽 그림). 수평으로 편광된 파동은 말뚝형 울타리를 통과할 수 없다(오른쪽 그림).

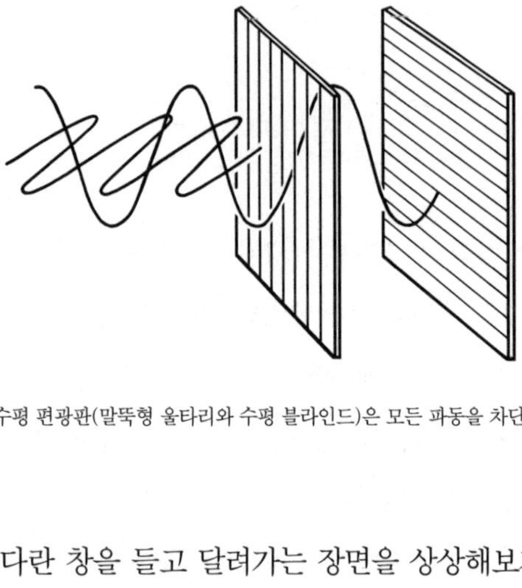

그림 10-2 수직-수평 편광판(말뚝형 울타리와 수평 블라인드)은 모든 파동을 차단한다.

처럼 각자 기다란 창을 들고 달려가는 장면을 상상해보자. 그들 앞에는 가로 방향 블라인드가 길을 막고 있으므로 창을 수평 방향으로 든 광자는 블라인드를 통과할 것이고, 창을 똑바로 세운 광자들은 가로대에 막혀 통과하지 못할 것이다. 일반적으로 빛은 모든 종류의 편광을 갖고 있다. 즉, 빛에 포함된 광자들이 들고 있는 창은 임의의 방향으로 기울어질 수 있다. 그 외에 원편광(circular polarization)이라는 것도 있는데, 이것은 고적대가 행진할 때 제일 앞에 있는 지휘자가 지휘봉을 수직 방향으로 들고 돌리면서 대열을 이끄는 것과 비슷한 상황이다. 원편광은 우회전과 좌회전이 가능하며, 양자적 관점의 정확성을 테스트하는 수단으로 사용된다. 모든 광자가 창을 똑같은 각도로 들고 있는 평면편광(plane polarized light)은 특별한 환경에서 빛을 반사시키거나 특정 편광만 통과시키는 편광렌즈를 이용하여 만들어낼 수 있으며, 이 또한 양자적 불확정성의 존재를 증명하는 수단으로 사용되기도 한다.

양자 수준에서 입자의 스핀처럼, 광자의 특정 방향 편광은 "yes 아니면 no"라는 특성을 갖고 있다. 광자는 특정 방향(예를 들어 수직 방향)으로 편광되었거나 편광되지 않았거나, 둘 중 하나이다. 즉, 수평 블라인드를 통과한 광자는 수직 블라인드를 통과할 수 없다. 그러므로 수평-수직 블라인드를 포개서 빛이 지나가는 길목에 설치해놓으면 빛을 완벽하게 차단할 수 있다. 그런데 첫 번째 편광판과 두 번째 편광판의 블라인드가 45°를 이루도록 포개놓으면 어떻게 될까? 첫 번째 편광판을 통과한 광자들은 (앞의 비유에 의하면) 창을 수평 방향으로 들고 있으므로 고전적으로는 두 번째 편광판을 통과할 수 없다. 그러나 양자 세계에서는 첫 번째 편광판을 통과한 광자의 절반, 즉 50%가 45° 기울어진 두 번째 편광판을 통과한다. 이상한 부분은 지금부터다. 수직 블라인드를 세 번째 편광판으로 이어 붙이면 두 번째 편광판과 역시 45°를 이루므로, 두 번째 편광판을 통과한 광자의 50%가 세 번째 편광판을 통과한다. 수직-수평 블라인드만 이어 붙였을 때는 단 1개의 광자도 통과하지 못했는데, 중간에 45° 기울어진 블라인드 편

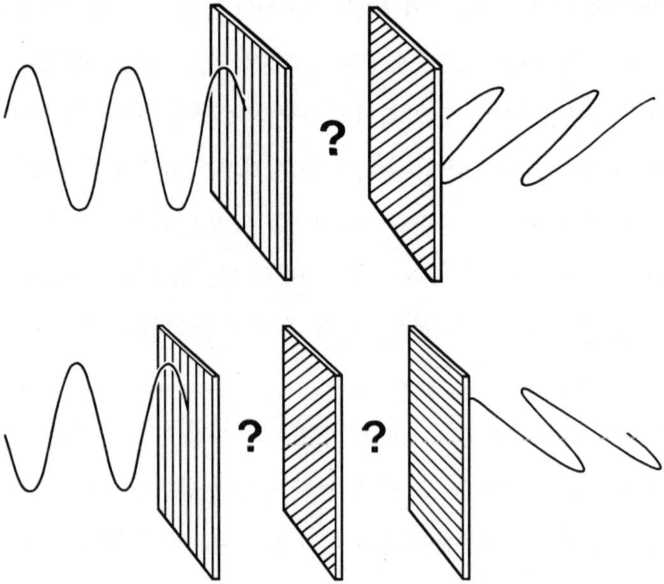

그림 10–3 수직 블라인드 편광판을 통과한 광자의 절반은 45° 기울어진 편광판을 통과한다(위쪽 그림). 수직-수평 블라인드 편광판 두 장을 겹쳐놓으면 광자가 하나도 통과할 수 없지만, 그 사이에 45° 기울어진 편광판을 샌드위치처럼 끼워 넣으면 첫 번째 편광판을 통과한 광자의 25%(50%의 절반)가 세 번째 편광판을 통과한다(아래쪽 그림).

광판을 샌드위치처럼 끼워 넣었더니 첫 번째 편광판을 통과한 광자의 25%(50%의 절반)가 마지막 편광판을 통과한 것이다.

간단한 비유를 들어보자. 수시로 도망가는 양 때문에 골머리를 앓던 양치기가 이미 있던 수직형 울타리(|||) 바깥에 수평형 울타리(≡)를 하나 더 세웠다. 그랬더니 도망가는 양이 한 마리도 없었다. 이 정도면 꽤 만족스러웠지만, 평소 조심성이 많았던 양치기는 완벽을 기하기 위해 두 울타리 사이에 시선형 울타리(///)를 하나 더 세웠다. 그

런데 이상하게도 울타리가 두 겹일 때는 탈출하지 못하던 양들이 세 겹짜리 울타리를 가뿐하게 통과하는 것이 아닌가! 이처럼 실험도구를 조금만 바꿔도 양자적 현실은 달라질 수 있다. 실제로 물리학자들은 다양한 각도의 편광판을 사용하여 편광벡터성분을 측정하고 있으며, 새로운 측정은 이전 측정에서 얻은 모든 정보를 파괴한다.

EPR 역설의 새로운 버전은 바로 이런 논리에서 탄생했다. 물질입자 대신 광자를 사용했다는 점만 빼고, 실험의 기본원리는 원래의 EPR 사고실험과 동일하다. 어떤 원자적 과정이 일어나면서 2개의 광자가 서로 반대 방향으로 이동한다고 가정해보자. 이런 상황은 다양한 방법을 통해 만들 수 있으며, 이 경우 두 광자는 같은 방향이나 반대 방향으로 편광된다. 일단은 문제를 단순하게 만들기 위해 두 광자가 같은 방향으로 편광되었다고 하자. 관측자는 시간이 한참 지나서 둘 사이의 거리가 충분히 멀어졌을 때, 둘 중 하나의 편광을 측정하기로 마음먹었다. 편광기로 사용할 블라인드의 방향은 관측자가 마음대로 선택할 수 있으며, 광자는 블라인드의 방향에 따라 특정한 확률로 편광판을 통과한다. 측정이 끝나면 관측자는 첫 번째 광자가 그 방향에서 '위'로 편광되었는지, 또는 '아래'로 편광되었는지를 알 수 있고, 이 사실을 아는 순간 멀리 떨어져 있는 두 번째 광자도 같은 방향으로 편광되었음을 알게 된다. 그런데 두 번째 광자는 이 사실을 어떻게 아는 것일까? 둘이 헤어진 후로 시간이 충분히 흘렀다면 우주 반대편에 도달했을 수도 있는데, 첫 번째 광자가 통과한 편광판은 자신도 통과하고, 첫 번째 광자가 통과하지 못한 편광판은 자신도 통과하지 못하는 것일까? 여기서 우리가 내릴 수 있는 결론은 하나뿐이다. 즉, 관측자가 첫 번째 광자의 편광을 측정하는 순간, 첫 번째 광자의 파동함수뿐만 아니라 우주 반대편에 도달한 두 번째 광자의 파동함수도 함께 붕괴된다는 것이다.

그러나 1930년대에 아인슈타인과 그의 동료들이 제기했던 사고실험은 빛의 편광 못지않게 역설적이었다. 이 실험은 거의 50년이 지나서야 실제 실험을 통해 그 의미를 평가받게 되었으며, 존 벨은 '유령 같은 원거리 작용'의 효과를 측정하는 실험 방법을 개발하여 양자 이론의 기반을 더욱 견고하게 다져놓았다.

벨의 실험

파리-쉬드대학교의 베르나르 데스파냐(Bernard d'Espagnat)는 데이비드 봄처럼 EPR 역설과 관련된 사고실험을 집중적으로 연구한 이론 물리학자이다. 《사이언티픽 아메리카(*Scientific America*)》와 《자연에 대한 물리학자의 개념(*The Physicist's Conception of Nature*)》에 게재된 그의 논문에는 수수께끼를 공략하는 벨의 접근법이 자세히 소개되어 있다. 데스파냐는 실체에 대한 우리의 일상적인 관념이 세 가지 가정에 기초하고 있다고 주장했는데, 첫째는 우리가 관측하건 안 하건 실체는 항상 존재한다는 것이고, 두 번째는 일관적인 일련의 실험(관측)을 통해 실체에 대하여 타당한 결론을 도출할 수 있다는 것이며, 세 번째는 어떠한 영향도 빛보다 빠르게 전달될 수 없다는 것이다(이것을 '국소성'이라 한다). '국소적이고 현실적인(local realistic)' 세계관은 위의 세

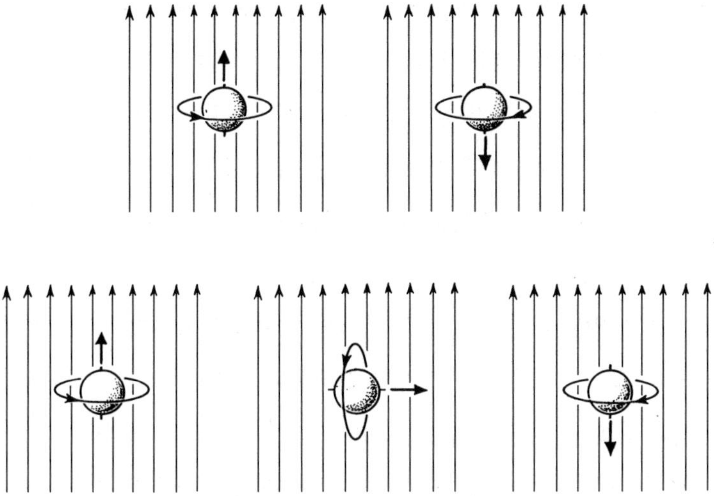

그림 10-4 스핀이 반정수인 입자는 외부자기장과 같은 방향이나 반대 방향으로 정렬할 수 있다. 그러나 스핀이 정수인 입자는 위의 두 가지 외에 외부자기장과 직각 방향으로 나열할 수도 있다.

가지 가정에 기초하고 있다.

벨의 실험은 현실 세계에 대한 국소적 관점에서 출발한다. 양성자의 스핀을 측정하는 실험에서 실험자는 한 입자의 세 가지 스핀 성분을 모두 알 수 없지만, 그중 하나는 정확하게 측정할 수 있다. 스핀의 세 성분을 각각 *X*, *Y*, *Z*라 했을 때, *X*성분의 관측 결과가 +1이었다면 파트너입자(또 하나의 양성자)의 *X*성분 관측 결과는 당연히 -1이다. 그러나 관측자는 첫 번째 양성자 스핀의 *X*성분과 두 번째 양성자 스핀의 *Y*성분(또는 *Z*성분)을 측정하여 두 입자의 스핀의 *X*성분과 *Y*성분(또는 *Z*성분)에 관한 정보를 모두 알아낼 수도 있다.

이를 위해서는 수많은 양성자 쌍의 스핀을 무작위로 측정한 후, 한 쌍에서 우연히 같은 스핀 성분이 측정된 경우를 폐기해야 하므로 결코 쉬운 실험이 아니다. 그러나 원리적으로는 얼마든지 가능하며, 실험이 끝난 후 한 쌍의 양성자에서 관측된 스핀은 *XY*, *XZ* 그리고 *YZ*인 경우로 분류된다. 벨은 1964년에 발표한 논문에서 "현실 세계가 국소적이라면 *X*성분과 *Y*성분이 모두 'up'인 경우(X^+Y^+)의 수는 *XZ*와 *YZ*가 모두 'up'인 경우(X^+Z^+인 경우$+Y^+Z^+$인 경우)의 수보다 작다"는 것을 증명했다. 이것은 "특정 양성자의 스핀 성분이 (예를 들어) X^+와 Y^-일 때 총 스핀 상태는 $X^+Y^-Z^+$이거나 $X^+Y^-Z^-$여야 한다"는 명백한 사실과 집합론에 기초한 단순 논리를 적용하여 얻은 결과이다. 그러나 양자역학에서는 다른 수학 규칙이 적용되어 정반대의 결과가 얻어진다. 즉, X^+Y^+의 수는 $X^+Z^++Y^+Z^+$의 수보다 많거나 같다.

현실 세계가 국소적이라는 가정하에 벨이 증명한 첫 번째 관계식에는 '벨의 부등식(Bell's inequality)'이라는 이름이 붙여졌다. 만일 이 부등식이 틀린 것으로 판명된다면 국소적 세계관은 폐기되고, 양자 이론은 또 하나의 중요한 검증을 통과하는 셈이다.

증명

이 논리는 물질입자의 스핀 측정처럼 어려운 실험과 광자의 편광측정처럼 비교적 쉬운 실험에 똑같이 적용된다(물론 편광을 측정하는 것도 결코 쉬운 일이 아니다). 광자는 정지질량이 0이면서 빛의 속도로 움직이기 때문에(그래서 광자에게 시간은 아무런 의미가 없다), 일부 물리학자는 광자를 대상으로 한 실험을 별로 달가워하지 않는다. 사실 광자의 경우에는 국소성의 개념도 분명하지 않다. 벨의 부등식을 확인하는 실험 대부분은 광자의 편광을 측정하는 방식으로 진행되었지만, 중요한 것은 양성자의 스핀을 관측한 실험에서도 벨이 부등식이 성립하지 않는 것으로 판명되었다는 점이다. 이는 곧 양자적 세계관이 옳았다는 의미이다.

양성자를 이용한 실험은 1976년에 프랑스 사클레핵물리연구소(Saclay Nuclear Research Centre)의 연구 팀에 의해 처음으로 실행되었다(벨의 부등식을 확인한 최초의 실험은 아니었다). 이 실험의 목적은 벨의 사고실험을 충실하게 재현하는 것이었는데, 수소 원자를 다량 함유한 표적을 향해 저에너지 양성자를 발사하여 수소 원자핵(또 다른 양성자)과 충돌시키고, 두 입자가 단일항상태에서 상호작용을 교환할 때 스핀 성분을 측정하는 식으로 진행된다. 물론 실제로는 엄청나게 어려운 실험이어서 극소수의 양성자만 감지기에 도달하고, 이상적인 사고실험과 달리 관측을 시도할 때마다 스핀 성분을 명확하게 기록할 수 있는 것도 아니었지만, 프랑스 연구 팀은 이 모든 어려움을 극복하고 '국소적 세계관'이 틀렸음을 증명해냈다.

벨의 부등식을 검증하는 실험을 최초로 시도한 주인공은 미국 캘리포니아대학교 버클리캠퍼스의 연구 팀이었다(이 실험에는 광자가 사용되었고, 결과는 1972년에 발표되었다). 그 후 1975년까지 이와 유사한 실험이 다섯 차례에 걸쳐 실행되었으며, 그중 네 번은 벨의 부등식이 성립하지 않는다는 결론에 도달했다. 광자를 이용한 첫 실험에서는 칼슘이나 수은 원자에 레이저 광선을 쪼여서 높은 에너지상태로 들뜨게 한 후• 다시 바닥상태로 떨어질 때 방출되는 광자를 관측했는데, 특정 상태에서 생성된 한 쌍의 광자는 편광이 서로 연관되어 있기 때문에 편광판 뒤에 광자계수기(photon counter)를 설치하여 특정 방향으로 편광된 광자의 수를 헤아리면 벨의 부등식을 검증할 수 있다.

빛이 아닌 대상을 사용하여 벨의 부등식을 검증하는 실험이 처음 실행된 것은 1970년대 중반의 일이었다. 이 실험에서는 전자와 양전자가 합쳐서 소멸할 때 발생하는 감마선이 사용되었는데, 두 광자의 편광을 정밀하게 분석한 결과 벨의 부등식은 성립하지 않는 것으로 판명되었다.

처음 실행된 일곱 번의 실험 중 다섯 번은 양자역학의 승리로 끝났다. 파리-쉬드대학교의 데스파냐는《사이언티픽 아메리칸》에 기고한 글에서 다음과 같이 주장했다. "그동안 실행된 실험들은 겉으로 보이는 것보다 훨씬 강력하게 양자역학을 지지하는 증거이다. 실험장비

• 여기서도 보어를 오랫동안 괴롭혔던 문제가 또다시 등장한다. "실제로 존재하는 것은 실험 결과뿐이며, 모든 관측 행위는 관측대상을 교란시킨다"는 문제가 바로 그것이다. 요즘(1980년대) 물리학자들은 원자를 높은 에너지상태로 들뜨게 할 때 별다른 고민 없이 레이저를 사용하고 있지만, 이것은 양자요리책을 통해 들뜬상태에 대하여 미리 알고 있는 경우이고, 양자요리책의 근간이 되었던 양자 이론 자체를 검증하는 실험이라면 이야기가 달라진다. 물론 레이저를 사용한 실험이 잘못되었다는 뜻은 아니다. 다만, 레이저 이외의 다른 도구로 원자를 들뜨게 한 실험에서도 같은 결과가 나와야 실험 자체를 신뢰할 수 있으며, 벨의 부등식을 검증하는 일련의 실험들은 이 조건을 만족했다는 점을 강조하고 싶다. 그러나 이전 세대 물리학자들이 용수철저울이나 미터자를 사용하는 데 익숙했던 것처럼, 요즘 물리학자들은 양자적 실험도구에 지나칠 정도로 익숙해져 있다. 철학자들은 "양자적 과정을 이용하여 양자 이론을 검증한 실험은 무의미하다"고 반론을 제기할 수도 있다. 그러나 나는 "보이는 것만이 유일한 진실(what we see is what we get)"이라는 보어의 관점에 전적으로 동의한다.—원저자 주

가 워낙 예민하여 미세한 결함 하나만 있어도 실험 전체를 망칠 수 있다. …… 그러나 독립적으로 실행된 다섯 번의 실험에서 잘못된 상관관계가 연달아 관측된다는 것은 현실적으로 불가능하다. 게다가 이 실험들은 벨의 부등식이 틀렸음을 증명했을 뿐만 아니라 '정확하게 양자역학에서 예견된 방식으로 틀렸다'는 것을 입증했으므로 더는 반론의 여지가 없다."

실험물리학자들은 1970년대 중반부터 장비를 더욱 정밀하게 개선하여 벨의 부등식을 검증하는 본격적인 경쟁에 돌입했다. 가장 중요한 것은 감지기 사이에 교환된 신호가 빛보다 빠르게 전달된 상호관계로 오인되지 않도록 둘 사이의 거리를 충분히 멀게 설정하는 것이었는데, 이 부분을 충족시킨 실험에서도 벨의 부등식은 여전히 성립하지 않는 것으로 나타났다. 또는 광자가 처음 생성될 때부터 '실험자가 자신을 관측하기 위해 어떤 종류의 장비를 동원했는지' 이미 알고 있어서 의외의 상호관계가 형성되었을 수도 있다. 미리 설치해놓은 실험장비가 전체적인 파동함수를 생성하여 광자가 탄생할 때부터 영향을 미친다면, 위와 같은 일은 신호의 전달속도가 빛보다 빠르지 않아도 발생할 수 있다. 그러므로 벨의 부등식을 확실하게 검증하려면 광자가 이동하는 동안 실험장비의 설정을 바꾸는 존 휠러의 사고실험처럼, 광자가 탄생한 후에 실험장비를 변경할 수 있도록 설계해야 한다. 이것이 바로 1982년에 파리-쉬드대학교의 알랭 아스페가 마지막 남은 결점을 보완하여 실행했던 실험의 핵심이다.

아스페와 그의 동료들은 이전에도 광자를 이용한 실험을 통해 벨의 부등식이 성립하지 않는다는 것을 이미 확인한 바 있다. 그 후 아스페는 광자의 진행 방향을 바꾸는 스위치를 도입하여, 이곳을 통과한 광자가 2개의 편광판 중 하나로 가도록 조절했다. 각 편광판 뒤에는 광자 감지기를 설치하여 편광 상태가 다른 광자의 수를 헤아렸고, 매 10나노초(ns, 1억 분의 1초, 또는 10^{-8}초)마다 유사난수를 발생시켜 아주 빠른 속도로 스위치의 상태를 바꿈으로써 광자의 진행 방향이 달라지도록 만들었다. 이 실험에서는 원자에서 생성된 광자가 감지기에 도달할 때까지 20나노초가 걸렸기 때문에, 실험장비와 관련된 정보가 한 부분에서 다른 부분으로 전달되어 관측 결과에 영향을 줄 가능성은 없었다(영향을 주려면 이 신호가 빛보다 빠르게 전달되어야 한다).

증명의 의미

아스페의 실험은 거의 완벽했다. 스위치 조작은 완전한 무작위가 아니었지만, 개개의 광자쌍에 대하여 스위치의 상태가 독립적으로 변했다는 사실만큼은 확실하게 보장할 수 있었다. 다만 감지기의 효율이 너무 낮아서 모든 광자를 감지하지 못했기 때문에 "벨의 부등식을 만족하지 않는 광자만 감지기에 도달하고, 부등식을 만족하는 광자는 감지하지 못했다"는 반론의 여지를 남겨놓았다. 사실 이것은 반대론자들의 궁색한 주장일 뿐 실제로 발생할 확률은 거의 0에 가까워서, 반론을 방어하는 실험이 별도로 실행된 적은 없다. 아스페의 연구 팀은 1982년 크리스마스 시즌에 실험 결과를 발표했고,[3] 그 후로 물리학자들은 양자 이론의 타당성에 더는 이의를 제기할 수 없게 되었다.

지금까지 실행된 가장 정밀한 실험에서는 벨의 부등식이 기존의 실험보다 더욱 크게 위배되었으며, 모든 결과가 양자역학의 예견과 정확하게 일치했다. 이를 두고 데스파냐는 "아인슈타인이 지금까지 살아있다면 그가 항상 주장해왔던 자연에 대한 개념(사실은 신념에 가까웠음)을 포기했을 것이다. …… 이제 우리는 '비분리성(non-separability)'이야말로 물리학의 가장 중요한 기본 개념 중 하나라고 자신 있게 말할 수 있다"고 했다.[4]

그렇다고 해서 임의의 메시지를 빛보다 빠르게 전송할 수 있다는 뜻은 아니다. 각기 다른 원인에서 발생한 두 개의 사건 사이에는 유용한 정보가 빛보다 빠르게 교환될 수 없다. 두 사건 사이에 빛보다 빠른 속도로 정보가 교환되려면 '전자/양전자 쌍소멸'이나 '전자의 바닥상태 귀환' 또는 '단일항상태에 있는 양성자 쌍의 분리'처럼 두 사건이 하나의 원인으로부터 발생해야 한다. 하나의 광원에서 발생한 광자들이 서로 멀리 떨어져 있는 2개의 감지기를 향해 날아간다고 상상해보자. 여기에 교묘한 기술을 발휘하여 첫 번째 광자빔의 편광을 바꾸면, 멀리 떨어진 곳에서 두 번째 감지기를 바라보는 관측자도 '달라진 편광'을 관측하게 된다. 이런 경우에는 어떤 종류의 신호가 바뀐 것일까? 빔에 포함된 입자의 원래 편광(또는 스핀)은 무작위로 발생한 양자적 과정의 결과이며, 그 자체로는 아무런 정보도 담고 있지 않다. 관측자의 눈에 보이는 것은 첫 번째 편광판에 교묘한 조작을 가하지 않았을 때 나타났을 무작위 패턴과 다른 또 하나의 무작위 패턴일 뿐이다! 무작위 패턴에는 정보가 담겨있지 않으므로 아무짝에도 쓸모없다. '두 무작위 패턴의 차이'에는 정보가 담겨있긴 하지만, 첫 번째 무작위 패턴은 (첫 번째 편광판에 조작을 가했으므로) 현실 세계에 존재하지 않기 때문에 정보를 추출할 방법이 없다.

그렇다고 실망할 필요는 없다. 아스페를 비롯한 일단의 실험물리학자들이 창출한 세계관은 일상적인 상식과 완전히 다르기 때문이다. 새로운 세계관에 따르면 과거 한때 상호작용을 교환했던 입자들은 서로 떨어진 후에도 (어떤 면에서) 하나의 시스템으로 유지되어, 미래에 일어나는 상호작용에 함께 반응한다. 우리가 보고, 만지고, 느끼는 모든 사물은 입자로 구성되어 있으며, 이들은 우주의 시작점인 빅뱅 때부터 상호작용을 교환해왔다. 당신의 몸을 구성하고 있는 원자는 과거 한때 우주 불덩이 속에서 다른 입자들과 한데 얽혀 복잡한 상호작용을 주고받았으며, 그 입자들은 지금 다른 별의 일부가 되었거나 아직 발견되지 않은 머나먼 행성에서 외계생명체의 일부가 되었을지도 모른다. 심지어 내 몸에 있는 원자들이 과거 한때 당신의 몸에 있는 원자들과 가까운 거리에서 상호작용을 교환했을 수도 있다. 결국 우리는 아스페의 실험에서 공간을 가로지르는 한 쌍의 광자처럼, 거대한 단일시스템의 일부인 셈이다.

데스파냐와 봄은 우주 만물이 서로 연결되어 있기 때문에, 인간의 의식과 같은 복잡한 현상을 설명하려면 우주를 전체론적 관점에서 바라봐야 한다고 주장했다.

물리학자와 철학자 들이 인간의 의식과 우주의 전체적인 형태를 논하는 것은 아직 시기상조이고, 수많은 가능성을 일일이 따지는 것도 이 책의 주제와는 다소 거리가 있지만, 물리학과 천문학의 확고한 전통에 따라 한 가지 사례를 제시할 수는 있다. 물리학의 가장 큰 수수께끼 중 하나는 모든 물체가 가진 관성(慣性, inertia)이다. 질량을 가진 물체는 현재의 운동 상태가 변할 때마다 변화에 저항하는 성질을 갖고 있는데, 이것을 관성이라 한다. 자유 공간에서 모든 물체는 외력(外力)이 작용하지 않는 한 동일한 속도로 직선궤적을 따라 움직인다. 이것은 17세기에 뉴턴이 발견한 운동법칙 중 하나로서, 물체의 운동 상태를 바꾸는 데 필요한 힘은 그 물체가 보유한 물질의 양(질량)에 따라 다르다. 그런데 물체는 자신이 일정한 속도로 직선운동을 하고 있다는 사실을 어떻게 아는 것일까? 뉴턴 이후의 철학자들은 관성을 가늠하는 기준으로 우주공간에서 '고정된 별(fixed star)'을 상상했다. 현대 천문학의 관점에서 보면 멀리 떨어진 은하쯤 된다. 자전하는 지구와 길게 늘어진 푸코의 추,• 우주공간에서 유영하는 우주인, 그리고 원자는 우주에 존재하는 물질의 평균적 분포 상태를 '알고 있는' 것 같다.

왜 그런가? 이 넓은 우주에 원자 하나만 달랑 존재한다면 운동의 기준으로 삼을 대상도 없고, 운동을 방해하는 요인도 존재하지 않을 것이기 때문이다. 우주에 입자 2개가 존재한다면 지금과 같은 관성을 갖게 될까? 지금의 우주에서 질량의 절반을 제거해도 물체의 관성은 지금과 같을까? 아니면 반으로 줄어들까? 그것도 아니라면 혹시 두 배로 커지지는 않을까? 이것은 지난 300여 년 동안 과학자들을 괴롭혀 왔던 수수께끼이다. 그러나 아스페의 실험 결과에 따라 '국소적 우주'라는 개념을 포기하면 해답의 실마리를 찾을 수 있다. 빅뱅 때 상호작

• Foucault pendulum, 지구의 자전을 증명하는 단진자.

용을 교환했던 모든 것이 연결 상태를 보존하고 있다면, 모든 별과 은하를 구성하는 모든 입자는 다른 입자의 존재를 '알고 있을' 것이다. 과거에 관성은 천문학자와 상대론자 들의 논쟁거리였지만, 지금은 양자역학을 연구하는 물리학자들 사이에서도 중요한 화두로 부상하고 있다.

역설처럼 들리는가? 파인먼은《파인만의 물리학 강의》에서 "역설이란 무언가가 잘못되었다는 뜻이 아니라, '당연히 그렇게 되어야 할 것 같다'는 우리의 어설픈 직관과 진실 사이에 일어난 충돌일 뿐"이라고 했다. 과연 이것이 "바늘 끝에 몇 명의 천사가 올라타서 춤을 출 수 있는가?"라는 질문을 놓고 논쟁을 벌이는 것처럼 무의미한 사고의 유희일까? 1983년에 아스페의 실험 결과가 발표되고 몇 주가 지난 후, 영국 서식스대학교의 과학자들은 양자적 규모에서 사물의 연관성을 다시 한번 입증했을 뿐만 아니라, 차세대 컴퓨터를 비롯한 응용사례를 구체적으로 제시했다.

확증과 응용

테리 클라크(Terry Clark)를 필두로 한 서식스대학교 연구 팀은 양자적 실체를 관측하는 새로운 방법을 생각해냈다. 양자적 규모(원자 이하의 규모)에서 작동하는 실험기구를 만드는 대신, 일상적인 크기에서 양자적 특정을 보유한 '양자적 입자'를 만들기로 한 것이다. 클라크의 아이디어는 직경이 약 0.5cm인 고리 모양의 초전도체에서 출발한다. 여기서 특정 부위를 수축시키면 고리의 단면적이 10만 분의 1cm^2 가량 줄어든다. 이 부위가 브라이언 조지프슨(Brian Josephson, '조지프슨 접합부'를 개발한 영국의 물리학자)이 발명한 '약결합점(weak link)'이 되어, 고리 모양의 초전도물질은 양 끝이 트인 오르간 파이프처럼 행동한다. 이 고리에서 초전도전자의 거동을 서술하는 슈뢰딩거 파동은 파이프 속에서 진동하는 정상파와 비슷하므로 외부자기장을 걸어서 전파(라디오파)와 비슷한 주파수로 진동시키면 파동의 형태를 조절할 수 있다. 이때 고리 주변에 형성된 전자파동은 하나의 양자적 입자를 서술하는 파동과 같아지고, 고감도 전파감지기를 이용하면 고리 안에서 전자파동의 양자적 전이(轉移, transition)를 관측할 수 있다. 간단히 말해서 직경 0.5cm짜리 양자적 입자를 만들어낸 셈이다. 앞서 언급했던 헬륨 초유동체와 비슷하지만 훨씬 드라마틱하다.

클라크의 실험 팀은 이 방법으로 양자전이를 직접 관측했을 뿐만 아니라, 비국소성에 대한 명백한 증거를 제시했다. 초전도체 내부의 전자는 보손처럼 행동하기 때문에 양자전이를 일으키는 슈뢰딩거 파동은 고리 전체에 퍼져있으며, 이 유사보손(pseudoboson)•은 한 번에 전체적으로 전이를 일으킨다. 만일 이 영향이 국소적으로 전달된다면 고리의 한쪽 부분에서 먼저 전이가 일어난 후 신호가 고리를 타고 광속으로 전달되어 '입자의 나머지 부분'에 영향을 미칠 것이다. 그러나 클라크의 실험에서 이런 식의 시간 지연은 관측되지 않았다. 어떤 면에서 보면 이 실험은 벨의 부등식을 증명한(정확하게는 반증한) 아스페

• 보손이 아니면서 보손처럼 행동하는 입자.

의 실험보다 훨씬 강력한 증거이다. 아스페의 논리는 수학적으로 모호한 구석이 전혀 없지만 중간과정이 다소 복잡하여 일반인이 이해하기가 쉽지 않다. 이보다는 직경이 0.5cm나 되면서 외부의 자극에 즉각적으로, 그리고 총체적으로 반응하는 '거대한 양자적 단일입자'를 이해하는 편이 훨씬 쉽다.

클라크와 그의 동료들은 이미 다음 단계를 향해 나아가고 있다. 이들의 목적은 길이 6m짜리 실린더 모양의 '거시적 원자(macroatom)'를 만드는 것인데, 이 장치가 외부자극에 예상대로 반응한다면 빛보다 빠른 통신을 구현할 수 있을지도 모른다. 실린더의 한쪽 끝에 양자상태를 관측하는 감지기를 설치해놓고 반대쪽 끝에서 외부자극을 가하면 그 영향이 즉각적으로(즉, 빛보다 빠르게) 감지기에 전달될 것이기 때문이다. 물론 이 방법을 일상적인 통신에 적용할 수는 없다. 달에 파견된 우주인과 지구의 관제요원이 즉각적으로 통신을 교환한다면 시간 지연에 따른 불편을 제거할 수 있겠지만, 지구와 달을 연결하는 초대형 원자를 만들 수 없기 때문에 현실적으로 불가능하다. 그러나 거시적 원자를 적용할만한 적절한 사례가 있다.

현대식 컴퓨터의 성능을 제한하는 요인 중 하나는 '전자의 이동속도'이다. 회로를 아무리 효율적으로 설계해도, 전자가 각 회로소자를 거치는 데 소요되는 시간보다 빠르게 답을 구할 수는 없다. 이 시간은 나노초(10억 분의 1초) 단위에 불과하지만, 연산횟수가 많아지면 지연효과가 누적되어 컴퓨터의 성능을 크게 저하시킨다. 클라크 연구 팀의 실험은 한 부품의 상태가 변했을 때 모든 회로소자가 즉각적으로 반응하는 신개념 컴퓨터에 적용할 수 있다.• 테리 클라크는 "양자역

학의 법칙이 하드웨어에 응용되면 20세기 전자공학은 구시대의 유물로 전락할 것"이라고 장담했다.••

이로써 코펜하겐 해석은 완벽하게 입증되었으며, 양자역학은 이론의 단계를 넘어 실질적인 응용과학으로 부상하기 시작했다. 그러나 지식적 또는 철학적인 면에서 코펜하겐 해석은 여전히 의구심을 불러일으킨다. 원자 규모에서 무언가를 관측했을 때 붕괴된 파동함수는 대체 어디로 사라지는 것일까? 관측이 실행되기 전에는 '똑같이 현실적인' 여러 개의 가능성이 중첩되어 있었는데, 관측 후에는 그들 중 단 하나만 현실로 나타나고 나머지는 감쪽같이 사라진다. 양자역학으로 알 수 있는 것은 개개의 가능성이 현실로 선택될 확률뿐이다. 그렇다면 선택되지 못한 후보들은 어떻게 되는가? 가장 그럴듯한 답은 사라지지 않고 다른 세계에 존재한다는 것이다. 다소 황당하게 들리겠지만, 슈뢰딩거의 고양이 사고실험에서 산 고양이와 죽은 고양이는 각기 다른 세상에 존재한다. 이것이 바로 코펜하겐 해석의 단점을 보완한 '다중세계 해석(many-world interpretation)'으로, 이 책에서 우리가 탐구할 마지막 주제이다.

• 이것이 바로 양자컴퓨터의 원리이다.

•• *Guardian*, 6, January, 1983. 이 글을 쓰는 동안 벨연구소(Bell Laboratory)에서 비슷한 연구에 성공했다는 뉴스가 발표되었다. 그곳의 연구원들은 조지프슨 접합부를 응용한 컴퓨터회로용 초고속 스위치를 개발하여 컴퓨터의 연산속도를 10배 이상 향상시켰다고 한다. 이 분야는 앞으로 당분간 신문의 헤드라인을 장식하면서 실질적인 성과를 거둘 것으로 기대된다.—원저자 주

11장 다중세계

지금까지 나는 이 책을 쓰면서 특정 학파의 편을 들지 않고 공정한 관점에서 사실을 전달하기 위해 나름대로 노력해왔다. 그러나 지금부터는 공정한 관점을 포기하고, 양자역학의 다양한 해석 중 내가 개인적으로 가장 선호하는 가설을 소개하고자 한다. 물론 이것은 다수가 지지하는 해석이 아니다. 대부분의 물리학자는 파동함수가 붕괴된다는 코펜하겐 해석에서 더 파고드는 것을 별로 좋아하지 않는다. 실험 결과를 잘 설명해주고 양자역학을 응용하는 데에도 아무런 문제가 없는데, 굳이 취약한 곳을 긁어서 부스럼을 만들 필요가 없기 때문이다. 그러나 다중세계 해석(또는 다중우주 해석)은 코펜하겐 해석을 훼손하지 않으면서 문제점을 해결해주기 때문에 한 번쯤은 짚고 넘어갈 필요가 있다. 이 개선된 해석이 널리 수용되지 않은 이유는 여러 개의 우주(심지어 무한개의 우주)가 우리의 우주와 함께 존재한다고 주장하고 있기 때문이다. 다중우주 해석에 의하면 우리의 우주를 포함한 무수히 많은 우주가 흐르는 시간 속에서 서로 겹치지 않은 채 나란히 공존하고 있다.

관측자를 관측하는 자는 누구인가?

다중세계 해석을 최초로 제시한 사람은 휴 에버렛(Hugh Everett)이었다. 그는 프린스턴대학교의 대학원생이었던 1950년대에 관측이 실행될 때마다 파동함수가 마술처럼 사라진다는 코펜하겐 해석의 대안을 찾다가 지도교수였던 존 휠러의 독려에 힘입어 다중우주 해석을 박사학위 논문으로 제출했다. 이 논문은 '파동함수의 연쇄붕괴'라는 간단한 질문에서 시작된다. 예를 들어 내가 닫힌 방에서 실험을 한 후 당신에게 결과를 알려주고, 당신은 이 소식을 뉴욕에 사는 친구에게 알려주고, 그는 또 다른 친구에게 알려주고…… 이런 식으로 계속되다 보면 파동함수는 각 단계를 거칠 때마다 더욱 복잡해지면서 더욱 많은 '현실 세계'를 포함하게 된다. 그러나 각 단계에서 실험 결과에 대한 뉴스가 전달되기 전까지는 모든 가능한 현실이 똑같이 타당한 자격으로 중첩되어 있다. 새로운 뉴스가 이런 과정을 거쳐 우주공간으로 퍼져나가다 보면 언젠가는 우주 전체가 중첩된 파동함수로 덮이는 시점이 찾아올 것이고, 이 상태에서 누군가가 관측을 시도하기만 하면 단 하나의 파동함수만 현실로 남고 나머지는 모두 붕괴될 것이다. 그런데 우주 전체를 관측하는 자는 대체 누구란 말인가?

우주는 독립적인 존재이다. 우주라는 개념의 정의 자체가 그렇다. 우주에는 이미 모든 것이 포함되어 있기 때문에, 우주 바깥에서 우주를 관측하여 복잡다단한 파동함수를 붕괴시킬 관측자는 존재할 수 없다. '인과율을 역으로 추적하여 빅뱅까지 갈 수 있는 인간의 의식'을 최후의 관찰자로 간주한 휠러의 의식론을 도입하면 위의 질문을 피해갈 수 있지만, 사실 이것은 수수께끼를 또 다른 수수께끼로 덮는 돌려막기에 불과하다. 차라리 "이 우주에서 파동함수를 붕괴시킬 수 있는 주체는 오직 나 자신뿐이며, 나의 관측 행위만이 수많은 양자적 가능성 중 하나의 현실을 골라낼 수 있다"는 유아론(唯我論, solipsism)적 관점이 훨씬 그럴듯하다. 그러나 당신이 다른 사람을 위해 책을 쓰는 작가라면 극단적인 유아론을 별로 달갑게 여기지 않을 것이다. 몇 년 동안 각고의 노력을 기울여 원고를 완성했다 해도 누군가에게 읽히지 않는 한 원고의 존재 자체가 무의미해지기 때문이다. 이런 점에서 볼 때 에버렛의 다중세계 해석은 누구에게나 만족스러우면서 모든 가능성을 완전하게 포함하는 대안이 될 수 있다.

에버렛의 해석에 의하면 다양한 가능성이 중첩된 채 우주를 가득 메운 파동함수는 누군가의 관측에 의해 붕괴되지 않고 그들만의 '초공간(superspace)과 초시간(supertime)'에 별개로 존재한다. 우리가 양자 규모에서 무언가를 관측할 때마다 다양한 가능성 중 하나가 선택되어 '현실'로 나타나지만, 나머지 가능성들(파동함수)은 붕괴되지 않고 초공간에서 자신의 길을 가다가 그곳에 존재하는 또 다른 관측자에 의해 '그 세계의 현실'로 선택된다. 다시 말해서 우리의 관측 행위가 수많은 가능성 중 하나를 분리하여 '우리 세계의 현실'로 구현하고, 나머지는 초공간에 존재하는 다른 세계에서 이곳과 똑같은 과정을 거친다는 것이다. 물론 다른 세계의 관측자는 자신이 파동함수를 붕괴시켜서 (우리 세계와 다른) 하나의 양자적 현실을 구현했다고 생각할 것이다.

두 개의 현실

우주 전체의 파동함수를 논하면서 다중우주를 도입하면 머릿속이 복잡해진다. 그러나 우리에게 친숙한 사례에서 출발하면 에버렛의 해석이 매력적인 이유를 쉽게 이해할 수 있다. 앞에서 슈뢰딩거의 고양이 역설을 언급한 것은 다중세계 해석의 위력을 보여주기 위한 준비 단계였다. 이제 곧 알게 되겠지만, 상자 속의 고양이가 마주하게 될 현실은 하나가 아니라 두 개이다.

양자역학의 방정식(슈뢰딩거의 파동방정식)에 의하면 슈뢰딩거의 고양이 사고실험에서 상자 내부에는 '산 고양이'와 '죽은 고양이'라는 두 가지 버전의 파동함수가 동등한 자격으로 공존하고 있다. 전통적인 코펜하겐 해석에 따르면 2개의 파동함수는 똑같이 비현실적이며, 누군가가 상자 내부를 들여다보는 순간 둘 중 하나가 현실로 구현되고 나머지 파동함수는 붕괴되어 사라진다. 그러나 에버렛은 방정식에서 얻은 결과를 액면 그대로 받아들이고, 2개의 파동함수가 모두 '현실'이라고 생각했다. 즉, 산 고양이와 죽은 고양이가 각기 다른 세계에서 현실로 존재한다는 것이다. 상자 속의 방사성물질은 붕괴되었거나 붕괴되지 않았거나 둘 중 하나가 아니라, 붕괴되기도 했고 붕괴되지 않기도 했다. 그러다가 결정의 순간이 오면 온 세상(우주)이 두 가지 버전으로 갈라진다. 한 세상에서는 방사성원소가 붕괴되어 고양이가 죽었고, 다른 세상에서는 붕괴가 일어나지 않아서 고양이가 살아있다. 이 점만 빼면 두 세상은 완전히 동일하다. 언뜻 듣기에는 마치 한 편의 SF 같지만, 모든 것은 양자역학의 수학방정식에 기초한 논리적 결과로서 어떤 소설보다 심오하다.

SF를 넘어서

1957년에 발표된 에버렛의 논문이 중요하게 취급되는 이유는 황당무계한 아이디어에 양자 이론의 법칙과 탄탄한 수학적 논리를 적용하여 하나의 학술적 가설로 완성했기 때문이다. 상상의 나래를 펴고 우주의 본질을 추측하는 것과 모순 없이 완벽하게 현실을 서술하는 이론을 개발하는 것은 완전히 다른 일이다. 사실 다중 현실이나 평행우주에 관한 이야기는 에버렛 이전부터 세간에 떠돌고 있었다. 물론 에버렛은 여기에 영향을 받지 않고 독자적으로 다중우주이론을 개발했지만, 이 세상이 여러 개 존재한다는 주장을 펼친 사람은 그가 처음이 아니었다. 이런 종류의 이야기들은 주로 SF에 등장하곤 했는데, 내가 알고 있는 최초의 작품은 1938년에 한 잡지에 연재되었던 잭 윌리엄슨(Jack Williamson)의 《무한의 시간(*The Legion of Time*)》이다.[1]

'평행우주(parallel universe)'는 이제 SF의 단골 메뉴로 자리 잡았다. 미국의 남북전쟁에서 남군이 승리한 세상이나 에스파냐의 무적함대가 영국 정복에 성공한 세상이 초공간 어딘가에 따로 존재한다는 발상은 사람들의 호기심을 자극하기에 충분하다. 대부분은 주인공이 시간의 샛길을 통해 다른 세계로 접어들어서 기상천외한 경험을 한다는 이야기인데, 아주 가끔은 희한한 용어를 써가며 우리가 사는 세계와 다른 세계가 분리된 이유를 설명해놓은 작품도 있다. 윌리엄슨의 소설에서는 2개의 세상이 존재하지만, 이들을 갈라지게 만든 과거의 행동이 취해지기 전까지는 현실로 나타나지 않는다(전통적인 시간 여행도 등장하는데, 과거를 바꿈으로써 발생하는 순환역설을 피하지는 못했다). 소설 속 등장인물이 상황을 설명하는 부분을 보면, 윌리엄슨은 코펜하겐 해석에서 말하는 파동함수의 붕괴뿐만 아니라 1930년대에 등장한 다중우주 해석까지 알고 있었던 것 같다.

> 견고한 입자를 확률파동으로 대치하면 모든 물체의 세계선•은 하나로 결정되지 않으며, 측지선••은 아원자 세계의 불확정성에 입각하여 모든 가능한 경로를 따라 가지를 치듯이 뻗어있다.

윌리엄슨의 세계는 유령 같은 현실이 여러 개 존재하다가 중요한 결정이 내려지면 그중 하나가 붕괴되어 사라지면서 다른 유령이 견고한 현실로 선택되는 세계이고, 에버렛의 세계는 여러 개의 '견고한' 현실이 동등한 자격으로 공존하지만, 제아무리 날고 기는 주인공이라 해도 하나의 현실에서 다른 현실로 이동할 수 없는 감질나는 세계이다. 그러나 에버렛의 세계는 SF가 아니라 과학적 사실이다.

양자역학의 근간이 되었던 이중슬릿실험으로 되돌아가 보자. 이 실험에서는 한 번에 입자를 1개씩 발사해도 스크린에 간섭무늬가 나타나는데, 코펜하겐 해석조차도 그 이유를 입전자가 슬릿 A를 통과한

• world line, 4차원 시공간좌표에서 물체가 그리는 궤적.

•• geodesic, 공간의 두 지점을 연결하는 선 중 길이가 가장 짧은 선.

현실(파동함수)과 슬릿 B를 통과한 현실이 간섭을 일으키기 때문이라고 설명하고 있다. 그리고 전자가 어느 슬릿을 통과했는지 확인하는 장치를 추가하면 간섭무늬가 감쪽같이 사라진다. 그런데 입자는 어떤 지침에 따라 자신이 통과할 슬릿을 선택하는 것일까? 코펜하겐 해석에 의하면 입자는 양자적 확률에 따라 무작위로 슬릿을 선택한다. 즉, 입자는 우주를 대상으로 주사위 놀음을 하고 있다. 그러나 다중세계 해석에 따르면 입자는 슬릿을 선택하지 않는다. 그 대신 양자 규모에서 둘 중 하나를 선택해야 하는 상황에 놓일 때마다 입자를 포함한 우주 전체가 두 가지 버전으로 갈라진다. 이 실험에서는 입자가 '슬릿 A를 통과한 우주'와 '슬릿 B를 통과한 우주'가 바로 그것이다. 각 우주에 존재하는 관찰자는 입자가 둘 중 하나의 슬릿을 통과했다고 생각하겠지만, 사실은 관찰자조차도 이미 두 가지 버전으로 갈라진 상태이다. 이런 식으로 분화(分化)된 우주들은 상호작용이 차단된 채 영원히 격리되기 때문에 입자가 어느 슬릿을 통과했는지 확인하는 실험에서 간섭무늬가 나타나지 않는 것이다.

물론 선택의 여지가 항상 두 가지라는 법은 없다. 시스템이 복잡하면 셋 중 하나, 열 중 하나. 심지어는 백만 중 하나를 선택해야 하는 경우도 있다. 여기에 지금까지 우주 전역에서 일어난 모든 양자적 과정의 수를 곱하면 현존하는 다중우주의 수가 얻어지는데, 얼마나 많은지 상상조차 하기 어렵다. 대부분의 물리학자가 다중우주의 개념을 선호하지 않는 것은 바로 이런 이유 때문이다. 그러나 에버렛의 다중우주 해석은 양자역학의 어떤 실험 결과와도 상충되지 않으면서 자체 모순이 없는 논리적 가설임을 기억하기 바란다.

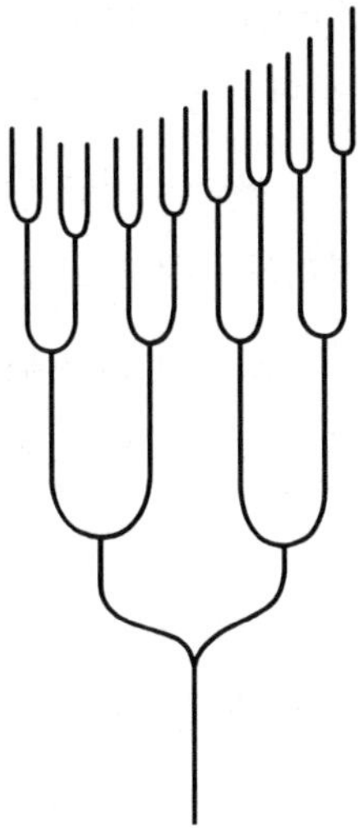

그림 11-1 초시공간에 나란히 존재하는 평행우주(다중우주). 그러나 이것은 잘못된 그림이다.

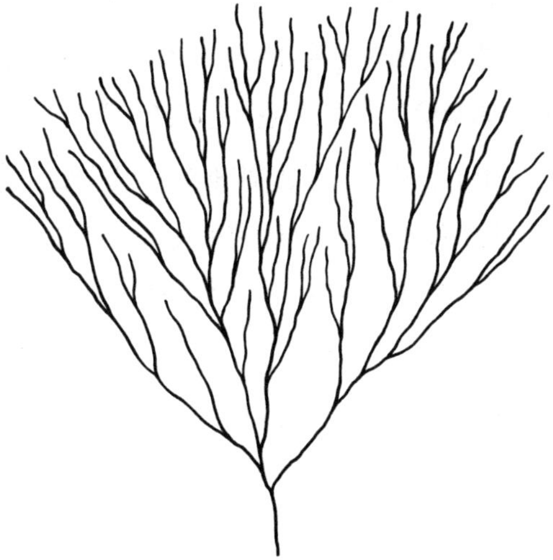

그림 11-2 다중우주는 나무가 가지를 치듯 끊임없이 갈라져 나가고 있다. 그러나 이것도 틀린 그림이다.

양자역학에 대한 에버렛의 새로운 해석은 수학적 결함이 전혀 없음에도 정상적인 이론 취급을 받지 못했다. 이 논문은 1957년에 《현대 물리학 리뷰(*Reviews of Modern Physics*)》라는 학술지에 게재되었고[2] 에버렛의 해석을 지지하는 휠러의 논문도 발표되었으나,[3] 당시에는 별다른 관심을 끌지 못하다가 그로부터 10여 년이 지난 후 노스캐롤라이나대학교의 브라이스 디윗(Bryce DeWitt)에 의해 비로소 세상에 알려지게 된다.

휴 에버렛의 해석이 학계에 수용될 때까지 그토록 오랜 세월이 걸린 이유는 지금도 분명하지 않다. 큰 이슈는 아니었지만 1970년대에 약간의 성공을 거두었음에도 물리학자들은 다중세계 해석에 별다른 관심을 보이지 않았다. 에버렛은 《현대 물리학 리뷰》에 발표한 논문에서 "직접 경험할 수 없다고 해서 다중세계를 비현실적 상상으로 치부하는 것은 이치에 맞지 않는다"고 주장했다. 중첩된 상태의 개별 요소들은 각자 독립적으로 파동방정식을 따르며, 갈라져 나온 하나의 세계가 다른 세계에 영향을 주지 못한다는 것은 어떤 관찰자도 자신의 세계가 가지를 치며 분할되는 것을 인지할 수 없다는 뜻이다. "우리는 다중우주를 인지할 수 없으므로 다중우주는 존재하지 않는다"고 주장하는 것은 "우리는 지구의 운동을 느낄 수 없으므로 지구는 태양 주변을 공전하지 않는다"고 주장하는 것과 같다. 에버렛은 "두 경우 모두 이론 자체는 우리의 경험을 있는 그대로 예측하고 있다"고 했다.

아인슈타인을 넘어서

다중세계 해석은 개념적으로 단순하고 인과율적으로 명백하면서 우리의 경험과 잘 일치한다. 에버렛의 스승이었던 휠러는《현대 물리학 리뷰》에 게재한 논문에 다음과 같이 적어놓았다.

> '상대적 상태'에 관한 이론체계가 고전적 개념을 무너뜨린 과정을 이해하기란 결코 쉽지 않다. 고전물리학은 위대한 물리학자가 당혹감을 느낄 때마다 조금씩 허물어졌는데, 이런 일은 과학사를 통틀어 몇 번 되지 않는다. 뉴턴이 원거리 작용의 개념으로 중력을 설명했을 때와 맥스웰이 부자연스러운 장이론(field theory)으로 원거리 작용을 자연스럽게 설명했을 때, 아인슈타인이 모든 좌표계가 동등하다는 사실을 깨달았을 때가 바로 그런 순간이었다. …… 그 외에 이에 필적할만한 사건으로는 모든 정규좌표계가 똑같이 정당하다는 일반상대성이론을 들 수 있다.[4]

휠러는 "일반상대론적 우주처럼 폐쇄된 시스템을 양자화하는 것이 무슨 의미인지 설명할 수 있으면서 자체모순이 없는 이론은 에버렛의 다중우주가설뿐"이라고 결론지었다. 참으로 자신에 찬 발언이다. 그러나 에버렛의 해석은 한 가지 결정적인 단점을 안고 있다. 양자역학의 다중세계 버전으로 특정 사건이 관측될 확률을 계산해보면 코펜하겐 해석으로 계산된 값과 정확하게 일치하는데, 이것은 장점인 동시에 단점이기도 하다. 코펜하겐 해석은 실용적인 면에서 단한 번도 틀린 적이 없기 때문에, 어떤 대상이건 새로운 해석으로 얻은 결과는 코펜하겐 해석과 일치해야 한다. 이런 점에서 볼 때 에버렛의 해석은 첫 번째 관문을 통과한 셈이지만, 이중슬릿실험이나 아인슈타인-포돌스키-로젠(EPR)의 역설적 논리를 제거하여 코펜하겐 해석의 위상을 더욱 견고하게 만들었을 뿐, 그것을 대치할 새로운 해석으로 인정받을 정도는 아니었다. 양자요리사의 관점에서는 두 가지 해석에 차이가 거의 없으니, 굳이 새로운 해석을 받아들일 필요가 없는 것이다. 그러나 EPR 사고실험을 연구했던 사람들과 벨의 부등식을 다양한 방법으로 검증했던 사람들은 에버렛의 해석에 훨씬 큰 매력을 느꼈다. 에버렛은 특정 스핀 성분을 관측하는 우리의 행위가 우주 반대편에 있는 다른 입자의 스핀 성분이 마술처럼 상보적인 상태에 놓이도록 만드는 것이 아니라, 우리가 관측할 스핀 성분을 선택함으로써 갈라져나가는 여러 개의 우주 중 어떤 우주에서 살 것인지가 결정된다고 해석했다. 이 우주에서 다른 입자의 스핀은 우리가 관측한 스핀에 대하여 항상 상보적인 값을 가지며, 관측을 통해 하나의 양자 세계(우리가 살아갈 세계)가 결정되는 것은 우연이 아닌 '선택'의 결과이다. 하나의 실험에서 나올 수 있는 결과는 결국 나오기 마련이고, 개개의 결과는 그 세계에 속한 관측자에 의해 관측된다. 그러므로 모든 가능한 결과들 중 하나가 우리에게 관측되는 것은 전혀 놀라운 일이 아니다.

다시 보기

양자역학의 다중세계 해석은 물리학계에서 철저히 외면당하다가 미국의 이론물리학자 브라이스 디윗이 이 분야에 투신한 1960년대 말부터 조금씩 관심을 끌기 시작했다(그의 제자인 닐 그레이엄Neill Graham도 에버렛의 해석을 개선하여 박사학위 논문으로 제출했다). 디윗은 1970년에 《피직스 투데이(*Physics Today*)》라는 과학잡지에 게재된 논문에 다음과 같이 적어놓았다. "에버렛의 해석을 슈뢰딩거의 고양이 역설에 적용하면 그 위력이 곧바로 나타난다. 우리는 다시는 '살아있으면서 죽은 고양이'나 '살지도 죽지도 않은 고양이'를 놓고 고민할 필요가 없다."[5] 우리가 존재하는 세상에서 상자 속의 고양이는 살았거니 죽었거나 둘 중 하나이고, 조금 전에 갈라져 나간 세상에서 고양이는 죽었거나 살았거나 둘 중 하나이다. 당신이 상자를 열었는데 고양이가 살아있다면, 다른 세상에 존재하는 관찰자는 상자를 열었다가 죽은 고양이를 발견하고 안타까워할 것이다. 그러나 양자 규모에서 선택이 내려질 때마다 우주가 가지를 쳐나간다면 빅뱅 이후로 평행우주의 수는 상상을 초월할 정도로 많아졌을 것이다. 멀리 떨어진 별이나 은하에 있는 원자 하나가 전이를 일으켰다고 해서 지구가 영향을 받을 리 없지만, 그래도 우주는 '전이 가능한 상태의 수'만큼 갈라지고, 이 과정에서 지구도 끊임없이 복제된다.

원본과 아주 조금 다른 복사본이 10^{100}개쯤 존재하고, 이들이 또다시 갈라지면서 각자 자신의 복사본을 만들어내고 있다니, 초공간의 규모가 상상이 가지 않는다. 디윗도 이 사실을 처음 떠올렸을 때 커다란 충격을 받았으나, 자신의 계산 결과와 에버렛의 논문, 그리고 제자인 그레이엄의 새로운 연구를 접하면서 다중우주해석에 설득되었다고 한다. 심지어 그는 우주의 분기(分岐)가 언제까지 계속될 것인지도 계산했다. 유한한 우주에서 출발했다면(일반상대성이론에 의하면 우주는 유한할 가능성이 높다)• 지금까지 갈라져 나간 우주의 수는 유한할 것이고, 초공간은 온갖 기괴한 현실이 난무하는 우주(디윗은 이것을 '독불장군의 세계maverick world'라 불렀다)까지 모두 수용할 정도로 충분히 넓지 않을 것이다. 에버렛은 "일어날 가능성이 조금이라도 있는 사건은 초공간 어디에선가 일어난다"고 했지만, 그렇다고 해서 상상할 수 있는 모든 사건이 일어난다는 뜻은 아니다. 초공간에는 물리적으로 가능한 현실만 존재할 수 있다. 예를 들어 다른 평행우주에 날개 달린 돼지가 존재한다 해도 그들은 절대로 날 수 없으며,•• 다른 우주를 위기에서 구한 '슈퍼히어로'라 해도 우리 우주를 방문할 수 없다. SF에는 평행우주 사이를 오락가락하는 이야기가 자주 등장하지만, 그

• 일반상대성이론은 '닫힌계(closed system)'를 서술하는 이론이다. 아인슈타인은 처음부터 우주를 유한한 물리계로 간주했다. 일부 물리학자는 '열린 우주'나 '무한한 우주'를 언급하고 있지만, 사실 이런 우주는 일반상대성이론의 범주를 벗어난다. 블랙홀 주변의 시공간이 휘어지는 것처럼 우주에 질량이 충분하여 강력한 중력을 행사하고 있다면 자체 중력으로 닫힌 우주가 될 수 있다. 지금까지 수집된 관측 데이터에 의하면 닫힌 우주가 되기에 질량이 조금 부족하지만, 천문학자 대부분은 우주가 정확하게 닫혀있거나 아주 조금 열려있을 것으로 추정하고 있다. 다시 말해서 우주가 유한하면서 닫혀있다는 일반상대성이론을 부정할만한 증거가 아직 발견되지 않은 것이다. 천문학자들이 암흑물질(dark matter)을 열심히 찾는 것도 이런 맥락에서 이해할 수 있다. 암흑물질이 발견되면 질량의 부족분이 채워지면서 우주가 닫혀있다는 주장에 더욱 큰 힘이 실리게 된다. 이 내용은 존 휠러의 *Some Strangeness in the Proportion*에 자세히 소개되어 있다.—원저자 주

•• 등에 달린 날개로 하늘을 날아다니려면 엄청난 양의 근육이 필요하다.

것은 어디까지나 소설일 뿐이다.

디윗이 내린 결론은 휠러 못지않게 극적이다.

> 에버렛과 휠러 그리고 그레이엄의 주장은 매우 인상적이면서 아인슈타인도 인정할 정도로 인과율을 충실히 따르고 있다. …… 내가 보기에 이것은 1925년에 하이젠베르크에게서 시작되어 코펜하겐학파로 이어진 그 어떤 해석보다 우월하다.

그러나 최근 들어 휠러는 다중우주 해석에 부정적인 견해를 밝혔다. 1979년에 개최된 아인슈타인 탄생 100주년 기념학회에서 한 청중의 질문을 받고 다음과 같이 답한 것이다. "저는 다중우주에 대한 지지를 철회하기로 마음먹었습니다. 이 해석이 처음 나왔을 때는 열렬하게 옹호하는 쪽이었지만, 계속 파고들다 보니 형이상학적 문제가 반복적으로 제기되어 더 이상 물리적 접근이 어렵다고 판단했기 때문입니다."[6] 그렇다고 에버렛의 해석이 틀렸다는 뜻은 아니다. 아인슈타인이 통계에 기초한 양자역학을 거부했을 때에도 양자역학의 입지는 전혀 흔들리지 않았으며, "우주 양자화의 의미를 자체모순 없이 설명할 수 있는 이론은 다중우주가설뿐"이라는 휠러의 발언(1957년)도 여전히 참으로 남아있다. 휠러가 마음을 바꾼 것을 보면 다중우주는 누구에게나 수용하기 어려운 이론임이 분명하지만, 나는 개인적으로 슈뢰딩거의 고양이에 대한 코펜하겐 해석이나 우주에 존재하는 입자의 수만큼 차원이 많은 위상공간(phase space)을 도입하는 것보다 다중우주가 형이상학적으로 훨씬 단순하다고 생각한다. 다중우주해석은 지난 20여 년 동안 충분히 논의되었으므로 더는 낯선 개념이 아니며, 우리의 우주가 지금과 같아진 이유를 이해하는 데 중요한 실마리를 제공해준다. 과거에는 물리학자들 사이에서 SF 취급을 받았지만, 요즘은 학술적 연구대상으로 부상하고 있다.

에버렛을 넘어서

요즘 우주론학자들은 빅뱅 후 10^{-35}초 이내에 일어난 사건들을 아무렇지 않게 이야기한다. 실제로 그들은 입자와 복사에너지 그리고 쌍생성과 쌍소멸 등 이 시기에 일어난 다양한 물리적 반응을 계산하고 있다. 물론 이 계산은 기존의 이론과 초대형 입자가속기(제네바에 있는 유럽입자물리연구소의 입자가속기 등)의 실험 결과를 결합하여 세운 일련의 가정에 기초한 것이다. 놀라운 것은 우리가 알고 있는 물리법칙과 지구에서 실행된 소규모의 실험만으로도 밀도가 거의 무한대에 가까웠던 상태에서 지금과 같은 별이 탄생할 때까지 우주가 거쳐온 과정을 자체모순 없이 논리적으로 설명할 수 있다는 점이다. 심지어 최신 우주론은 우주에 존재하는 물질/반물질의 비율과 물질/복사의 비율까지 예측하고 있다.[7] 과학에 관심 있는 사람이라면 우주의 기원을 설명하는 빅뱅이론을 한 번쯤은 들어봤을 것이다. 이론가들은 숫자를 이리저리 갖고 놀면서 지금으로부터 약 140억 년 전에 10^{-35}초 동안 일어난 사건을 아무런 부담 없이 계산하고 있지만, 잠시 계산을 멈추고 그 의미를 신중하게 생각해보는 사람은 별로 없다. 사실 우주 초창기의 물리적 상태를 이해한다는 것은 우주를 창조하는 것 못지않게 어려운 일이다. 빅뱅 후 10^{-35}초 이내에 일어난 사건은 고사하고, 10^{-35}초가 얼마나 짧은 시간인지 그 누가 상상이나 할 수 있겠는가? 이런 극단적인 우주를 연구하는 과학자라면 평행우주(다중우주)의 개념도 쉽게 받아들일 수 있어야 한다.

SF에서 빌려온 이야기는 일견 그럴듯하게 들리지만, 현실과 큰 차이가 있다. 평행우주의 가장 자연스러운 이미지는 분기점에서 갈라진 철도처럼 주류로부터 분리되어 초공간에서 나란히 진행되는 우주일 것이다. 마치 수백만 개의 노선이 나란히 있는 슈퍼 고속도로처럼, SF 작가들은 우리의 우주와 거의 똑같은 평행우주들이 시간을 따라 나란히 진행되고 있으며, 평행우주들 사이의 차이는 시간이 흐를수록 점점 더 커진다는 식으로 묘사하고 있다. 그렇다면 이들 중 한 우주를 따라가다가 차선을 바꿔서 다른 우주로 이동할 수도 있지 않을까? 만일 이것이 가능하다면 제아무리 불행한 사람도 순식간에 팔자를 고칠 수 있겠지만, 안타깝게도 현실은 그렇지 않다. 다중우주의 수학이 그런 가능성을 허용하지 않기 때문이다.

수학자들은 우리에게 친숙한 3차원을 넘어 4차원 이상의 고차원공간을 다루는 데 아무런 어려움도 느끼지 않는다. 에버렛의 다중우주 중 하나인 우리의 우주는 3차원 공간과 1차원 시간으로 이루어진 4차원 시공간으로, 개개의 차원은 다른 차원에 대하여 수직 방향으로 뻗어있으며, 우리보다 차원이 높은 우주에서도 모든 차원은 직각을 이루고 있다. 평행우주들 사이의 관계도 마찬가지다. 서로 다른 우주들은 초공간에서 상대방에 대하여 평행한 방향이 아니라 '직각 방향'으로 갈라져 나간다. 평행이라는 표현은 동시에 진행된다는 뜻이지, 기하학적으로 평행하다는 뜻이 아니다. 이 상황을 머릿속에 그리기는 쉽지 않지만,• 다중우주들이 서로 직각을 이루며 갈라져 나간다는 점을 고려하면 다른 우주로 이동이 불가능한 이유를 쉽게 이해할 수 있다. 만일 당신이 우리 세계에 대하여 직각 방향으로(옆으로) 진행한다면 당신만의 새로운 세계가 창출된다. 실제로 이것은 다중우주이론에서 양자적 선택에 직면할 때마다 항상 일어나는 사건이다. 상자 속 고양이 실험이나 이중슬릿실험이 끝난 후, 둘 중 하나의 우주(A)에서 살아가는 당신이 다른 우주(B)로 가는 유일한 방법은 선택이 일어나기 직전의 과거로 되돌아가서 다시 시간을 따라 실험을 진행하는 것뿐이다. 운이 좋으면 당신은 A가 아닌 B에서 살아갈 수 있다. 물론 A와 B는 초공간에서 서로 직각 방향으로 뻗어 나간다.

우리 우주가 제아무리 희한한 세상이라 해도, 과거로 가는 것만은 불가능할 것 같다. 기술적인 문제는 차치하고, 시간 여행은 '할아버지 죽이기'라는 유서 깊은 역설을 낳기 때문이다. 당신이 타임머신을 타고 과거로 가서 아직 아버지를 낳지 않은 젊은 할아버지를 죽인다

• 이것을 믿지 못하는 사람들은 슈뢰딩거 방정식에서 위안을 찾으려 하겠지만, 사실은 그 쪽도 만만치 않다. 양자역학의 파동 해석은 다른 분야에서도 종종 등장하는 간단한 파동방정식에서 출발하여 한 입자의 양자상태를 3차원 파동으로 서술한다. 그러나 이것은 우리에게 친숙한 3차원 공간이 아니라, 3차원 '배위공간(配位空間, configuration space)'이다. 게다가 입자 1개가 추가될 때마다 배위공간의 차원이 늘어나서 입자가 2개면 6차원, 입자가 3개면 9차원이 필요하다. 우주 전체의 파동함수는 그 의미가 무엇이건 간에, 우주에 전재하는 총 입자 수의 세 배에 달하는 차원을 갖고 있다. 에버렛의 해석이 너무 많은 우주를 낳는다며 부정하는 물리학자들은 자신이 수용한 파동함수가 그 못지않게 복잡하다는 사실을 잊고 있는 것 같다.—원저자 주

면 당신은 존재할 수 없고, 따라서 할아버지를 죽일 수도 없다. 그러나 양자 규모의 입자들은 수시로 시간 여행을 하고 있다. 미국의 수학자 프랭크 티플러는 일반상대성이론의 방정식이 시간 여행을 허용한다는 것을 입증했는데, 그의 주장에 따르면 역설적 상황을 낳지 않고서도 과거나 미래로 갈 수 있으며, 이런 종류의 시간 여행은 하나의 우주가 아닌 여러 개의 우주를 거쳐 진행된다. 미국의 SF 작가 데이비드 제럴드(David Gerrold)의 소설《자신을 접은 남자(*The Man Who Folded Himself*)》에는 다중우주의 복잡한 특성이 잘 드러나 있다. 고전적인 예로 당신이 과거로 돌아가 당신의 할아버지를 죽인다면, 바로 그 순간 당신은 기존의 우주와 직각 방향으로 진행하는 새로운 우주를 창조하거나 새로운 우주로 접어들게 된다. 이 우주에서 당신의 아버지와 당신은 태어나지 않았지만, 당신은 '할아버지가 살아있는 원래의 우주'에 여전히 존재하기 때문에 역설적 상황은 발생하지 않는다. 당신이 저지른 악행을 되돌리고 싶다면 다시 과거의 분기점으로 돌아가서 원래의 우주(또는 그와 비슷한 우주)로 진입하면 된다.

그러나 저자인 제럴드는 주인공에게 일어난 기이한 사건을 '수직한 우주'의 개념으로 설명하지 않았다. 시간 여행과 에버렛의 다중우주를 결합한 SF는 아직 발표된 적이 없는데, 이 기회에 작가들에게 한 가지 아이디어를 제공하고 싶다.[8] 우주는 아주 사소한 사건으로도 쉽게 갈라져 나갈 수 있지만, 중요한 것은 우리의 우주와 나란한 방향이 아니라 '직각 방향'으로 진행한다는 점이다. 그들 중에는 보나파르트(Bonaparte)의 이름이 '나폴레옹'이 아닌 '피에르'이면서 나머지는 우리가 알고 있는 역사와 동일한 우주도 있고, 나폴레옹이라는 인물이 아예 존재한 적조차 없는 우주도 있다. 물론 이 우주들은 우리의 우주와 멀리 떨어져 있으며, 우리의 우주에서 그곳으로 건너뛸 수도 없다. 다른 우주로 가는 유일한 방법은 타임머신을 타고 과거의 분기점으로 돌아가서 우리의 우주와 직각을 이루도록 방향을 트는 것이다(초공간 안에는 서로 직각을 이루는 방향이 여러 개 존재한다!).

이 개념은 시간 여행으로 확장해도 역설적 상황을 낳지 않는다. 그동안 대중의 사랑을 받아온 SF들은 시간 여행과 관련된 역설 때문에 구설수가 있곤 했지만, 내가 제안한 아이디어를 적용하면 아무런 모순 없이 모든 문제를 피해갈 수 있다. 발생할 가능성이 조금이라도 있는 사건은 다중우주 어디선가 반드시 일어나지만, 다른 우주로 가려면 시간을 옆으로 횡단하려 하지 말고 과거의 분기점으로 돌아가야 한다. 다중세계 해석을 가장 적절하게 응용한 SF 작가는 아마도 그레고리 벤퍼드(Gregory Benford)일 것이다. 그의 소설 《타임스케이프(*Timescape*)》는 1990년대에 발송된 메시지가 1960년대로 전달되면서 세상이 변하는 과정을 그린 이야기인데, SF적인 면을 제외해도 매우 완성도가 높은 작품이다. 이 책에서 내가 짚고자 하는 부분은 미래에서 온 메시지를 받은 사람들이 고군분투하여 세상을 바꿔놓았고, 그로 인해 '메시지를 보내온 미래'가 더 이상 존재하지 않게 되었다는 점이다. 그렇다면 그 미래는 어디로 사라진 것일까? 코펜하겐 해석에 입각하여 미래에서 온 메시지가 파동함수의 붕괴 과정에 영향을 미쳐서 다른 파동이 선택되었다고 생각할 수도 있지만, 어떤 식으로 영향을 주었으며, 왜 하필 그런 미래가 선택되었는지 설명하려면 머릿속이 엄청나게 복잡해진다. 그보다는 다중세계 해석에 입각하여 여러 개의 가능한 미래 중 하나에서 과거의 분기점으로 메시지가 전달되었고, 그곳에 있던 사람들이 다른 길을 선택하여 새로운 미래로 나아갔다고 생각하는 편이 훨씬 그럴듯하다. 두 세계는 초공간에 모두 존재하지만, 미래가 결정되어 갈라지는 순간부터 둘 사이의 소통은 영원히 단절된다.• 《타임스케이프》는 흥미로운 줄거리에 EPR 실험과 슈뢰딩거의 고양이 같은 양자역학의 논쟁거리를 접목하여 과학적 지식과 흥미를 모두 충족시킨 훌륭한 SF이다. 에버렛 자신도 몰랐겠지만, 다중우주는 특별한 모순 없이 시간 여행의 역설을 제거해주는 이론이며, 우리가 지금 이곳에서 이와 같은 문제를 논하는 이유를 설명해주는 이론이기도 하다.

특별한 우리 세계

나는 다중세계 가설에 따라 과거는 이미 결정되었지만 (우리가 인식할 수 있는 범위 안에서) 미래는 결정되어 있지 않다고 생각한다. 우리는 관측이라는 행위를 통해 여러 개의 가능한 현실 중 하나를 선택하고 있다. 누군가가 나무 한 그루를 보기만 하면 그 후로 나무를 본 사람이 아무도 없다 해도 그 나무는 그 세계에 존재하며, 이것은 빅뱅

• 시간 여행이 이론적으로 가능하다 해도, 물질을 과거로 보내는 것은 완전히 다른 이야기다. 그러나 파인먼 다이어그램에서 과거로 진행하는 입자를 이용하면 메시지(정보)를 과거로 보낼 수 있다.—원저자 주

후 지금까지 일어난 모든 사건에 적용된다. 모든 양자분기점에는 여러 개의 새로운 현실이 공존하지만 우리는 그들 중 하나를 선택했고, 여기에는 모호한 구석이 전혀 없다. 그러나 다른 미래에도 '다른 우리'가 존재하며, 그들은 각자 나름대로 "이것만이 나의 유일한 미래"라고 굳게 믿고 있다. 물론 과거는 이미 정해져 있으므로 그들이 되돌아볼 과거도 하나뿐이다. 간단히 말해서 과거는 유일하게 정해져 있고, 미래는 무수히 많은 가능성이 널려있어서 미리 알 수 없다.《타임스케이프》에서처럼 역학적인 방법을 이용하거나 이른바 '초감각'을 동원하면 미래로부터 메시지를 수신할 수도 있지만, 미래를 알았다고 해서 유리한 점은 하나도 없다. 가능한 미래가 여러 개 존재하기 때문에, 미래에서 온 메시지를 받으면 온갖 모순과 혼돈만 야기될 뿐이다. 우리가 그 메시지에 반응하여 구체적인 행동을 취한다 해도 메시지가 왔던 미래가 아닌 다른 미래로 갈 가능성이 높다. 즉, 메시지에서 말하는 미래가 그대로 재현될 가능성이 거의 없다는 이야기다. 그러므로 ESP(초능력)나 텔레파시 등 초자연적 현상을 양자 이론과 관련짓는 사람들은 무언가 크게 착각하고 있는 것이다.

두루마리 종이에 그린 파인먼 다이어그램이 펼쳐지듯 '지금'이라는 시간이 일정한 속도로 미래를 향해 나아간다는 것은 사실을 지나치게 단순화한 그림이다. 현실 세계의 파인먼 다이어그램은 다차원 도식이어서, 분기점을 만날 때마다 두루마리는 각기 다른 방향으로 펼쳐진다. 그렇다면 이 시점에서 한 가지 중요한 의문이 떠오른다. 빅뱅이 일어난 후 지금까지 우리가 사는 우주는 눈이 돌아갈 정도로 복잡한 양자의 미로에서 수많은 분기점을 거쳐왔을 텐데, 어떻게 이토록 정교한 생명체가 존재하는 우주로 진화할 수 있었단 말인가?

그 해답은 '인류원리(anthropic principle)'에서 찾을 수 있다. 이 원리에 의하면 우리의 우주는 생명체가 탄생하고 진화할 수 있는 유일한 우주이기 때문에(물론 '약간 변형된' 우주에도 생명체가 살 수 있다), 이곳에 존재하는 지적 생명체가 과거의 우주를 되돌아보면 분기점을 만날 때마다 생명체에게 유리한 길을 선택해온 우주가 보일 수밖에 없다.[9] 만일 우리의 우주가 그런 길을 선택하지 않았다면, 이런 질문을 떠올릴 생명체는 처음부터 존재하지 않았을 것이다. 빅뱅 후 우주는 수많은 양자 경로를 따라 갈라져 나왔는데, 이들 중에는 우주팽창이 시작될 때 다른 양자상태가 선택되어 별과 은하가 탄생하지 않고 생명체도 존재하지 않는 우주도 있다. 예를 들어 우리 우주에는 물질이 압도적으로 많고, 반물질은 극히 드물거나 아예 존재하지 않는다. 물리학자들은 그 이유를 열심히 찾고 있지만, 사실 이것은 순전한 우연일 수도 있다. 우주가 불덩이였던 시기에 '우연히' 반응이 그런 쪽으로 일어나서 물질만 살아남은 것인지도 모른다. 이런 우주가 탄생할 확률은 반물질이 압도적으로 많거나 물질과 반물질이 아예 존재하지 않는 우주가 탄생할 확률과 크게 다르지 않다. 텅 빈 우주에서는 생명체가 탄생할 수 없지만, 반물질이 많은 우주에는 거울에 비친 세상처럼 우리와 비슷한 생명체가 탄생할 수 있다. 그러나 빅뱅이 낳은 여러 가지 가능성 중에서 생명체가 살아갈 수 있는 우주가 존재했던 이유는 여전히 미스터리이다.

인류원리에 의하면 수많은 우주가 존재할 수 있으며, 우리가 지금과 같은 우주에 살게 된 것은 필연적 결과이다.• 그렇다면 다른 우주들은 어디로 갔는가? 그들은 코펜하겐 해석의 '상호작용하는 세계들' 처럼 유령 같은 존재인가? 아니면 주기적으로 반복되는 빅뱅 속에서 이전에 존재했던 우주인가? 이것도 아니면 초공간 속에서 우리와 직각 방향으로 진행되는 에버렛의 다중우주인가? 내가 보기에는 마지막 해석이 가장 그럴듯하다. 게다가 "우리의 우주는 왜 지금과 같은 모습인가?"라는 질문에 답이 주어지면 다중우주 해석의 논리적 부담이 크게 줄어든다. 생명체가 존재하려면 매우 까다로운 조건이 만족되어야 하므로, 우리의 우주가 매우 특별한 양자적 과정을 거쳐온 것은 인류원리의 관점에서 볼 때 너무도 당연한 결과이다. 즉, 빅뱅으로부터 지금과 같은 우주가 형성될 확률은 별로 크지 않지만, 생명체에게 유리한 쪽으로 진화했기 때문에 우리가 존재한다는 것이다. 우리와 비슷하면서 역사가 다른 우주들(예를 들어 영국이 아직도 북미 대륙을 지배하는 우주나 미국이 유럽을 식민지로 삼은 우주 등)은 방대한 가능성 중 극히 일부에 불과하다. 그 많은 다중우주 중에서 생명체의 존재를 허용하는 특별한 세상에 우리가 살게 된 것은 우연이 아닌 선택의 결과였다. 모든 우주는 똑같이 '현실적'이지만, 특별한 조건을 만족한 우주에만 관찰자가 존재할 수 있다.

아스페의 연구 팀이 벨의 부등식을 실험적으로 검증한 후로 양자역학에 대한 해석은 두 가지 버전만 살아남았다. 살아있으면서 죽은 고양이처럼 유령 같은 현실들이 공존하다가 관측 행위를 통해 하나만 선택된다는 코펜하겐 해석, 여러 개의 현실 세계가 초공간에서 각자

● 그런 우주에만 생명체가 존재할 수 있는데, 그 생명체가 바로 우리이기 때문이다.

나름대로 갈 길을 간다는 에버렛의 다중우주 해석이 바로 그것이다. 물론 '과학슈퍼마켓'에 진열된 2개의 최상품은 모두 틀릴 수도 있고, 두 해석의 장점을 모두 보유하면서 벨의 부등식까지 설명해주는 제3의 해석이 존재할 수도 있다. 특수상대성이론의 모든 내용을 포함하면서 훨씬 심오했던 일반상대성이론을 생각하면 얼마든지 가능한 일이지만, 현실은 그리 녹록지 않다. 새로운 해석은 플랑크 이후로 수십 년에 걸쳐 구축된 양자역학의 모든 내용과 일치하면서 현재 가장 강력한 후보로 대두된 코펜하겐/에버렛의 해석보다 모든 면에서 우월해야 한다. 어느 날 갑자기 천재가 나타나 모든 문제를 해결해주면 좋겠지만, 이런 요행수를 바라면서 부정적인 관점을 고수하는 것은 과학자의 올바른 자세가 아니다. 더 나은 대안이 없는 이상, 가장 그럴듯한 답을 수용해야 한다. 20세기의 가장 뛰어난 석학들이 양자역학을 구축한 지 반세기가 지난 지금, 과학적으로 수용 가능한 해석은 위에 언급한 두 가지뿐이다. 물론 둘 다 썩 마음에 들지 않겠지만, 지금으로서는 다른 대안이 없다. 간단히 말해서 아무것도 실존하지 않거나 모든 것이 실존하거나 둘 중 하나이다.

이 문제는 영원히 풀리지 않을지도 모른다. 타임머신을 타고 과거로 가지 않고서는 둘 중 어느 쪽이 옳은지 검증할 방법이 없기 때문이다. 양자철학의 권위자인 막스 야머는 다중우주이론을 두고 "과학 역사상 가장 대담하고 야심 찬 이론"이라고 했는데, 이것은 결코 과장된 표현이 아니다.[10] 다중우주이론은 산 고양이와 죽은 고양이를 포함한 모든 것을 설명해준다. 선천적 낙관주의자인 나는 다중우주야말로 양자역학의 기이한 특성을 설명하는 가장 뛰어난 이론이라고 생각한다.

이런 우주에서는 모든 것이 가능하며, 우리는 수많은 양자 세계 중 우리만의 길을 선택하여 앞으로 나아가고 있다. 우리가 사는 세계에서는 눈에 보이는 것이 곧 현실이다. 이곳에 숨은 변수 같은 것은 존재하지 않으며, 신은 주사위 놀음을 하지 않는다. 1920년대에 한 물리학자가 보어를 찾아와 양자 이론의 수수께끼를 풀었다고 주장하자 보어가 차분하게 말했다. "완전히 미친 이론이군요. 하지만 진실이라고 보기에는 아직 덜 미쳤습니다."[11] 내가 보기에 에버렛의 다중우주는 진실이 될 만큼 충분히 미친 이론으로, 슈뢰딩거의 고양이 역설에 가장 적절한 해답을 제시하고 있다.

에필로그: 아직 끝나지 않은 과제들

지금까지 이 책에서 언급된 내용 중 코펜하겐/다중우주 해석과 관련된 철학적 문제를 제외하면 모든 것이 확정된 사실처럼 보인다. 책을 쓰면서 말끝마다 "~일 수도 있다"거나 "~일지도 모른다"는 종결형을 반복하면 읽는 사람이 불편하기 때문이다. 그러나 안타깝게도 현실은 전혀 그렇지 않다. 양자역학은 아직 완성된 이론이 아니며, 지금도 이론물리학자들은 보어가 처음으로 원자를 양자화할 때처럼 근본적인 단계에서 대담한 시도를 하고 있다. 이렇게 미숙한 이론을 책으로 쓰는 것은 확실히 부담스러운 일이다. 원고를 마무리한 후 출판 과정을 거치는 사이에 새로운 아이디어가 등장하여 이론물리학의 판도를 완전히 엎어버릴 수도 있기 때문이다. 그렇다고 책을 쓰면서 마냥 몸을 사리는 것은 작가의 도리가 아닐 테니, 독자들에게 물리학의 현장감을 제대로 전달하기 위해 양자 이론에서 아직 완성되지 않은 부분과 미래의 전망을 마지막으로 소개하고자 한다.

양자 이론이 아직 미완성임을 보여주는 가장 명확한 증거는 '양자역학의 보석'이라 불리는 양자전기역학에서 찾을 수 있다. 고전 전자기학을 양자 버전으로 발전시킨 양자전기역학은 1940년대에 집중적으로 개발되어 전례 없는 대성공을 거두었으며, 여기에 고무된 이론물리학자들은 강한 핵력에도 이와 유사한 이론을 적용하여 양자색역학(quantum chromodynamics, QCD)이라는 새로운 분야를 탄생시켰다. '색'이라는 단어가 들어간 이유는 강한 핵력을 교환하는 쿼크가 하전입자에 없는 색전하(color charge)를 갖고 있기 때문이다. 그러나 양자전기역학은 결정적인 결함을 갖고 있다. 이론 자체는 매우 정확하지만, 제대로 작동하려면 계산으로 얻은 값이 실험 결과와 일치하도록 수학적 트릭을 발휘해야 한다.

양자 이론에 의하면 전자는 완전히 발가벗은 상태가 아니라 수시로 나타났다가 사라지는 가상입자의 구름으로 에워싸여 있으며, 이 입자구름이 전자의 상호작용에 영향을 미쳐서 실질적인 질량에 변화가 생긴다. 전자와 구름의 효과를 모두 고려한 양자방정식은 별로 어렵지 않게 세울 수 있는데, 문제는 이 방정식을 풀 때마다 '무한대'가 속출한다는 점이다. 양자조리법의 제1계명인 슈뢰딩거 방정식을 이용하여 전자의 질량과 에너지, 그리고 전기전하를 계산하면 어이없게도 무한대라는 답이 얻어진다. 양자역학이 제아무리 상식에 어긋난다 해도 무한대를 허용할 만큼 황당하지는 않다. 이런 답이 나왔다는 것은 이론에 문제가 있다는 뜻이다. 그러나 여기에 약간의 트릭을 발휘하면 이론을 수정하지 않고서도 수학적 무한대를 유한한 값으로 진정시킬 수 있다. 전자의 질량은 실험을 통해 측정할 수 있고, 이 값은 전자와 구름의 효과를 모두 고려한 답에 해당한다. 즉, 올바른 이론으로 전자

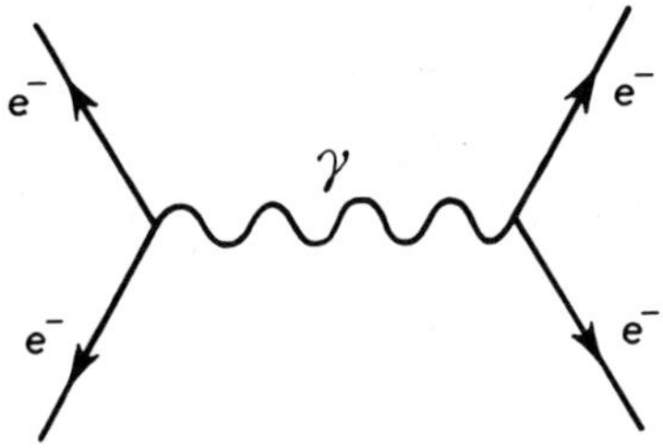

그림 1 입자의 상호작용을 표현한 고전적 파인먼 다이어그램.•

의 질량을 계산하면 실험실에서 관측한 값이 재현되어야 한다. 그래서 이론물리학자들은 무한대를 무한대로 나누는 트릭을 동원하여 무한대를 제거했다. 수학적인 관점에서 볼 때 무한대를 무한대로 나누면 어떤 값도 될 수 있다. 그런데 우리는 어떤 답이 나와야 할지 이미 알고 있으므로 실험을 통해 알려진 전자의 질량에 맞추면 된다. 이런 방법을 '재규격화(renormalization)'라 한다.

한 가지 예를 들어보자. 달의 중력은 지구의 1/6에 불과해서, 체중이 84kg인 사람이 달에 가면 14kg으로 줄어든다.•• 지구에서나 달에서나 질량은 똑같지만, 지구와 달의 중력이 달라서 저울의 눈금이 움직이는 것이다. 달에 갔을 때 사물의 무게가 달라져서 혼란스럽다면, 저울 속에 있는 스프링의 강도를 조절하여 달에서도 체중이 84kg이

• 이 그림에서는 2개의 전자(e-)가 광자(γ)를 교환하고 있다.

•• kg은 무게(체중)의 단위가 아닌 질량의 단위이다. 지구에서의 무게를 표현하려면 84kg이 아니라 $84 \times 9.8\text{kg} \cdot \text{m/s}^2$이라고 써야 한다. 그러나 자주 쓰는 단위가 이렇게 복잡하면 여러모로 불편하므로, 말로는 '체중(무게)'이라고 하면서 실제로는 '질량'을 쓰고 있다.

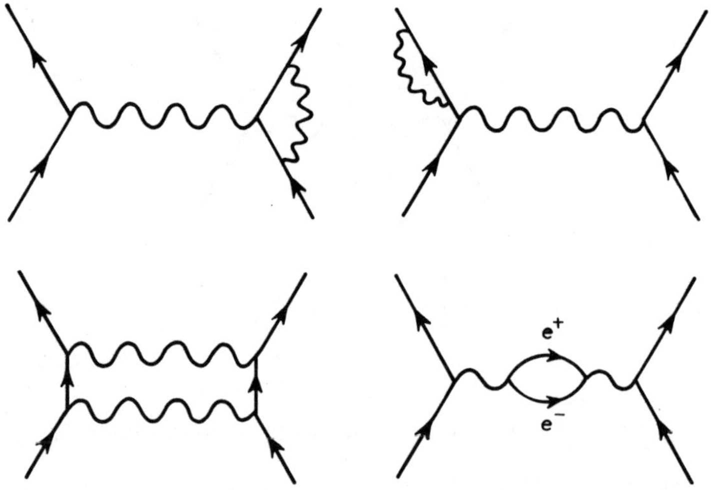

그림 2 입자의 상호작용에는 가상입자가 개입되어 있기 때문에 양자역학 버전에서는 닫힌 고리가 들어 있는 다이어그램까지 고려해야 하는데, 바로 이런 다이어그램에서 무한대가 발생한다. 양자전기역학은 재규격화라는 수학적 트릭을 도입하여 무한대를 제거하는 데 성공했다.

되도록 만들 수 있다. 이런 조작이 가능한 이유는 지구에서 측정한 여행자의 체중을 이미 알고 있기 때문이다. 만일 저울의 눈금이 무한대를 가리킨다면 무한대의 보정을 가하여 유한한 값(이미 알고 있는 값)으로 만들 수 있다. 바로 이것이 재규격화의 원리이다. 문제는 84를 6으로 나누면 14라는 하나의 값으로 떨어지지만 '14×무한대'를 무한대로 나누면 14가 아니라 어떤 값도 될 수 있다는 점이다.

수학적으로 개운치 않은 처방이긴 해도, '무한대 제거 작전'은 막강한 위력을 발휘했다. 무한대에서 자유로워진 물리학자들은 슈뢰딩거 방정식으로 원하는 모든 계산을 수행했고, 원자 스펙트럼에서 가장

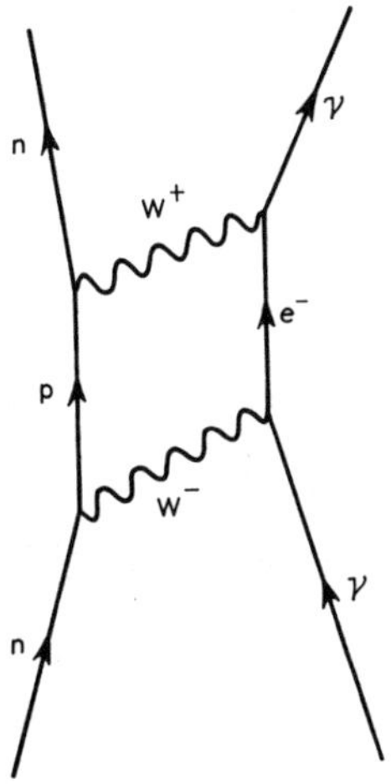

그림 3 재규격화를 이용하여 무한대를 제거하면 중성자와 뉴트리노 사이에 2개의 W 보손•이 교환되는 과정을 계산할 수 있다.

미묘한 부분까지 매끄럽게 설명할 수 있었다. 양자조리사들이 코펜하겐 해석이나 불확정성원리에 마음을 쓰지 않은 것처럼, 완벽한 결과에 도취된 대다수의 이론물리학자는 무한대라는 괴물을 카펫 밑으로 쓸어 넣은 채 양자전기역학을 정설로 받아들였다. 그러나 트릭은 어디까지나 트릭일 뿐, 근본적인 단계에서 문제가 해결된 것은 아니다. 폴 디랙은 1975년에 뉴질랜드의 한 강연장에서 양자전기역학에 대한 불편한 심기를 다음과 같이 드러냈다.[1]

사람들은 양자전기역학을 '최고의 이론'이라며 극찬하고 있지만, 제

• 약한 핵력을 매개하는 입자.

가 보기에는 매우 불만족스러운 이론입니다. 방정식에 나타난 무한대를 작위적으로 무시했기 때문이죠. 계산 도중에 '매우 작은 양'을 무시할 수는 있지만, '달갑지 않은 값'이라는 이유로 무한히 큰 양을 무시하는 것은 정상적인 수학이 아닙니다!

이 강연에서 디랙은 "슈뢰딩거의 파동방정식으로는 해를 구할 수 없다. 수학적으로 타당한 이론이 구축되려면 극적인 변화가 필요하다"고 지적한 후, "지엽적인 변화로는 부족하다. …… 보어의 원자모형이 양자역학으로 진화할 때처럼 혁명적인 변화가 필요하다"고 결론지었다. 새로운 이론을 찾으려면 어느 곳을 집중적으로 파고들어야 할까? 지금 당장은 답을 알 수 없지만, 최근 들어 물리학자들 사이에서 관심이 집중되고 있는 몇 개 분야를 소개할 수는 있다. 디랙이 말했던 좋은 이론이 이들 중에서 탄생할지는 좀 더 두고 봐야 할 것이다.

비틀린 시공간

양자 이론에서 지금까지 무시되어온 부분을 주의 깊게 들여다보면 우주의 본질을 좀 더 정확하게 이해할 수 있을지도 모른다. 양자역학은 물질입자에 대하여 많은 것을 말해주었지만, 진공(眞空, vacuum)에 대해서는 거의 침묵으로 일관해왔다. 50여 년 전에 영국의 물리학자 아서 에딩턴(Arthur Eddington)은《물리적 세계의 특성(*The Nature of the Physical World*)》이라는 책에서 "우리를 에워싸고 있는 견고한 세계가 대부분 텅 비어있는 공간에서 비롯되었음을 알아낸 것은 상대성이론의 혁명보다 더욱 근본적이고 심오한 변화였다"고 했다. 이상하게 들리겠지만, 지금 내가 사용하는 책상과 책, 그 위에서 불을 밝히는 전등은 대부분이 텅 빈 공간으로 이루어져 있다. 물질과 공간의 비율은 모래 한 톨과 알버트홀•의 크기 비율보다 작다. 양자역학은 우주의 99.99999……%를 차지하는 빈 공간이 역동적인 가상입자로 가득 차 있다고 말해줄 뿐이다. 양자전기역학에서 무한대를 낳았던 방정식을 여기에 적용하면 진공의 에너지밀도 역시 무한대가 되어, 진공도 재규격화가 필요하다. 물리적 실체를 좀 더 정확하게 서술하기 위해 표준 양자역학의 방정식을 일반상대성이론과 결합하면 상황은 더욱 나빠진다. 이 경우에도 무한대가 발생하는데, 무한대의 질이 워낙 악성이어서 유일한 수단인 재규격화조차 먹혀들지 않는다. 길을 잘못 든 것 같긴 한데, 올바른 길이 어디에 있는지 알 수가 없다.

옥스퍼드대학교의 로저 펜로즈(Roger Penrose)는 이 문제를 해결하기 위해 기본으로 되돌아갔다. 그는 진공과 입자를 기하학적으로 서술하고 입자의 존재를 '비틀린 공간'으로 해석하는 트위스터이론(twister theory)을 개발했다. 수학이 너무 복잡한 데다 아직 완성된 이론이 아니어서 자세한 내용을 소개할 수는 없지만, 개념 자체는 매우 중요하다. 펜로즈는 미시적인 입자와 이 책처럼 대부분이 텅 비어있는 견고한 물체의 특성을 단 하나의 이론으로 서술하려고 시도하고 있다. 물론 틀린 이론일 수도 있지만, 지금까지 무시되어왔던 문제를

• Albert Hall, 런던의 켄싱턴에 있는 대형 공연장.

정면으로 돌파하여 표준이론의 문제점을 드러냈다는 점에서 조명을 받을만하다.

양자 규모에서 일어난 시공간의 변형을 상상하는 또 다른 방법이 있다. 물리학의 기본상수인 중력상수와 플랑크상수 그리고 빛의 속도를 잘 조합하면 길이의 단위가 얻어지는데, 그 값은 물리적 의미를 지닌 가장 짧은 거리로 해석할 수 있다. 흔히 '플랑크길이'로 알려진 이 상수의 값은 약 10^{-35}m이다. 또한 3개의 상수를 다른 방식으로 조합하면 약 10^{-43}초라는 시간의 기본단위가 얻어지는데, 이 값을 '플랑크시간'이라 한다.[2] 플랑크길이와 플랑크시간은 우리가 상상할 수 있는 가장 작은 단위이기 때문에 이보다 작은 값을 논하는 것은 아무런 의미가 없다.•

텅 빈 공간에서 일어나는 양자요동(quantum fluctuation)은 원자나 입자 규모에서 완전히 무시해도 상관없지만, 가장 근본적인 단계에서 공간 자체는 양자요동의 거품으로 간주할 수 있다. 이 아이디어를 처음으로 제안한 존 휠러는 양자요동을 다음과 같이 비유했다. "비행기에서 바다를 내려다보면 고요한 평면처럼 보이지만, 구명정을 타고 표류 중인 조난자는 높은 파도와 몰아치는 바람에 정신없이 시달리고 있다."[3] 양자 규모에서 볼 때 시공간은 2개의 다른 지점을 연결하는 '웜홀(wormhole)'이나 '다리(bridge)' 등 매우 복잡한 위상(topology)을 갖고 있으며, 플랑크길이 규모의 블랙홀들이 서로 단단하게 결합하여

• 3개의 상수를 이리저리 곱하거나 나눠서 거리(또는 시간)의 단위가 되는 경우는 단 한 가지뿐이다.

텅 빈 공간을 구성한다고 볼 수도 있다.

위에 언급된 최신 이론들은 한결같이 모호하고 직관적으로 분명치 않지만 지금으로서는 다른 대안이 없다. 사실 '텅 빈 공간'은 매우 혼란스럽고 불확실하여, 어떤 이론을 들이밀어도 만족스럽지 않다. 그러나 우주에 존재하는 모든 물질입자를 '텅 빈 공간의 뒤틀린 조각'으로 간주하면 양자 세계를 바라보는 시각이 훨씬 넓어진다. 우리가 이해한다고 생각했던 이론이 틀린 것으로 밝혀졌을 때, 우리가 이해하지 못한 영역에서 새로운 대안이 등장한 사례가 종종 있었으므로, 앞으로 몇 년 동안은 양자기하학을 눈여겨볼 필요가 있다. 그러나 일부 물리학자는 전통적인 입자론으로 문제를 해결하려 했고, 이들의 연구결과는 1983년에 두 번이나 뉴스 헤드라인을 장식했다.

붕괴된 대칭

대칭(symmetry)은 물리학의 바탕을 이루는 기본 개념 중 하나이다. 예를 들어 물리학의 기본 방정식들은 시간에 대해 대칭적이다. 즉, 운동방정식은 '과거로 흐르는 시간'과 '미래로 흐르는 시간'에 대하여 모두 성립한다. 그 외의 대칭은 기하학적 용어로 서술할 수 있다. 회전하는 구(球, sphere)를 위에서 내려다봤을 때 반시계 방향으로 돌고 있다면, 거울에 비친 상은 시계 방향으로 회전한다. 실제 구와 거울에 비친 구는 모두 물리법칙을 따르고 있으며, 이 경우에는 거울반전에 대하여 대칭적이다(거울에 비친 구의 운동은 실제 구가 시간을 거슬러 과거로

그림 4 반전대칭. 회전하는 구의 거울반전 영상은 실제 구의 시간을 거꾸로 되돌린 시간반전 영상과 같다.

진행할 때 나타나는 운동과 똑같다. 그러므로 시간을 거꾸로 되돌리면서 거울반전을 적용하면 원래의 구로 되돌아온다). 자연에는 거울반전 외에 다양한 대칭이 존재하는데, 그중 일부는 일상적인 용어로 이해할 수 있다. 예를 들어 전자와 양전자는 상대방을 거울에 비친 반전상(反轉像, reflected image)으로 간주할 수도 있고, 상대방의 시간을 거꾸로 되돌린 시간반전상(時間反轉像, time-reversed image)으로 간주할 수도 있다. 양전하를 시간반전하면 음전하가 되기 때문이다. 거울반전(좌-우를 바꾸기 때문에 '패리티반전parity change'이라고도 한다)과 시간반전 그리고 전기전하의 부호를 바꾸는 전하반전을 하나로 합친 것이 바로 물리학의 가장 강력한 원리인 PCT 정리(PCT theorem)이다. 이 정리에 의하면 물리학의 모든 법칙은 좌우반전(P)과 전하반전(C) 그리고 시간반전(T)을 동시에 가해도 여전히 성립한다. 입자의 흡수와 반입자의 방출을 완전히 동일한 사건으로 간주할 수 있는 것도 PCT 정리 덕분이다.

다른 대칭은 다분히 수학적인 관점에서 정의되었기 때문에 일상적인 용어로 설명하기가 쉽지 않지만, 최신 입자물리학이론을 이해하는 데 반드시 필요한 개념이기 때문에 한 번쯤 짚고 넘어갈 필요가 있다. 계단의 중간 단에 공이 하나 놓여있다고 상상해보자. 이 공을 위쪽 계단이나 아래쪽 계단으로 옮기면 공의 중력위치에너지(gravitational potential energy)가 달라진다. 이때 공이 움직인 경로는 전혀 중요하지 않다. 공을 집어 들고 지구를 한 바퀴 돈 후 다른 계단에 올려놓았건, 공을 우주선에 싣고 화성에 갔다 와서 다른 계단에 올려놓았건 아무 상관이 없다. 공의 위치에너지 변화를 결정하는 것은 중간경로가 아니라 처음 상태와 나중 상태의 '높이의 차이'이기 때문이다. 또한 위치에너지가 0인 기준점(기준 높이)을 아무렇게나 정해도 상관없다. 제일 아래에 있는 계단을 기준으로 삼으면 모든 위치에너지가 0보다 커지고, 현재 공이 놓여있는 곳을 기준으로 삼으면 그곳의 위치에너지가 0이 된다.[4] 중요한 것은 위치에너지 자체가 아니라 두 지점 사이의 위치에너지의 차이이며, 어떤 곳을 기준으로 삼아도 이 차이는 달라지지 않는다. 이것도 일종의 대칭으로 간주할 수 있는데, 측정(gauge)의 기준을 임의로 바꿔도 결과가 달라지지 않기 때문에 '게이지대칭(gauge symmetry)'이라 한다.•

• 대칭의 가장 일반적인 정의는 "임의의 변환에 대하여 불변인 성질"이다. 좌우를 바꿔도 형태가 변하지 않으면 반전대칭이고, 위의 사례처럼 위치에너지의 기준선을 바꿔도 두 지점 사이의 위치에너지 차이가 변하지 않으면 게이지대칭이 된다.

전기력에도 이와 비슷한 대칭이 존재한다. 맥스웰의 전자기학은 게이지대칭을 갖고 있으며, 여기서 파생된 양자전기역학과 양자색역학도 마찬가지다. 이것을 물질장(matter field, 전기장, 자기장 등)에 적용하면 이야기가 매우 복잡해지지만, 어쨌거나 양자 규모에서 전자기력과 강한 핵력은 게이지대칭이 존재하는 이론으로 깔끔하게 설명된다. 양자전기역학에 게이지대칭이 존재하는 이유는 전자기력을 매개하는 광자의 질량이 0이기 때문이다. 광자가 질량을 갖고 있으면 이론을 재규격화할 수 없어서 무한대가 난무하는 이상한 이론이 된다. 그런데 물리학자들은 전자기적 상호작용에서 큰 성공을 거둔 게이지이론을 약한 핵력(약한 상호작용, 약력, 방사성붕괴를 일으키는 힘으로 자연에 존재하는 네 가지 힘 중 하나)에 적용했다가 심각한 문제에 부딪혔다. 전자기력이 광자에 의해 매개되는 것처럼 약력은 보손을 통해 매개되는데, 약한 상호작용에서 전하가 전달되려면 약력을 매개하는 위크보손(weak boson)은 전하를 띠고 있어야 한다. 그리하여 양전하를 띤 위크보손은 W^+로, 음전하를 띤 위크보손은 W^-로 명명되었다. 약한 상호작용은 전하의 이동 없이 일어나기도 하므로 이론물리학자들은 전하를 띠지 않은 제3의 매개입자 Z를 도입하여 위크보손 세트(W^+, W^-, Z)를 완성했다. 그러나 당시는 위크보손이 발견되기 전이었으므로 물리학자들은 갑자기 튀어나온 약력이론에 당혹감을 감추지 못했다.

2개의 W 입자•와 1개의 Z 입자가 개입된 약력이론을 개발한 사람

• W^+와 W^-는 전자와 양전자처럼 상대방의 반입자로 간주할 수 있다. W 입자는 '매개벡터보손(intermediate vector boson)'으로 불리기도 한다.—원저자 주

은 하버드대학교의 물리학자 셸던 글래쇼(Sheldon Glashow)였다. 1961년에 발표된 그의 논문은 완벽한 상태가 아니었지만, 약한 핵력과 전자기력이 하나의 이론으로 통일될 가능성을 제시한 최초의 이론으로 평가된다. 가장 큰 문제는 W 입자가 광자와 달리 전하와 함께 질량까지 갖고 있다는 점이었다. 전자기력의 매개입자인 광자는 질량이 없으므로, W 입자가 질량을 갖고 있으면 전자기력과의 유사성이 사라질 뿐만 아니라 재규격화도 불가능해진다. 그러나 약한 핵력은 짧은 거리에서 작용하는 힘이기 때문에 W 입자는 반드시 질량을 갖고 있어야 했다. 전자기력이 무한히 먼 곳까지 작용하는 이유는 매개입자인 광자의 질량이 0이기 때문이다. 질량뿐만 아니라 입자의 스핀도 문제였다. 양자역학의 법칙에 의하면 광자처럼 질량이 없는 입자의 스핀은 진행 방향과 같거나 반대 방향이어야 한다.• 반면에 W처럼 질량이 있는 입자의 스핀은 진행 방향과 수직을 이룰 수도 있는데, 바로 이것 때문에 문제가 발생한다. W 입자의 질량이 0이라면 광자와 W, 약력과 전자기력 사이에 모종의 대칭 관계가 성립할 것이고, 이 점을 이용하여 두 종류의 힘을 하나로 통일하면서 재규격화가 가능한 이론을 세울 수 있다. 그러나 이 대칭이 '붕괴되었기 때문에' 온갖 문제가 발생하는 것이다.

수학적 대칭이 어떻게 붕괴될 수 있을까? 자기력(磁氣力)을 예로 들

• 고전역학에서 스핀의 방향은 오른손법칙에 의해 정의된다. 즉, 오른손 엄지를 세웠을 때 나머지 네 손가락을 감은 방향으로 물체가 회전하면 스핀은 엄지손가락이 가리키는 방향이다. 양자적 입자의 스핀은 회전을 의미하지 않지만, 직관적으로 회전과 결부시켜도 크게 틀리지 않는다.

어보자. 막대자석 내부의 무수히 많은 원자를 미세한 자석으로 간주할 수 있다. 이 원자들은 한 방향으로 질서정연하게 배열되어 있지만, 뜨겁게 달구면 이리저리 움직이면서 스핀의 방향이 무작위로 섞이고, 그 결과 막대자석은 자성을 잃게 된다(즉, 자기적 비대칭이 존재하지 않는다). 그러나 열원을 차단하여 이른바 퀴리온도(Curie temperature) 아래로 온도가 내려가면 내부의 미세한 자석들(원자)이 다시 한 방향으로 정렬하면서 막대자석의 자성이 회복된다. 고온에서 에너지가 가장 낮은 상태는 자성이 0인 상태이고, 저온에서 에너지가 가장 낮은 상태는 내부의 미세자석들이 한 방향으로 정렬된 상태이다(어느 방향으로 정렬되었는지는 중요하지 않다). 고온에서는 원자의 열에너지가 자기력을 이길 정도로 강하기 때문에 원자의 스핀이 무작위로 배열되지만, 온도가 내려가면 원자의 열적 교란보다 자기력이 우세하여 스핀이 한 방향으로 정렬된다(특별한 방향성을 갖는다는 것은 곧 대칭이 붕괴되었다는 뜻이다).

1960년대 초에 글래쇼는 약력이론에 필요한 수학적 대칭이론을 개발했고, 몇 년 후에 런던 임페리얼대학의 압두스 살람(Abdus Salam)도 독립적으로 비슷한 이론을 발표했다. 그 후 1960년대 후반에 살람과 하버드대학교의 스티븐 와인버그(Steven Weinberg)는 대칭에 기초한 약력이론을 발표했는데, '힉스장(Higgs field)'이라는 새로운 장을 도입하여 대칭의 붕괴를 설명했기 때문에 이론이 맞으려면 힉스장에 대응되는 힉스입자가 반드시 존재해야 했다. 전자기력과 약력은 대칭적인 게이지장을 통해 하나로 통일되며(이 힘을 약전자기력이라 한다), 통일된 힘은 질량이 없는 보손을 통해 매개된다. 그 후 1971년에 네덜란

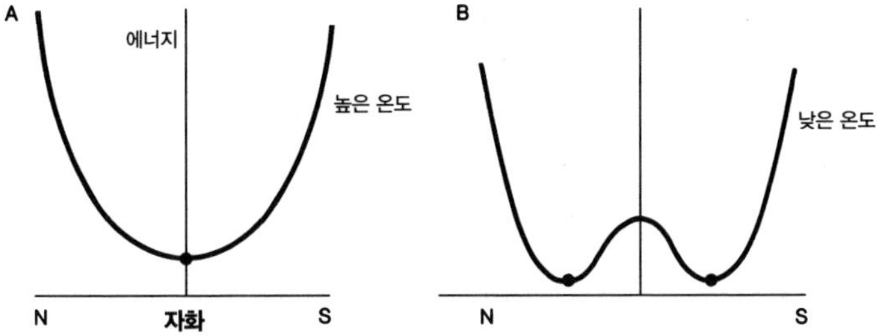

그림 5 막대자석의 온도가 내려가면 대칭이 붕괴된다.

드의 물리학자 헤라르뒤스 토프트(Gerard t'Hooft)가 재규격화에 성공하면서 약전자기이론은 이론물리학자들 사이에 초유의 관심사로 떠올랐고, 1973년에는 실험실에서 Z 입자가 발견되어 입지가 더욱 견고해졌다. 약전자기력은 우주의 온도가 극단적으로 높았던 빅뱅 직후에 잠시 존재하다가 온도가 내려가면서 대칭이 자발적으로 붕괴되어 질량을 가진 W와 Z 입자가 나타났고, 그 후로 약전자기력은 전자기력과 약력으로 분리되어 각자의 길을 가게 되었다.

글래쇼와 살람, 와인버그는 약전자기이론이 실험으로 검증되기 전인 1979년에 노벨 물리학상을 공동으로 받았다. 이론물리학자가 노벨상을 받으려면 자신의 이론이 실험적으로 검증되어야 하는데, 이들이 예외적인 대접을 받은 이유는 그만큼 약전자기이론의 위력이 대단했기 때문이다. 그 후 1983년에 유럽입자물리연구소의 실험 팀은 80GeV와 90GeV의 에너지 수준에서 W 입자와 Z 입자를 발견하여(입자가속기 안에서 고에너지 양성자와 반양성자 빔을 정면충돌시켜 원하는 입자를 만들어냈다) 글래쇼-살람-와인버그의 이론을 확실하게 입증

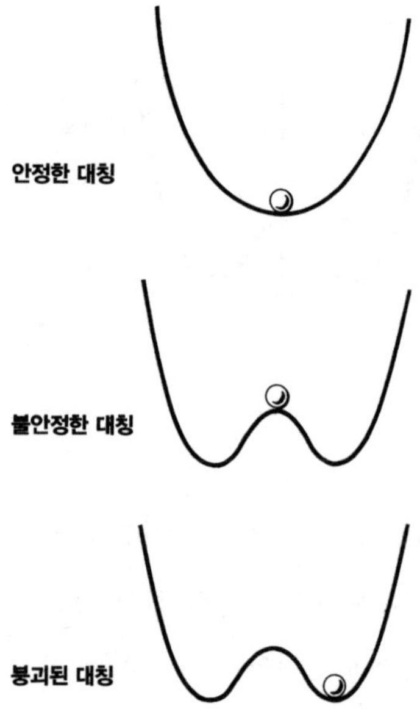

그림 6 그림 5에서 자기대칭이 붕괴되는 현상은 골짜기에 놓인 공에 비유할 수 있다. 골짜기가 하나인 경우, 공은 안정한 대칭 상태에 놓인다. 그러나 골짜기가 둘이면 공의 대칭 상태가 불안정하여 골짜기로 떨어지고, 이 과정에서 대칭이 붕괴된다.

했다. 아직 발견되지 않은 입자의 존재를 이론적으로 예견한 후 실험을 통해 발견하는 것은 모든 이론물리학자의 희망 사항인데, 이 세 사람이 그 꿈을 동시에 이룬 것이다(글래쇼의 초기이론은 입자를 예견하지 못했다). 약전자기이론의 대성공에 잔뜩 고무된 이론물리학자들은 더욱 원대한 꿈을 꾸기 시작했다. 전자기력과 약력이 약전자기라는 하나의 이론으로 통일되었으니, 우주에 존재하는 다른 상호작용도 이와 비슷한 방법으로 통일할 수 있지 않을까? 때마침 1980년대 초에 초대칭(supersymmetry)과 초중력(supergravity)이라는 새로운 이론이 등장하면서 아인슈타인의 영원한 희망봉이었던 대통일이론(grand unified theory, GUT)이 코앞으로 다가온 것 같았다.

초중력

게이지이론은 재규격화가 어렵다는 것 외에도 이론 자체가 유일하지 않다는 문제점을 안고 있다. 개개의 게이지이론에서 재규격화를 통해 무한대를 제거한 것처럼, 무한히 많은 게이지이론 중에서 우리 우주에 적합한 이론을 찾아내려면 실험적으로 관측된 물리량을 직접 대입하는 수밖에 없다. 더욱 곤란한 것은 게이지이론만으로는 입자의 종류가 얼마나 많은지 알 수 없다는 점이다. 우주에 존재하는 바리온•과 렙톤•• 그리고 보손은 대체 몇 종류나 될까? 순수한 이론만으로 그 개수를 예측할 수 있으면 좋으련만, 안타깝게도 게이지이론은 아무런 실마리도 주지 않는다. 그리하여 물리학자들은 특정한 종류의 입자만 허용하는 이론을 구축하고자 했고, 1974년에 첫 번째 후보로 등장한 것이 바로 초대칭이었다.

독일 카를스루에대학교의 율리우스 베스(Julius Wess)와 캘리포니아대학교 버클리캠퍼스의 브루노 주미노(Bruno Zumino)가 창안한 초대칭이론은 페르미온과 보손이 일대일로 짝을 이룬다는 이상적인 대칭에서 시작된다. 자연에서 이런 대칭이 발견된 적은 없지만, 두 사람은 전자기력과 약력의 대칭이 붕괴되듯 초대칭이 붕괴되었다는 식으로 논리를 밀고 나갔다. 빅뱅 때 존재했던 초대칭이 붕괴되어 일상적인

• baryon, 중입자, 강한 상호작용을 하면서 3개의 쿼크로 이루어진 입자. 양성자, 중성자 등.

•• lepton, 경입자, 물질을 구성하는 입자들 중 쿼크와 관련이 없는 입자. 전자, 뮤온, 뉴트리노 등.

입자들은 지금처럼 작은 질량을 획득했고, 이들의 초대칭짝(초대칭입자)은 아주 큰 질량을 가진 채 아주 짧은 시간 동안 존재하다가 질량이 작은 입자들로 분해되었다는 것이다. 그렇다면 지금의 기술로 초대칭입자를 찾을 수 있을까? 이런 입자를 인공적으로 만들어내려면 빅뱅과 비슷한 수준으로 에너지를 올려야 하는데, 현재 유럽입자물리연구소에서 가동 중인 세계 최대의 입자가속기를 최대출력으로 높여도 턱없이 부족하다.

초대칭은 가정으로 가득 찬 이론이지만 한 가지 커다란 장점을 갖고 있다. 초대칭장이론은 여러 가지 버전이 있는데, 어떤 버전이건 초대칭이라는 제한조건을 부과하면 '입자의 종류의 수'가 특정한 값으로 결정된다. 개중에는 기본입자가 수백 종이나 되는 것도 있고 수십 종에 불과한 것도 있지만, 입자의 종류가 무한대인 버전은 없다. 더욱 바람직한 것은 초대칭이론에서 모든 입자가 몇 개의 족(族, family)으로 깔끔하게 정리된다는 것이다. 가장 간단한 이론에서는 스핀이 0인 보손 한 종류와 스핀이 1/2인 초대칭짝 한 종류만 존재하고, 또 다른 이론에서는 스핀이 1인 보손 두 종류와 스핀이 1/2인 페르미온, 그리고 스핀이 3/2인 페르미온이 존재하는 식이다. 그러나 뭐니 뭐니 해도 초대칭이론의 최대 장점은 재규격화를 걱정할 필요가 없다는 것이다. 일부 이론에서는 작위적 과정을 거치지 않아도 무한대가 자동으로 상쇄되면서 유한한 답이 얻어진다.

이 정도면 꽤 훌륭한 이론이지만 최종적인 답은 아니다. 초대칭에는 무언가가 빠져있는데, 그것이 무엇인지 물리학자들도 모르고 있다. 개개의 버전은 현실 세계의 각기 다른 부분을 설명하고 있지만, 모든 것을 설명해주는 단 하나의 초대칭이론은 존재하지 않는다. 그럼에도 이 책에서 한 번쯤 짚고 넘어갈 만한 이론이 하나 있다. 물리학자들 사이에서 'N=8 초중력(N=8 supergravity)'으로 불리는 이론이 바로 그것이다.

이 이론은 중력자(graviton, 중력을 매개하는 입자)라는 가상의 입자에서 출발한다. 그 외에 중력자의 초대칭짝인 그래비티노(gravitino)가 8개 존재하고(그래서 N=8이다), 쿼크와 전자처럼 물질을 구성하는 입자가 56종, 그리고 상호작용을 매개하는 입자(광자, W^+, W^-, 글루온 등)는 총 98종이다. 입자의 종류가 꽤 많긴 하지만 이론으로부터 예견된 값이므로 더 많아질 가능성은 없다. 문제는 그래비티노의 존재를 증명하는 것인데, 아직 한 번도 발견된 적이 없고 그 이유도 확실치 않다. 질량이 너무 작아서 다른 입자와 상호작용을 하지 않을 수도 있고, 질량이 너무 커서 지금의 입자가속기로는 만들 수 없을지도 모른다.

초중력이론은 결코 만만치 않은 문제에 직면해있지만, 적어도 논리적으로 타당하고 유한하며, 재규격화가 필요 없다는 점에서 관심을 가질 만하다. 어쩐지 물리학자들이 올바른 길로 접어들었다는 느낌이 든다. 그러나 입자가속기로 검증할 수 없는 상황에서 이론의 진위 여부를 어떻게 알 수 있을까? 바로 이 시점에 해결사로 등장한 것이 우주 전체를 연구대상으로 삼는 우주론이다. 뉴욕과학아카데미(New York Academy of Science)의 이사인 하인즈 페이겔스(Heinz Pagels)는 1983년에 한 기자와의 인터뷰에서 "지금 우리는 우주 전체를 증거로 삼아 기초물리학을 검증하는 후-가속기 시대로 접어들었다"고 했다.[5] 우주론학자들이 입자물리학을 수용하기 시작한 것이다.

우주는 그 자체로 진공요동인가?

우주론은 입자물리학의 한 지류이다. 물론 우주론학자들은 다르게 생각할 수도 있지만, 그 기원과 연구주제를 고려할 때 크게 틀린 말은 아닐 것이다. 지난 10여 년 사이에 개발된 이론에 의하면, 방대한 우주와 그 안에 존재하는 만물은 무(無)에서 입자가 탄생했다가 순식간에 다시 진공으로 사라지는 진공요동의 산물일지도 모른다. 이 아이디어는 우주가 중력적으로 닫혀있다는 가설과 밀접하게 관련된다. 우주가 빅뱅의 불덩이에서 태어나 한동안 팽창하다가 다시 중력에 의해 수축되어 불덩이로 사라지는 것도 거시적 규모에서 일어나는 진공요동으로 볼 수 있기 때문이다. 만일 우주가 팽창과 수축의 중간에서 정확하게 균형을 이루고 있다면 음(-)의 중력에너지와 양(+)의 질량에너지는 정확하게 상쇄될 것이다. 닫힌 우주는 총에너지가 0인데, 진공요동에서 이런 시스템이 탄생하는 것은 그다지 어려운 일이 아니다. 모든 부분이 서로 멀어지면서 지금처럼 다양한 천체가 존재하는 우주를 거치려면 몇 가지 트릭을 부려야 하지만 불가능하지는 않다.

나는 이 가설이 처음 등장했던 1970년대부터 각별한 관심을 가져왔다. 진공요동설의 기원은 19세기에 열역학과 통계역학을 정립했던 독일의 물리학자 루트비히 볼츠만까지 거슬러 올라간다. 그는 우주가 열역학적으로 평형상태에 있으면서도 외관상으로 전혀 그렇지 않게 보이는 것은 통계역학의 법칙이 허용하는 범위 안에서 평형으로부터 벗어났기 때문이며, 장기적으로 평균을 취하면 평형상태가 된다고 생각했다. 이런 요동이 우주적 규모로 일어날 가능성은 매우 희박하지만, 우주가 무한히 긴 시간 동안 정적인 상태로 존재한다면 발생 확률이 아주 낮은 사건도 언젠가는 일어날 것이다. 평형상태의 우주에서는 생명체가 존재할 수 없으므로, 지금의 우주는 아주 드물게 평형에서 벗어난 상태이다.

볼츠만의 아이디어는 학계의 관심을 끌지 못했지만, 이와 비슷한 가설은 그 후에도 수시로 등장했다. 1971년에는 우주가 불덩이에서 태어나 팽창하다가 다시 수축되어 무(無)로 사라진다는 가설이 등장했는데,[6] 나 역시 여기에 흥미를 느껴 과학잡지 《네이처》에 관련 글을 기고했다. 그로부터 2년 후, 뉴욕시립대학교의 에드워드 트라이언(Edward Tryon)이 《네이처》에 기고한 글에는 빅뱅을 진공요동으로 간주한 논문과 함께 "2년 전에 이 잡지에 실렸던 글(나의 글)이 본 연구의 기폭제가 되었다"고 적혀있었다.[7] 나는 지금도 이 특별한 우주모형에 관심이 많지만, 우주를 진공요동으로 간주한 현대식 이론의 원조는 단연 트라이언이다. 그는 우주의 순 에너지가 0이라면 우주가 존재할 수 있는 시간은 에너지와 시간의 불확정성관계에 따라 매우 길어질 수 있음을 지적하면서, 다음과 같이 주장했다. "우주가 지금과 같은 상태에 놓일 확률은 매우 낮지만 결코 0은 아니다. 우주에 존재하는 관측자는 항상 '생명체가 탄생할 수 있는 우주'를 볼 것이며, 이런 우주는 매우 큰 규모로 확장될 수 있다."

$$\Delta E \cdot \Delta t = \hbar$$

이 아이디어는 근 10년 동안 별다른 관심을 끌지 못하다가 최근에 새로운 버전으로 탄생하면서 흥미로운 연구과제로 떠올랐다. 트라이언의 예상과 달리 양자요동에서 생성된 양자우주는 시공간의 아주 작은 영역에서 아주 짧은 시간 동안 유지되는 것으로 판명되었지만, 우주론학자들은 이 작은 우주가 눈 깜짝할 사이에 지금처럼 커지는 극적인 시나리오를 개발했다. 이것이 바로 1980년대 중반에 우주론학계를 떠들썩하게 만들었던 '인플레이션 이론(inflation theory)'이다.

인플레이션과 우주

지금까지 관측된 우주의 질량은 닫힌 우주가 되기에 턱없이 부족하다. 그래서 우주론학자들은 오래전부터 '아직 발견되지 않은 질량'을 찾아왔다. 물리학에서 새로운 입자가 대두될 때마다 우주론학자들이 각별한 관심을 보이는 것은 대체로 이런 이유 때문이다. 질량이 약 1,000eV인 그래비티노가 존재한다면 닫힌 우주를 설명하는 데 유리할 뿐만 아니라, 우주에 지금과 같은 천체가 존재하는 이유까지 설명할 수 있다. 우주팽창을 서술하는 방정식에 1,000eV짜리 그래비티노를 대입하면 지금의 은하와 비슷한 천체가 결과물로 얻어진다. 질량이 10eV인 뉴트리노도 조그만 물질 덩어리들이 중력으로 뭉쳐서 은하 규모로 커지는 데 도움을 줄 수 있다. 그러나 지난 2년 동안 우주론학자들이 입자물리학에 관심을 보인 이유는 붕괴된 대칭이 팽창하는 우주에서 시공간에 거품(bubble)을 만든 원인일 수도 있기 때문이다.

이 아이디어를 최초로 제안한 사람은 매사추세츠공과대학교(MIT)

의 앨런 구스(Alan Guth)였다. 이론의 출발점은 모든 물리적 상호작용(중력은 예외이다. 구스의 이론에는 중력의 초대칭이 포함되어 있지 않다.)이 하나의 대칭적 상호작용으로 통일되어 있었던 초고온, 초고밀도의 우주 탄생 시점까지 거슬러 올라간다. 빅뱅 후 우주가 식으면서 대칭이 붕괴되었고, 자연의 기본 힘은 전자기력과 강력, 약력으로 분리되어 각자의 길을 가기 시작했다. 대칭붕괴(symmetry breaking)를 기점으로 우주의 전과 후는 완전히 다른 상태여서, 이때 일어나는 변화는 물이 얼어서 얼음으로 변하거나 물이 끓어서 증기로 변하는 위상변화(phase change, 상전이相轉移라고도 함)와 비슷하다. 그러나 물의 위상변화와 달리 우주 초기에 일어난 대칭붕괴는 우주 전역에 '밀어내는 중력'을 발생시켜서, 아주 짧은 시간 동안 모든 것이 엄청난 거리로 멀어졌다.

빅뱅 후 10^{-35}초가 지났을 때 10^{28}K가 넘는 초고온 상태에서(사실 이런 극단적인 상태에서 온도는 별 의미가 없다) 대칭붕괴로 촉발된 팽창은 상상을 초월할 정도로 빠르게 진행되었다. 10^{-35}초마다 부피가 두 배씩 커지면서 처음에 양성자만 했던 공간은 빅뱅 후 1초가 채 지나기도 전에 오늘날 관측 가능한 우주만큼 팽창했고, 우리가 정상적인 시공간이라고 생각하는 거품은 또 다른 위상변화를 겪었다.

인플레이션 이론의 초기 버전에서 구스는 작은 거품의 출처를 명시하지 않았지만, 트라이언이 말한 진공요동에서 거품이 탄생했을 가능성도 있다.

이 극적인 관점을 수용하면 시공간의 거품이 닫힌 우주와 열린 우주의 경계에 해당하는 비율로 팽창하는 우연의 일치를 비롯해 우주론과 관련된 여러 가지 수수께끼를 일거에 해결할 수 있다. 인플레이션 시나리오가 맞으려면 이 절묘한 균형은 거품의 질량/에너지 밀도와 인플레이션 힘 사이의 관계 때문에 언젠가는 붕괴되어야 한다. 더욱 놀라운 것은 우리 눈에 보이는 만물을 포함한 시공간 거품이 이보다 훨씬 크면서 팽창하는 또 다른 거품 속에 들어있다는 점이다.

디랙이 말했던 것처럼, 지금 우리는 보어의 원자모형에서 양자역학이 탄생했던 시기 못지않게 흥미로운 시대에 살고 있다. 슈뢰딩거의 고양이 역설에 대한 해답을 찾기 위해 떠났던 우리의 여행이 결국 빅뱅과 우주론, 초중력 그리고 인플레이션 이론에서 끝났다는 점이 참으로 흥미롭다. 나의 전작인《공간왜곡》도 중력과 일반상대성이론에서 출발했다가 똑같은 종착점에 도달했기 때문이다. 물론 처음부터 그런 쪽으로 결론을 몰고 가기로 계획한 것은 전혀 아니었다. 초중력은 누가 봐도 아주 자연스러운 종착점이며, 이것은 양자 이론과 중력 이론(일반상대성이론)의 통일이 눈앞에 다가왔다는 뜻인지도 모른다. 깔끔한 결론으로 이 책을 마무리하는 것은 애초부터 불가능한 과제였지만, 솔직히 말해서 나는 이야기가 끝나지 않고 영원히 계속되면 좋겠다. 리처드 파인먼은 "과학을 제자리에 묶어놓는 한 가지 방법은 모든 실험을 이미 알고 있는 법칙의 한계 안에서 실행하는 것"이라고 했다. 맞는 말이다. 물리학의 본분은 미지의 영역을 탐험하는 것이다.

> 우리에게 필요한 것은 상상력이다. 그것도 평범한 상상력이 아니라 '구속복을 입은 채 극한으로 치닫는' 유별난 상상력이 필요하다. 우리가 알고 있는 모든 것과 일치하는 새로운 세계관을 찾되, 우주 어

딘가에서는 일치하지 않는 경우도 있어야 한다. 그렇지 않으면 아무런 재미도 없기 때문이다. 물론 이 불일치는 자연과 일치해야 한다. 이미 관측된 모든 사실과 일치하면서 극히 일부 영역에서 일치하지 않는 새로운 세계관을 찾는다면, 당신의 이름은 과학사에 영원히 남을 것이다. 이런 행운을 누릴 가능성은 극히 작지만 불가능한 일도 아니다…….[8]

물리학자가 더 이상 할 일이 없는 세상은 상상조차 하기 싫다. 나 같은 사람들이 실업자가 되는 것도 문제지만, 그만큼 재미없고 따분한 세상도 없을 것이기 때문이다. 그래서 나는 감질나는 힌트만 던져놓고 느슨하게 마무리하면서도 마음이 아주 홀가분하다. 앞으로 등장할 이야기들은 슈뢰딩거의 고양이 못지않게 흥미진진할 것이며, 지금까지 한 번도 가본 적 없는 미지의 세계로 우리를 인도할 것이다.

20세기는 물리학의 전성시대였다. 물리학의 기초를 떠받치는 두 개의 이론(상대성이론과 양자역학)이 이 시기에 탄생했고, 학계를 주도했던 물리학자들이 혁신적인 아이디어를 연일 홍수처럼 쏟아냈으며, 두 차례의 세계대전과 동-서 냉전을 겪으면서 물리적 지식을 기반으로 만들어진 각종 무기가 인류의 역사를 바꿔놓았다. 또한 '21세기에 발견되었어야 할 미래형 이론'으로 불리는 초끈이론(superstring theory)이 등장하여 이론물리학의 판도를 뒤집어놓은 것도 20세기 말(1980년대)의 일이었다.

양자역학은 인류가 구축한 가장 정확한 지식체계이자 가장 기괴한 이론이기도 하다. 양자역학이 제대로 작동하는 이유를 아는 사람은 단 한 명도 없는데, 이론의 예측 능력은 타의 추종을 불허한다. 과학 역사상 실험 결과를 그토록 정확하게 재현한 이론은 과거에도 없었고, 앞으로도 당분간 나오지 않을 것이다. 양자역학의 결과를 해석하는 방법은 한 세기가 지난 지금도 논쟁거리로 남아있지만, 이론 자체의 옳고 그름에 대해서는 이견의 여지가 없다. 누가 뭐라 해도 양자역학은 옳은 이론이다. 그러나 세상에 공짜는 없는 법, 양자역학은 과학자를 포함한 전 인류가 수천 년 동안 소중히 간직해온 굳건한 믿음을 저버리도록 강요했다. "우리가 보고 있건 보고 있지 않건, 이 세상에는 단 하나의 확고한 현실이 존재한다"는 지극히 상식적이면서 당위적인 기본 전제를 포기했으니, 꽤 비싼 대가를 치른 셈이다.

이 모든 사건은 19세기의 마지막 해인 1900년에 독일의 물리학자 막스 플랑크가 흑체복사 데이터를 설명하는 새로운 가설을 발표하면서 시작되었다. 그는 뜨겁게 달궈진 흑체에서 방출되는 복사에너지가 파동이 아닌 '알갱이'의 형태라는 가정하에 흑체복사 그래프를 완벽하게 설명함으로써 양자혁명의 포문을 열었고, 5년 후에 아인슈타인은 똑같은 가정으로 광전효과를 멋지게 설명했다(아인슈타인은 상대성이론이 아닌 광전효과로 노벨상을 받았다). 또한 덴마크 출신의 젊은 물리학자 닐스 보어가 전자는 특정한 에너지준위에 진입해야 안정된 궤도를 유지할 수 있다는 가정하에 기존의 원자스펙트럼을 설명함으로써 불연속적인 양자의 개념을 물리학의 본 무대에 올려놓았다(저자는 "보어의 원자모형은 틀린 것으로 판명되었는데도 교과서에 버젓이 실려 있다"며 불만을 토로했는데, 이 안타까운 상황은 2020년에도 여전히 계속되고 있다. 대학 일반물리학 교재에 보어의 원자모형이 소개된 부분에는 '틀린 모형'이라는 말이 명시되어 있지 않다). 그 후 드브로이의 물질파 이론으로 파동-입자 이중성이 뜨거운 현안으로 떠올랐고, 1925년에 슈뢰딩거는 그 유명한 '슈뢰딩거 파동방정식'을 유도하여 양자가설을 하나의 역학(mechanics)으로 격상시켰으며, 1927년에 하이젠베르크는 양자역학의 기본 원리 중 하나인 불확정성원리를 발표했다(6장 참조). 여기서 끝이 아니다. 폴 디랙은 파동방정식에 특수상대성이론을 접목한 '상대론적 양자역학'을 구축하여 전자의 거동을 완벽하게 설명했고(덤으로 반입자의 존재도 예견했다), 막스 보른은 슈뢰딩거의 파동방정식에 등장하는 파동함수(Ψ)를 "특정 시간, 특정 위치에서 방정식이 서술하는 입자가 발견될 확률"로 해석함으로써 양자역학에 현실적 능력을 부여했으며, 볼프강 파울리는 "하나의 에너지상태(양자상태)에는 오직 하나의 전자만 들어갈 수 있다"는 배타원리를 발표하여 스핀이라는 개념의 기초를 닦았다……. 이런 식으로 나열하다 보면 한도 끝도 없다. 양자역학은 걸출한 천재 한 사람의 작품이 아니라 수많은 물리학자가 피라미드를 쌓듯 오랜 시간 동안 벽돌을 하나씩 쌓아 만든 합작품이기 때문이다(이 작업은 지금도 계속되고 있다). 위에 언급된 사람들의 공통점은 무엇일까? 그렇다. 이들은 모두 노벨상 수상자이다. 학문의 가치를 상으로 판단할 수는 없겠지만, 어쨌거나 양자역학은 120년에 걸친 노벨상 역사를 통틀어 과학의 여러 분야 중 가장 많은 수상자를 배출한 단일 분야이다.

그러나 양자역학은 하나뿐인 명확한 실체의 개념을 거부하고 "물리계는 다양한 양자적 상태로 동시에 존재하다가 관측 행위가 개입되면 그중 하나가 특정 확률로 선택되어 현실로 나타난다"는 충격적 주장을 펼침으로써 고전적 가치관에 익숙한 물리학자들의 심기를 불편하게 만들었다. 아이러니한 것은 양자역학의 산파 역할을 했던 플랑크와 아인슈타인 그리고 파동방정식을 유도한 슈뢰딩거가 양자역학의 논리를 몸서리치게 싫어했다는 점이다. 특히 아인슈타인은 1927년, 벨기에 브뤼셀에서 개최된 제5차 솔베이학회에서 불확정성원리의 허점을 지적했다가 방어에 나선 닐스 보어와 세기적 논쟁을 벌인 끝에(본인은 도저히 승복할 수 없었던) 판정패를 당했다. 이때 보어가 했던 말은 양자역학의 특성을 잘 보여준다.

> "원자 규모에서는 물체의 거동과 실험장비의 상호작용을 완전히 분리할 수 없다. 아무리 기발한 장치를 개발해도 이 한계를 극복하는 것은 불가능하다. 불확정성은 기술과 상관없이 원리적 단계에 존재하는 한계이기 때문이다."

그러나 아인슈타인은 "신은 주사위 놀음을 하지 않는다"는 살짝 궁색해 보이는 주장을 펼치며 확률에 의존하는 양자역학을 끝까지 거부했고, 그의 못 말리는 신념은 1935년에 'EPR 역설'이라는 이름으로 귀환하여 다시 한번 물리학계를 뒤흔들어놓았다(9장 참조). 그 후 북아일랜드의 물리학자 존 벨의 부등식이 등장하면서 아인슈타인과 보어 중 누가 옳은지를 실험으로 확인할 수 있다는 가능성이 제기되었으며, 1982년에 프랑스의 물리학자 알랭 아스페가 정교한 실험을 통해 양자역학의 손을 들어주었다. 놀랍게도 실체는 항상 존재하지 않고, 우리가 그것을 볼 때만 존재하는 것이었다(10장 참조).

《슈뢰딩거의 고양이를 찾아서》가 처음 출판된 시기가 1984년이니, 아스페의 실험은 이 분야의 최신 뉴스거리였을 것이다. 그래서 저자는 양자역학에 승리의 월계관을 씌워준 벨의 부등식과 아스페의 실험, 그리고 파동함수의 붕괴를 다른 방식으로 해석한 휴 에버렛의 다중세계에 책의 마지막 부분을 할애했다. 그 후로 무려 36년이 흐른 지금, 양자역학은 과연 얼마나 달라졌을까? 결론부터 말하면 별로 달라진 것이 없다. 그사이에 이론물리학계가 한바탕 (사실은 두 차례의) 난리를 겪기는 했지만, 기본골격은 그대로다. 만일 저세상이 있다면 20세기 초중반에 양자역학을 선도했던 물리학자들이 한자리에 모여 "암, 구관이 명관이지!" 하면서 회심의 미소를 짓고 있을 것 같다. 1984년 이후에 양자역학이 겪은 가장 큰 변화는 '힉스입자의 발견'과 '초끈이론'으로 요약된다. 힉스입자는 2012년에 유럽입자물리연구소에서 발견되어 양자역학의 표준모형(standard model)에 날개를 달아준 반면, 1984년에 표준모형의 대안으로 혜성처럼 등장한 초끈이론은 전통을 고수하는 양자물리학자들의 사기를 사정없이 짓밟으며 수십 년 동안 막강한 위세를 누렸다.

표준모형과 힉스입자

자연에 존재하는 기본 상호작용(힘)은 전자기력과 약한 핵력(약력), 강한 핵력(강력), 그리고 중력 이렇게 네 가지이다. 입자가 상호작용을 교환하는 방식은 장론(場論, field theory)의 양자역학 버전인 양자장이론(quantum field theory)으로 서술되는데, 전자기력을 서술하는 이론을 양자전기역학(QED), 약력을 서술하는 이론을 약이론(weak theory), 그리고 강력을 서술하는 이론을 양자색역학(QCD)이라 하고, 이들을 하나로 묶어서 표준모형이라 부른다(전자기력과 약력은 1967년에 약전자기이론으로 통일되었고 강력도 어설프게나마 통일되었지만 중력/일반상대성이론은 양자역학 버전으로 바꾸기가 너무 어려워서 제외되었다). 표준모형에 의하면 모든 상호작용은 매개입자를 교환함으로써 이루어지는데, 전자기력을 매개하는 입자는 광자이고, 약력은 $W^{\pm}$입자와 Z^0입자, 그리고 강력은 글루온(gluon)을 통해 매개된다. 그 외에 물질을 구성하는 입자로는 6종류의 쿼크와 6종류의 렙톤이 있다. 원자핵을 구성하는 양성자와 중성자는 각각 3개의 쿼크로 이루어져 있으며 전자는 렙톤에 속한다. 1967년에 셸던 글래쇼와 스티븐 와인버그, 그리고 압두스 살람은 약전자기이론을 구축하면서 대칭이 붕괴된 이유(우주 초창기에 하나의 힘으로 존재했던 약전자기력이 약력과 전자기력으로 분리된 이유)를 설명하기 위해 '모든 입자에 질량을 부여하는' 힉스입자를 도입했다. 이 입자는 표준모형의 진위 여부를 판가름하는 캐스팅보트로 떠올랐으나, 40년이 넘도록 발견되지 않아 물리학자들의 애간장을 태우다가 2012년에 유럽입자물리연구소의 강입자충돌기(Large Hadron Collider, LHC)에서 극적으로 발견되었다.

초끈이론

초끈이론은 이 책이 출간된 1984년에 마이클 그린(Michael Green)과 존 슈워츠(John Schwartz)에 의해 물리학의 중앙 무대에 진출했다. 이 이론에 의하면 만물의 궁극적인 구성요소는 입자가 아니라 진동하는 끈이며, 끈의 진동모드에 따라 우리가 알고 있는 다양한 입자로 나타난다. 물리학자들이 초끈이론에 열광한 이유는 중력을 매개하는 가상의 입자인 중력자가 이론에서 자연스럽게 예견되었기 때문이다. 초끈이론에 중력이 포함되어 있으면 다른 힘을 잘 버무려서 4개의 힘을 하나로 통일하는 '만물의 이론(Theory of Everything, TOE)'으로 등극할 수 있었기에, 기존의 이론을 제치고 단숨에 이론물리학의 최고 인기 주제로 떠올랐다. 그러나 끈이 존재하는 시공간이 4차원이 아닌 10차원이라는 것과 수학적으로 가능한 끈이론이 5종류나 된다는 것이 약점으로 작용했고, 표준모형에 존재하지 않고 실험실에서 발견된 적도 없는 입자까지 무더기로 양산하면서 점차 위력을 잃어갔다.

그로부터 11년이 지난 1995년에 에드워드 위튼(Edward Witten)을 비롯한 한 무리의 물리학자들이 5종류의 초끈이론을 하나로 통일하는 M-이론을 발표했다. 이 이론에 의하면 끈이 존재하는 공간은 10차원이 아닌 11차원이며, 끈 자체도 1차원이 아닌 다차원 객체이다(이것을 멤브레인membrane이라 한다). 그 후 이론물리학자들은 또다시 초끈이론으로 벌떼처럼 모여들어 이른바 '초끈이론의 2차 혁명기'를 맞게 된다. 그러나 초끈이론은 실험이나 입자가속기로 검증할 수 있는 예측을 단 하나도 내놓지 못했다. 이론 자체는 수학적으로 너무나 아름다운데, 그것으로 계산할 수 있는 현실적 물리량이 단 하나도 없는 것이다. 그런데도 초끈이론이 생명력을 유지하는 것은 옳은 이론이기 때문이 아니라, 틀렸다고 주장할만한 근거가 없기 때문이다. 지금도 초끈이론을 연구하는 물리학자들은 희망을 버리지 않고 있지만, 별다른 실적 없이 20여 년을 보내면서 동력을 많이 상실한 상태이다.

수학과 논리적 사고만으로 진행되는 이론물리학은 한 마디로 폼 나는 학문이지만 실험을 통해 검증되지 않으면 무용지물이고, 실험으로 반증되면 곧바로 쓰레기통으로 직행한다. 양자역학은 미시 세계의 거동을 서술하는 이론이므로 검증을 하려면 입자의 존재와 물리적 특성을 확인해야 하고, 이를 위해 만들어진 것이 돈 먹는 하마로 유명한 입자가속기이다. 이 장치를 운용하는 것은 실험물리학자들의 몫인데, 폼 나는 이론물리학과 달리 거의 몸으로 때우는 중노동에 가까워서 아인슈타인이나 보어 같은 초특급 스타를 배출하지 못했다. 그러나 양자역학의 발달사를 현장감 있게 조명하려면 이론뿐만 아니라 입자가속기의 발달사도 함께 다뤄야 한다. 이 분야는 1988년 노벨상 수상자인 리언 레더먼(Leon Lederman)의 저서 《신의 입자(*The God Particle*)》에 자세히 소개되어 있으니, 관심 있는 독자들은 꼭 한 번 읽어보기 바란다.

슈뢰딩거의 고양이는 관측하기 전에는 존재하지 않는 양자적 실체를 상징한다. 보어가 1927년에 이탈리아 코모 학회에서 발표한 상보성원리에 의하면 모든 물리량은 관측 행위와 무관하게 독립적으로 존재하지 않으며, 관측장비와 상호작용을 일으켰을 때 비로소 현실로 나타난다. 좀 더 직설적으로 말하면 양자 세계는 아예 존재하지 않고, 오직 추상적인 서술만 존재할 뿐이다. 과학 역사상 처음으로 과학 지식을 취득하는 인간의 능력에 한계가 주어진 것이다. 과학으로는 그 이상 알 수 없는 영역이 존재한다니, 과학자로서는 맥 빠지는 일이지만 대중의 호기심을 자극하는 데에는 이만한 소재가 없다. 《슈뢰딩거의 고양이를 찾아서》가 출간된 1980년대에는 뉴에이지(New Age)라는 사조가 수많은 사람(특히 젊은 층)의 마음을 사로잡아 명상과 영적 각성이 뜨거운 화젯거리로 떠올랐고, 비슷한 시기에 프리초프 카프라의 《현대 물리학과 동양사상》과 게리 주커브의 《춤추는 물리(*The Dancing Wu Li Masters*)》 등 양자역학과 동양철학을 연결하는 책들이 대량으로 배포되면서 양자역학을 특정 종교나 사조에 결부시키려는 시도가 유행처럼 퍼져나갔다.

물론 물리학을 다른 각도에서 바라보고, 전통적인 종교와의 관계를 조명하는 것도 나름대로 의미 있는 일이다. 그러나 문제는 수많은 일반 독자가 이런 책을 통해 물리학 지식을 얻었다는 점이다. 양자역학이 힌두교와 일맥상통한다고? 그럴 수도 있다. 물과 기름 같은 기독교와 힌두교가 한 뿌리에서 탄생했다고 주장하는 사람도 있는데, 양자역학인들 비슷한 구석이 왜 없겠는가? 하지만 양자역학을 종교적 관점에서 접근하면 물리학자들이 공들여 개발해온 정교한 논리들은 순식간에 물거품이 되어버린다. 존 그리빈은 본질을 벗어난 책들 때문에 과학 역사상 가장 혁명적이고 정교한 이론이 왜곡되는 것을 보다 못해 이 책을 집필했다. 명확하게 알려진 부분이 일맥상통한다면 마땅히 하나로 묶어야겠지만, 모호한 부분이 비슷하다는 이유로 하나로 묶으면 더욱 큰 혼란만 야기될 뿐이다. 그런 의미에서 그리빈의 책은 시기적으로 매우 적절했고, 양자역학의 본질을 대중에게 알리는 데 지대한 공을 세웠다(그는 과학의 대중화에 기여한 공로로 2009년에 영국 과학작가협회로부터 평생공로상을 받았다).

양자역학의 등장은 흔히 '양자혁명'이라는 말로 대변되곤 한다. 그런데 '혁명'이라는 단어의 급진적인 뉘앙스 때문에 "기존의 이론(고전물리학)을 완전히 폐기하고 새로 권좌에 오른 이론"이라고 생각하는 사람이 의외로 많다. 정치혁명이나 문화혁명은 그런 경우가 종종 있지만, 물리학은 절대 그런 식으로 변하지 않는다. 좋은 이론은 사라지지 않고 다음에 등장하는 이론의 한 부분으로 흡수된다. 이것은 지난 2,000여 년에 걸친 역사가 증명하는 사실이다. 갈릴레오는 아르키메데스의 이론을 폐기하는 대신 자신이 구축한 이론의 한 부분으로 수용했고, 뉴턴은 갈릴레오를 수용했으며, 양자역학은 뉴턴을 수용했다(양자역학을 거시 세계에 적용하면 뉴턴역학과 동일한 결과가 얻어진다). 다시 말해서 양자역학은 고전적 세계관을 무너뜨린 유별난 이론이 아니라는 것이다. 앞으로 등장할 새로운 이론도 양자역학을 온전히 수용하면서 부족한 부분을 채워나가는 식으로 전개될 것이다. 그래서 나는 물리학이 좋다. 싸워서 이기는 것보다 끌어안고 가는 편이 훨씬 평화롭고 보기에도 좋지 않은가.

끝으로 이런 명저를 번역할 기회를 주신 휴머니스트의 모든 분께 진심으로 깊이 감사드리며, 앞으로도 '오래되었지만 여전히 유익한' 책이 계속 출간되기를 기원한다. 연착륙으로 일관해온 물리학은 아무리 오래되었어도 여전히 배울 것이 있기 때문이다.

2020년 4월

옮긴이 박병철

부록

미주

참고 문헌

찾아보기

미주

1장 빛

1 Ernest Ikenberry, *Quantum Mechanics*, 2쪽에서 인용함. 참고 문헌 참조.

2장 원자

1 Jay M. Pasachoff & Marc L. Kunter, *Invitation to Physics*, p. 3. 이 문장은 그 외의 많은 과학도서에서 인용되었다.

2 Jagdish Mehra and Helmut Rechenberg, *The Historical Development of Quantum Theory*, vol. 1, p. 16.

3 P. A. Schilpp 편저, *Albert Einstein: Philosopher Scientist* 중 아인슈타인의 '자전적 수기(Autobiographical Notes)'에서 발췌. (Tudor, New York, 1949, p. 47.)

4 구식 브라운관 TV의 화면도 음극선을 활용한 음극선관의 일부이다. TV 화면에 도달하는 음극선은 전자이며, 자기장의 영향을 받아 경로가 휘어지면서 다양한 그림을 만들어 낸다.

3장 빛과 원자

1 Jagdish Mehra and Helmut Rechenberg, *The Historical Development of Quantum Theory*, vol. 1에서 인용함.

2 Werner Heisenberg, *Physics and Philosophy*, p. 35.

4장 보어의 원자

1 발머공식의 단순한 버전에 따르면 수소 원자 스펙트럼선 중 처음 4개의 파장은 상수 36.456×10^{-5}에 각각 9/5, 16/12, 25/21 그리고 36/32을 곱한 값과 같다. 뒤에 곱해진 분수의 분자는 완전제곱수이고, 분모는 3^2-2^2, 4^2-2^2, 5^2-2^2 …… 등이다.

2 전자와 원자의 에너지는 일상적인 에너지 단위로 표현하기에 값이 너무 작다. 그래서 물리학자들은 1912년부터 '1V(volt, 볼트)의 전위차에서 전자 하나가 갖는 에너지'를 의미하는 eV(electron volt, 전자볼트) 단위를 사용해왔다. 1eV는 1.602×10^{-19}J(joule, 줄)이고, 1W(watt, 와트)는 1초 당 1J의 일을 발휘하는 일률, 즉 1J/s을 의미한다. 100W짜리 가정용 전구가 발휘하는 에너지를 eV 단위로 환산하면 6.24×10^{20}eV/s이다. "내 책상

위의 전구는 1초당 624억×100억eV의 에너지를 방출하고 있다"고 말하면 꽤 인상적으로 들리지만, 이런 경우에는 100와트라고 말하는 편이 훨씬 간단하다. 전자가 궤도 사이를 점프할 때 흡수하거나 방출하는 에너지는 몇 eV 정도이며, 13.6eV의 에너지를 투입하면 수소 원자에서 전자를 제거할 수 있다. 방사능붕괴 과정에서 방출되는 입자의 에너지는 몇백만 eV 또는 MeV(메가 전자볼트) 단위이다.

3 Jagdish Mehra and Helmut Rechenberg, *The Historical Development of Quantum Theory*, vol. 1, p. 357.

4 위와 같음, p. 359.

5장 광자와 전자

1 본문 중 밀리컨의 발언 내용은 아브라함 파이스의 *Subtle Is the Lord*에서 발췌한 것이다.

2 윌리엄 브래그는 1915년에 노벨 물리학상을 받았다. 본문 중 드브로이와 브래그의 발언은 막스 짐머의 *The Conceptual Development of Quantum Mechanics*에서 발췌한 것이다.

3 Max Jimmer, *The Conceptual Development of Quantum Mechanics*.

4 중성자는 1932년에 제임스 채드윅이 발견했다. 그는 이 업적으로 데이비슨과 톰슨이 노벨상을 받기 불과 2년 전인 1935년에 노벨상을 받았다.

5 이 실험이 성공하면서 '중성자현미경'의 실현 가능성이 한층 더 커졌다. *New Scientist*, 2 September, 1982, p. 631.

6 보른의 인용문은 Jagdish Mehra and Helmut Rechenberg, *The Historical Development of Quantum Theory*, vol. 1의 서문에서 발췌한 것이다.

7 이 문제는 아인슈타인이 보른에게 보낸 편지에도 언급되어 있다. 두 사람 사이에 오갔던 편지는 *The Born-Einstein Letters*라는 책으로 출간되었으며, 본문의 편지 내용은 이 책의 23쪽에서 발췌한 것이다.

8 Max Jimmer, *The Conceptual Development of Quantum Mechanics*, p. 196.

6장 행렬과 파동

1 Werner Heisenberg, *Physics and Philosophy*, p. 41.

2 Jagdish Mehra and Helmut Rechenberg, *The Historical Development of Quantum Theory*, vol. 4, p. 159.

3 *The Born-Einstein Letters*, p. 203.

7장 양자로 요리하기

1 *Quantum Theory and Beyond*, p. 1.

2 Abraham Pais, *Subtle is the Lord*, p. 8.

3 수소의 동위원소인 중수소(deuterium, 양성자 1개, 중성자 1개)와 삼중수소(tritium, 양성자 1개, 중성자 2개)를 융합하여 에너지를 얻을 수도 있다. 하나의 중수소핵과 하나의 삼중수소핵이 융합반응을 일으키면 17.6MeV의 에너지가 방출되면서 헬륨핵(양성자 2개, 중성자 2개)과 자유중성자가 생성된다. 별의 내부에서는 수소부터 탄소에 이르는 다양한 원자핵이 융합하여 더욱 무거운 원소를 만들어내고 있다. 그러나 지구에서 재현 가능한 핵융합은 (적어도 지금까지는) 중수소와 삼중수소가 한계이다.

4 John Gribbin and Jeremy Cherfas, *The Monkey Puzzle*.

5 대표적인 책으로는 Jeremy Cherfas의 *Man Made Life*가 있다.

8장 확률과 불확정성

1 *The Character of Physical Law*, p. 130.

9장 역설과 확률

1 A. Einstein, B. Podolsky, and N. Rosen, "Can quantum mechanical description of physical reality be considered complete?", *Physical Review*, vol. 47, pp. 777~780, 1935. 이 논문은 S. Toulmin이 편집한 *Physical Reality*(Harper & Row, 1970)를 통해 단행본으로 출판되었다.

2 Abraham Pais, *Subtle is the Lord*, p. 456.

3 이 내용은 자얀트 나를리카(Jayant Narlikar)의 *The Structure of the Universe*(Oxford University Press, 1977) 6장에 잘 정리되어 있고(수식이 없어서 일반인도 이해하기 쉽다), 폴 데이비스(Paul Davies)의 *Space and Time Modern Universe*(Cambridge University Press, 1977)에는 더욱 자세히 소개되어 있다. 수학적인 내용은 자말 나즈룰 이슬람(J. N. Islam)의 *Ultimate Fate of the Universe*(Cambridge University Press, 1983)를 참고하기 바란다.

4 Banesh Hoffmann, *Strange Story of the Quantum*(Pelican edition), 1963, p. 217.

5 상대성이론이 말하는 우주와 시간 여행에 대해서는 나의 또 다른 저서인 *Spacewarps* (Delacorte, New York; and Pelican, London, 1983)에 자세히 소개되어 있다.

6 Erwin Schrödinger, *Letters on Wave Mechanics*, pp. 15~16.

10장 벨의 부등식

1 J. S. Bell, *Physics*, vol. 1, 1964, p. 195.

2 벨의 실험과 관련된 내용은 베르나르 데스파냐의 "The Quantum Theory and Reality", *Scientific American Offprint*, no. 3066을 주로 참고했다. 이 책에는 간략한 줄거리만 소개했으니, 자세한 내용을 알고 싶은 독자들은 데스파냐의 논문을 직접 읽어보기 바란다.

3 *Physical Review Letters*, vol. 49, p. 1804.

4 *The Physicist's Conception of Nature*, ed. J. Mehra, p. 734.

11장 다중세계

1 내가 1979년에 출간한 *Timewarps*도 평행우주에 관한 내용이었지만, 양자 이론에 대해서는 최소한의 정보만 담겨있다.

2 *Reviews of Modern Physics*, vol. 29, p. 454.

3 *Reviews of Modern Physics*, vol. 29, p. 463.

4 *Reviews of Modern Physics*, vol. 29, p. 464.

5 *Physics Today*, vol. 23, no. 9(September 1970), p. 30.

6 Harry Woolf 편저, *Some Strangeness in the Proportion*, pp. 385~386.

7 이와 관련된 내용은 나의 전작인《공간왜곡》에 자세히 소개되어 있다.

8 이 책이 편집되는 동안 나는 이 개념을 주제로 *Perpendicular Worlds*라는 단편소설을 집필했다.

9 인류원리는 나의 전작인《공간왜곡》에 간략하게 소개되어 있다. 자세한 내용을 알고 싶으면 Paul Davis의 *The Accidental Universe*를 읽어보기 바란다. 우주의 기원인 빅뱅은 나의 또 다른 전작인 *Genesis*에 잘 정리되어 있다.

10 Max Jammer, *The Philosophy of Quantum Mechanics*, p. 517.

11 Robert Wilson, *The Universe Next Door*, p. 156.

에필로그: 아직 끝나지 않은 과제들

1 *Directions in Physics*, 2장 참조. 디랙뿐만 아니라 바네시 호프만도 그의 저서 *The Strange Story of Quantum*, p. 213에서 "무한대를 다루는 기술은 탁월하지만, 그 광채가 비추는 곳은 막다른 길목일 뿐"이라며 양자전기역학를 비난했다.

2 플랑크길이는 $\sqrt{\frac{Gh}{c^3}}$이고, 플랑크시간은 $\sqrt{\frac{Gh}{c^5}}$이다.

3 Mehra의 *The Physicist's Conception of nature* 중 휠러가 쓴 글에서 인용함.

4 이 사례는 폴 데이비스의 *The Forces of Nature*, Cambridge University Press, 1979에서 인용한 것이다.

5 *Science*, 29, April, 1983, vol. 220, p. 491.

6 *Nature*, 1971, vol. 232, p. 440.

7 *Nature*, 1973, vol. 246, p. 396.

8 Richard Feynman, *The Character of Physical Law*, p. 171.

참고 문헌

아래 목록은 내가 슈뢰딩거의 고양이 역설을 연구하면서 읽은 책들이다. 물론 포괄적인 목록이 아니므로 전문가들이 예상한 책이 누락되었을 수도 있다. 그러나 하나의 참고 문헌은 다른 문헌으로 자연스럽게 이어지기 때문에, 이 목록에 있는 책을 찾다 보면 양자 이론에 관한 명저를 대부분 접할 수 있을 것이다. 목록의 말미에는 평행우주(다중우주)를 비롯하여 양자역학의 중요한 문제를 다룬 SF를 소개해놓았으니, 이론서가 따분하다고 생각하는 독자들은 한 번 읽어보기 바란다.

양자 이론

A. d'Abro, *The Rise of the New Physics*, vol. 2, Dover, New York, 1951(1939년 초판 발행).
비전문가를 위한 포괄적 입문서. 제1권은 양자 이론의 역사적·수학적 배경이 소개되어 있고, 양자 이론에 관한 본론은 제2권에서 펼쳐진다. 출판된 지 40여 년이나 된 책이어서 요즘 사람들이 읽기에 다소 불편한 점이 있지만, 내용이 매우 자세하기 때문에(1, 2권을 합하면 무려 982쪽이나 된다!) 수학적 내용을 알고 싶은 사람들은 한 번쯤 읽어볼 만하다.

Kenneth Atkins, *Physics-Once Over-Lightly*, Willey, New York, 1972.
문과대 학생들의 교양과학 강좌용 교과서로 나온 책이지만, 매우 흥미롭고 논리가 깔끔하여 일반 독자들도 읽을 수 있다. 과학자가 아닌 사람들을 위한 최고의 물리학 안내서로, 상대성이론과 양자역학 그리고 핵물리학과 입자물리학까지 다루었다. 양자적 실체의 철학적 의미는 깊이 다루지 않았지만, 양자역학의 기초를 알고 싶다면 반드시 읽어보기 바란다.

Ted Bastin(편저), *Quantum Theory and Beyond*, Cambridge University Press, New York, 1971.
1968년에 케임브리지에서 "양자 이론의 패러다임의 변화"라는 주제 아래 비공식으로 개최된 논문 세미나에 기초한 책. 양자역학의 철학적 의미를 중점적으로 다루었다.

Max Born, *The Restless Universe*, Dover, New York, 1951.
양자 이론 개발에 직접 참여했던 대가 중 한 사람인 막스 보른이 직접 저술한 책. 양자역학의 역사가 아니라, 파동함수에 관한 보른의 해석을 비롯한 물리학 이야기가 주류를 이루고 있다(이 해석으로 보른은 노벨상을 받았다). 간간이 수록된 삽화가 읽는 재미를 더해준다.

Max Born, *The Born-Einstein letters*, Macmillan, London, 1971.
보른과 아인슈타인 사이에 오갔던 편지에 보른의 해설을 추가하여 정리한 책. 양자역학을 몹시 싫어했던 아인슈타인의 심정이 잘 드러나 있다.

Louis de Broglie, *Matter and Light*, Norton, New York, 1939(프랑스어판은 1937년에 출판되었으며, Dover 판으로도 구할 수 있음).
물질파 가설의 원조인 드브로이가 양자 이론의 탄생 과정을 소개한 물리학 역사서.

Louis de Broglie, *The Revolution in Physics*, Greenwood Press, New York, 1969.
드브로이가 집필한 또 한 권의 물리학 역사서의 영어 번역본. 번역 상태가 별로 좋지 않다.

Fritjof Capra, *The Tao of Physics*, Bantam, New York, 1980.
현대 입자물리학과 동양의 철학, 신비주의, 종교 등을 연결한 최초의 '뉴웨이브(new wave)' 과학서. 물리학자인 저자는 양자 이론의 기본 아이디어를 충실히 소개한 후, 동양철학과의 융합을 시도하고 있다(양자역학 개발사에 관한 내용은 없음).

Jeremy Cherfas, *Man Made Life*, Blackwell, Oxford, 1982.
유전공학의 미스터리와 잠재력 그리고 기술적 한계를 설명한 입문서.

Barbara Lovett Cline, *The Questioners*, Crowell, New York, 1965.
전기 형식의 양자역학 이야기. 러더퍼드, 플랑크, 아인슈타인, 보어, 파울리, 하이젠베르크의 전기가 각 장에 할당되어 있다. 일화 중심으로 쓰여있어서 쉽게 읽히지만, 물리학에 관한 내용은 그리 많지 않다.

Francis Crick, *Life Itself*, Simon & Schuster, New York, 1982.
생체분자에 관한 입문서. 지구의 생명체가 우주에서 배달되었을 가능성을 신중하게 검토한다.

Paul Davies, *The Accidental Universe*, Cambridge University Press, New York, 1982.
인간이라는 생명체가 탄생하게 된 '우주적 우연'을 수학의 관점에서 서술한 책. 양자역학에 관한 에버렛의 다중우주해석을 인류원리의 관점에서 설명한 부분도 있다. 인류원리에 관한 안내서로는 같은 저자의 *Other Worlds*(Dent, London, 1980)를 추천한다.

Bryce DeWitt and Neill Graham(편집), *The Many Worlds Interpretation of Quantum Mechanics*, Princeton University Press, 1973.
다중우주가설과 관련된 논문 모음집. 에버렛의 1957년 박사학위 논문과 *Review of Modern Physics*에 게재된 에버렛과 휠러의 공동 논문, 그리고 디윗과 그레이엄의 후속 논문 등이 실려있다.

Paul Dirac, *The Principles of Quantum Mechanics*, Oxford University Press, New York, 1982.
양자역학을 공부하는 학생들의 필독서. 초판 발행 후 몇 차례 개정되어 양자전기역학이 포함되었으며, 도입부에는 불확정성과 중첩에 관한 내용이 잘 정리되어 있다. 물리학과 학생이 아니어도 도서관에서 대출하여 1장만이라도 읽어보기 바란다. 물리학과 학생이 이 책을 읽으면 수학에서 시작하여 슈뢰딩거와 하이젠베르크의 해석을 유도하는 것이 일반적인 강의 방식보다 훨씬 논리적이고 이해하기 쉽다는 사실을 깨닫게 될 것이다.

Paul Dirac, *Directions Physics*, Wiley, New York & London, 1978.
1975년에 호주와 뉴질랜드에서 디랙이 했던 강의를 정리한 책. 1920년대에 양자역학을 이끈 대가들 중 마지막으로 생존했던 디랙의 생생한 강의를 직접 접할 수 있다. 아직 결론이 나지 않은 중력과 자기홀극(magnetic monopole)에 관한 문제도 언급되어 있다.

Sir Arthur Eddington, *The Nature of the Physical World*, Folcroft Library Edition, Folcroft, Pennsylvania, 1935.
1927년에 에딩턴이 했던 강의 모음집. 양자역학이 한창 개발되던 시기에 에딩턴이 보고 느꼈던 내용이 잘 정리되어 있다. 에딩턴은 당대 최고의 물리학자이자 과학 대중화에 앞장섰던 최초/최고의 이야기꾼이었다.

Sir Arthur Eddington, *Science and the Unseen World*, Folcroft Library Edition, Folcroft, Pennsylvania, 1979.
같은 시기에 진행된 에딩턴의 또 다른 강의록.

Sir Arthur Eddington, *New Pathways in Science*, Cambridge University Press, 1935.
1934년 에딩턴의 코넬대학교 강의록. *Nature of Physical World* 출판 후 양자 이론의 개선된 부분을 주로 다루었다.

Sir Arthur Eddington, *The Philosophy of Physical Science*, University of Michigan Press, Ann Arbor, 1958 (원서 Cambridge University Press, 1938).
1930년대 말 이후의 강의록. 제목에서 알 수 있듯이 철학적 내용이 주류를 이룬다.

Leonard Eisenbud, *The Conceptual Foundations of Quantum Mechanics*, Van Nostrand Reinhold, New York, 1971.
최소한의 수학을 이용하여 양자 이론의 물리적 중요성을 강조한 책(그래도 일반 독자들은 수학이 꽤 많다고 느낄 것이다). 양자역학의 훌륭한 입문서로, 양자 세계의 수수께끼에 관한 철학적 접근이 돋보인다.

Richard Feynman, *The Character of Physical Law*, MIT Press, Cambridge, 1967.
1964년에 코넬대학교에서 진행된 TV 강연과 1965년에 BBC2에서 방송한 파인먼의 강연을 정리한 책. 양자적 세계관이 아주 쉬운 언어로 설명되어 있다.

Richard Feynman, Robert Leighton, and Matthew Sands, *The Feynman Lectures on Physics, Volume III*, Addison-Wesley, Reading, Massachusetts, 1981.
대학생들을 대상으로 한 파인먼의 양자역학 강의록. 이중슬릿실험에 관한 설명이 탁월하고, 초전도체에 관한 설명도 매우 흥미롭다.

George Gamow, *The Atom and Its Nucleus*, Prentice-Hall, New Jersey, 1961.
양자와 파동 이론의 특성을 주인공의 체험담 식으로 풀어나간 책(저자인 가모프는 보어와 공동연구를 한 적이 있다). 오래된 책이지만 여전히 재미있다.

Maurice Goldsmith, Alan Mackay, and James Woudhuysen (편집), *Einstein: The First Hundred Years*, Pergamon, Elmsford, New York, 1980.
C. P. Snow가 수집한 아인슈타인의 글과 관련 기사를 편집한 책.

John Gribbin and Jeremy Cherfas, *The Monkey Puzzle*, Bodley Head, London, and Pantheon, New York, 1982.
DNA와 인류의 진화에 관한 책. 내용이 비교적 쉬워서 전공자가 아니어도 읽을 수 있다.

Niels Heathcote, *Nobel Prize Winners in Physics 1901-1950*, Henry Schuman, Inc., 1953(Books for Libraries Press, Freeport, New York에서 1971년에 재출판됨).
20세기 전반부에 노벨 물리학상을 받은 사람들의 간략한 전기와 양자역학의 활약상을 정리한 책. 1954년에 물리학상을 받은 막스 보른과 1908년에 화학상을 받은 에른스트 러더퍼드는 명단에서 누락되었다.

Werner Heisenberg, *Physics and Philosophy*, Harper & Row, 1959.
1955~1956년에 세인트앤드루스대학교에서 진행된 하이젠베르크의 강의를 정리한 책. 양자 이론의 간략한 역사와 코펜하겐 해석이 논의되었으며, 수학적인 내용은 전혀 없다.

Werner Heisenberg, *The Physicist's Conception of Nature*, Greenwood Press, Westport, Connecticut, 1970(Harcourt Brace 판은 1958년에 출판되었음).
양자역학의 철학적 의미를 다룬 책. 잭디시 메라(Jagdish Mehra)가 집필한 책의 제목이 이 책과 똑같으니 혼동하지 않기 바란다.

Werner Heisenberg, *Physics and Beyond*, Harper & Row, New York, and Allen & Unwin, London, 1971.
"과학 속에서 살았던 삶의 기억(memories of a life in science)"이라는 부제가 말해주듯이, 이 책에는 과학적 내용이 별로 없고 하이젠베르크의 자서전 같은 분위기를 풍긴다.

Banesh Hoffman, *The Strange Story of the Quantum*, Peter Smith, Magnolia, Massachusetts, 1963(원판은 1947년에 출간되었음).
1940년대의 관점에서 서술한 양자역학 개론서. 일상적인 용어로 풀어내려는 노력이 지나쳐서 가끔은 논지가 흐려지는 부분도 있지만, 지금까지 명저로 남아있다. 1959년 판에는 파인먼 다이어그램과 인과율의 붕괴가 부록으로 추가되었다.

Ernest Ikenberry, *Quantum Mechanics*, Oxford University Press, London, 1962.
수학자와 물리학자를 위한 책. 양자 이론을 이용한 문제 해결법에 중점을 두었으며, 방정식의 의미에 관한 설명은 다소 부족하다.

Max Jammer, *The Conceptual Development of Quantum Mechanics*, McGraw-Hill, New York, 1966.
수학을 최소화한 양자역학 개념서. 얼마 되지 않는 수학을 건너뛰어도 전체적인 내용을 이해하는 데 아무런 문제가 없다.

Max Jammer, *The Philosophy of Quantum Mechanics*, Wiley, New York & London, 1974.
양자역학의 해석과 철학적 의미를 정리한 책. 코펜하겐 해석에 관한 설명이 다소 장황하지만, 양자조리법의 수준은 확실하게 뛰어넘는다.

Pascual Jordan, *Physics of the 20th Century*, Philosophical Library, New York, 1944.
앞에 소개된 드브로이의 책과 비슷한 물리학 역사서. 요르단은 20세기 양자역학을 이끌던 물리학자 중 한 사람이다.

Horace Judson, *The Eighth Day of Creation*, Simon & Schuster, 1982.
20세기 후반 분자생물학의 발달사를 정리한 책. 분자생물학과 양자역학의 관계는 라이너스 폴링(Linus Paulling)이 복잡한 분자화학에 양자역학의 법칙을 적용함으로써 처음으로 형성되었다. 저자는 슈뢰딩거 이후에 등장한 하이젠베르크와 보른 그리고 디랙의 양자역학이 불완전하다고 주장했지만, 사실은 그렇지 않다.

Jagdish Mehra(편집), *The Physicist's conception of Nature*, Kluwer, Boston, 1973.
폴 디랙의 70회 생일을 기념하여 트리에스테(Trieste)에서 개최된 학회의 논문 모음집. 내로라하는 물리학자들의 논문이 839쪽에 걸쳐 게재되어 있다. 20세기 물리학의 변천사를 조명하는 최고의 안내서지만, 일반인이 읽기에는 다소 무리가 있다.

Jagdish Mehra and Helmut Rechenberg, *The Historical Development of Quantum Theory*, Springer-Verlag, New York, 1982.
양자역학 역사서. 1926년부터 네 권이 시리즈로 출판되었으며, 후편도 계속 출간될 예정이다. 수학적 내용은 별로 없지만, 중요한 방정식을 비롯하여 많은 정보가 읽기 쉽게 정리되어 있다.

Abraham Pais, *Subtle Is the Lord*, Oxford University Press, London & New York, 1982.
아인슈타인의 삶과 업적을 정리한 책.

Heinz Pagels, *The cosmic Code*, Simon & Schuster, New York, 1982.
상대성이론과 양자역학, 입자물리학을 망라한 물리학 안내서. 쿼크와 글루온 등 다양한 입자가 자세히 소개되어 있으며, 양자역학은 입자물리학을 이해하기 위한 배경지식으로 간략하게 언급되었다. 입자의 목록과 특성을 알고 싶다면 이 책을 꼭 읽어보기 바란다. 프리초프 카프라와 게리 주커브의 관점을 비교해놓은 부분도 흥미롭다.

Jay M. Pasachoff and Marc L. Kutner, *Invitation to Physics*, W. W. Norton, New York & London, 1981.
비전공자를 위한 물리학 안내서처럼 보이지만, 일반 과학 교양서보다 매우 심도 있는 내용을 다루고 있다. 수학적 내용이 별로 없어서 현대 물리학에 관심 있는 독자라면 누구나 읽을 수 있다.

Max Planck, *The Philosophy of Physics*, W. W. Norton, New York & London, 1963(원판은 1936년 발행됨).
복사(radiation)의 양자 이론을 개발한 원조 물리학자가 자신이 얼마나 위대한 업적을 이루었는지 전혀 모르는 상태에서 저술한 물리학 개념서.

Erwin Schrödinger, *Collected Papers on Wave Mechanics*, Chelsea Publishing Company, New York, 1978(영어 번역본은 1928년에 출간되었음).
슈뢰딩거의 파동역학, 행렬역학과 파동역학이 같다는 수학적 증명 등 양자역학의 기념비적 논문을 모아놓은 책. 행렬역학에 관한 원조 논문은 판 데르 바르던(van der Waerden)이 따로 모아놓았다(아래 참조).

Erwin Schrödinger, *What Is Life?*, Cambridge University Press, New York, 1967(원본은 1944년에 출판되었으며, 1958년 판에는 "Mind and Matter"가 함께 실려있다).
생명의 분자가 DNA라는 사실이 알려지기 전에 나온 책이어서 유전자가 단백질로 이루어져 있다는 등 틀린 가설이 곳곳에 눈에 뜨이지만, 여전히 명저로 남아있다.

Erwin Schrödinger, *Science, Theory and Man*, Dover Publications/Allen and Unwin, London, 1957(원본은 1935년에 출판됨).
양자역학 발달사. 슈뢰딩거의 노벨상 수상 연설이 첨부되어 있다.

Erwin Schrödinger, *Letters on Wave Mechanics*, Philosophical Library, New York, 1967.
슈뢰딩거가 아인슈타인, 플랑크, 로렌츠와 주고받았던 편지를 정리한 책. 위대한 거장들의 속마음을 들여다볼 수 있는 좋은 기회이다. 슈뢰딩거의 고양이 역설에 관한 이야기도 등장한다.

John Slater, *Modern Physics*, McGraw-Hill, New York, 1955.
수학적인 내용 없이 양자물리학을 심도 있게 다룬 입문서. 출간된 지 꽤 오래되었지만, 대학교 학부생들에게 꾸준히 읽히고 있다.

J. Gordon Stipe, *The Development of Physical Theories*, McGraw-Hill, New York, 1967.
대학교 1학년생을 위한 양자역학/핵물리학 입문서. 일반인이 읽기에는 적절치 않다.

B. L. van der Waerden(편집), *Sources of Quantum Mechanics*, Peter Smith, Magnolia, Massachusetts, 1967.
양자역학에 관한 주요논문을 영어로 번역하여 모아놓은 책(하이젠베르크, 보른, 요르단, 디랙). 슈뢰딩거의 파동역학은 빠져있다(이 논문은 앞서 소개한 슈뢰딩거의 책을 참조할 것). 논문마다 간략한 개요가 첨부되어 있어서 쉽게 이해할 수 있다.

James D. Watson, *The Double Helix*, Atheneum, New York, 1968.
DNA를 발견한 장본인이 현장감 있게 서술한 DNA 발견사. 솔직하지 않은 부분도 있지만, 열정적이고 흥미진진하다.

Harry Woolf(편집), *Some Strangeness in the Proportion*, Addison-Wesley, Reading, Massachusetts, 1980.
아인슈타인 탄생 100주년을 기념해서 프린스턴고등과학원(Princeton Institute for Advanced Study)에서 개최된 학회의 논문 모음집. 당대 저명한 이론물리학자들의 논문이 망라되었고, 아인슈타인이 양자 이론에 공헌한 부분도 이해하기 쉽게 요약되어 있다. 수학적인 내용은 별로 없지만, 내용이 꽤 심오하고 복잡하여 일반 독자가 읽기에는 다소 무리가 있을 듯하다.

Gary Zukav, *The Dancing Wu Li Masters*, Bantam, New York, 1980.
카프라의 《현대 물리학과 동양사상》과 짝을 이루는 책. 주커브는 물리학자가 아니어서 관점이 색다르다. 열정이 너무 앞서서 사실을 과장하거나 틀린 결론에 도달한 부분도 있지만, 한 번쯤 읽어볼만하다.

SF

Gregory Benford, *Timescape*, Pocket Books, New York, 1981.
다중우주와 시간 여행을 주제로 천체물리학자가 쓴 최고의 SF.

Philip Dick, *The Man in the High Castle*, Gregg Press, Boston, 1979.
미국이 제2차 세계대전에서 독일에 패한 평행우주 이야기. 과학적 내용은 별로 없지만, 발상의 전환과 틀에서 벗어난 사고가 흥미롭다.

Randall Garrett, *Too Many Magicians*, Ace Books, New York, 1981.
왕위에 올랐다가 10년 만에 죽은 영국의 사자왕 리처드 라이언하트(Richard Lionheart)가 훨씬 오래 살아서 그의 형제인 존(John)이 왕위를 넘겨받지 못한 평행우주 이야기. 역시 과학적 내용은 별로 없지만 흥미진진하다.

David Gerrold, *The Man Who Folded Himself*, Amereon, Ltd., Mattituck, New York, 1973.
다중우주의 과거와 미래를 넘나드는 시간 여행 이야기. 복잡한 줄거리에 과학적 내용이 묻힌 감이 있지만, 저자가 전달하려는 메시지는 이 책의 11장과 매우 비슷하다.

Keith Roberts, *Pavane*, Hart-Davis, London, 1968 (paperback Panther).
다중우주에서 시작된 이야기일 수도 있고, 아닐 수도 있다. 어쨌거나 흥미로운 책이다.

Jack Williamson, *The Legion of Time*, Sphere, London, 1977.
1938년에 잡지를 통해 연재되었던 이 글은 과학 논문과 소설을 통틀어 평행우주를 다룬 최초의 작품으로, 요즘 나오는 SF에 뒤지지 않을 정도로 흥미진진하다. '지금과 다른 현실'을 주제로 쓴 글은 이전에도 있었지만, 윌리엄슨은 양자역학의 기초가 수립된 지 불과 10년 만에 과학적 언어를 사용하여 흥미진진한 SF를 완성했다. 본문에 나오는 "측지선(geodesics)은 원자의 불확정성에 의해 무수히 많은 가지를 치며 각기 다른 방향으로 뻗어 나간다"는 문장이 책의 분위기를 잘 설명해준다. 그로부터 19년 후 에버렛은 수학에 기초하여 다중우주 가설을 발표했지만, 간결한 표현력은 윌리엄슨이 한 수 위인 것 같다. 이 책처럼 SF가 과학의 앞날을 예측하는 것은 극히 드문 일이다.

Robert Anton Wilson, *The Schrödinger's Cat Trilogy*(*The Universe Next Door, The Trick Top Hat, The Homing Pigeons*), Pocket Books, New York, 1982.
양자역학의 세 가지 주제(한 권당 하나씩)를 흥미로운 이야기와 등장인물에 담아낸 SF. 말로 표현하기 어려울 정도로 재미있고 줄거리도 탁월하지만, 보수적인 독자들에게는 살짝 불경스럽다는 느낌이 들 수도 있다. 슈뢰딩거의 고양이 3부작(Trilogy)이 양자역학을 배경으로 한 SF 대표작이라면 상대성이론을 배경으로 한 대표작으로는 로런스 더럴의 *Alexandria Quartet*을 들 수 있는데, 나는 슈뢰딩거의 고양이를 훨씬 더 재미있게 읽었다. 독자들도 이 책을 통해 양자역학의 진수를 맛볼 수 있을 것이다.

SF 작가들은 양자 이론을 꾸준히 '발견'하고 있으며, 요즘은 몇 달 간격으로 새로운 SF 단편이 출간되고 있다. 1982년 3월 29일에 출간된 그레그 베어(Greg Bear)의 *Schrödinger's Plague*(Analog)와 1981년 3월 30일에 출간된 러디 러커(Rudy Rucker)의 *Schrödinger's Cat*(Analog)이 그 대표적 사례이다. 다른 SF도 재미있지만, 굳이 이 두 작품을 언급한 이유는 양자 이론에 친숙하지 않은 독자들의 시선을 끌기 위해 슈뢰딩거의 고양이를 전면에 내세웠기 때문이다. 이 책의 제목을 *In Search of Schrödinger's Cat*으로 정한 것도 같은 이유이다. 두 책의 저자와 아날로그사의 편집자 스탠 슈밋(Stan Schmidt)에게 이 자리를 빌려 감사의 말을 전한다.

찾아보기

ㅁ

ㅂ

ㅅ

ㅇ

ㅊ

ㅋ

ㅎ

슈뢰딩거의 고양이를 찾아서

살아있으면서 죽은 고양이를 이해하기 위한 양자역학의 고전

1판 1쇄 발행일 2020년 4월 13일
1판 5쇄 발행일 2024년 7월 15일

지은이 존 그리빈
옮긴이 박병철

발행인 김학원
발행처 (주)휴머니스트출판그룹
출판등록 제313-2007-000007호(2007년 1월 5일)
주소 (03991) 서울시 마포구 동교로23길 76(연남동)
전화 02-335-4422 **팩스** 02-334-3427
저자·독자 서비스 humanist@humanistbooks.com
홈페이지 www.humanistbooks.com
유튜브 youtube.com/user/humanistma **포스트** post.naver.com/hmcv
페이스북 facebook.com/hmcv2001 **인스타그램** @humanist_insta

편집주간 황서현 **편집** 임재희 김선경 **디자인** 김태형
조판 홍영사 **용지** 화인페이퍼 **인쇄** 청아디앤피 **제본** 정민문화사

ISBN 979-11-6080-320-4 03420